饮品通识课

世界啤酒地图
150种啤酒大赏

［英］马克·德莱克　著

李祥睿　周倩　陈洪华　译

中国纺织出版社有限公司

图书在版编目（CIP）数据

世界啤酒地图：150种啤酒大赏／（英）马克·德莱克著；李祥睿，周倩，陈洪华译 . -- 北京：中国纺织出版社有限公司，2022.10

（饮品通识课）

ISBN 978-7-5180-9295-6

Ⅰ. ①世… Ⅱ. ①马… ②李… ③周… ④陈… Ⅲ. ①啤酒—介绍—世界 Ⅳ. ① TS262.5

中国版本图书馆 CIP 数据核字（2022）第 005286 号

原文书名：THE BEER BUCKET LIST
原作者名：Mark Dredge

©First published in the United Kingdom in 2018 under the title The Beer Bucket List by Dog 'n' Bone, an imprint of Ryland Peters & Small, 20-21 Jockey's Fields, London WC1R 4BW

Simplified Chinese copyright arranged through CA-LINK INTERNATIONAL LLC

All rights reserved

本书中文简体版经 Ryland Peters & Small 授权，由中国纺织出版社有限公司独家出版发行。本书内容未经出版者书面许可，不得以任何方式或手段复制、转载或刊登。

著作权合同登记号：图字：01-2022-1511

责任编辑：舒文慧　　责任校对：高　涵　　责任印制：王艳丽

中国纺织出版社有限公司出版发行
地址：北京市朝阳区百子湾东里 A407 号楼　邮政编码：100124
销售电话：010—67004422　　传真：010—87155801
http://www.c-textilep.com
中国纺织出版社天猫旗舰店
官方微博 http://weibo.com/2119887771
北京华联印刷有限公司印刷　各地新华书店经销
2022 年 10 月第 1 版第 1 次印刷
开本 787×1092　1/16　印张：14
字数：378 千字　定价：168.00 元

凡购本书，如有缺页、倒页、脱页，由本社图书营销中心调换

译者的话

作者马克·德莱克（Mark Dredege）在这本书中介绍了150多种啤酒，阐述了喝啤酒的体验、酒吧的特色和当地的人文风情等，娓娓道来，引人入胜，具有很高的可读性，值得细细品读。

本书稿由扬州大学李祥睿、周倩、陈洪华翻译，参与译文资料搜集和文字处理的有无锡旅游商贸高等职业技术学校的张开伟、徐子昂，连云港中等专业学校的李春林、程宝、范莹莹，连云港蔚蓝海岸国际大酒店的王浩，浙江旅游职业学院的姚磊、吴熤琦等。在翻译过程中，得到了扬州大学和中国纺织出版社有限公司领导的支持和鼓励，在此一并表示谢忱。

李祥睿　周　倩　陈洪华

前言

《世界啤酒地图：150种啤酒大赏》介绍了作者到世界各地品尝啤酒的体验，汇集了举足轻重的老牌啤酒厂和改变行业发展的新啤酒厂，享誉世界的啤酒酒馆和酒吧，不容错过的啤酒节、啤酒和美食圣地，以及饮酒必去的城市。所有意想不到的、不寻常的、未知的、经典的和最佳的品酒体验，你都可以在书中找到。

作者正在自己的啤酒清单上添加新的内容。

如果你感兴趣的话，可以把这本书作为一个赏味指南。当然，这本书中的啤酒清单也需要你的不断完善。我自己的啤酒清单还没有补充完整，因为我添加东西的速度远比划掉的要快得多。

我在世界各地品尝啤酒的过程中，不断对自己的发现感到惊奇：北巴塔哥尼亚拥有啤酒花种植区；中东第一家啤酒厂位于黎巴嫩的巴特鲁；澳大利亚西部的一个葡萄酒产区拥有超高端的啤酒厂；印度有25家啤酒酿造厂；产量和品质都在不断提升的泰国啤酒实际上产自一个非法酿造地区——巴伐利亚州东北部的祖格尔酿酒社区。事实上，我看得越多，发现也就越多。我的发现并不仅仅是那些拥有几种特色啤酒的酒吧，真正独特的发现是各地的精酿啤酒和啤酒文化。

对我而言，最大的挑战就是找出能够得到真正的啤酒爱好者追捧的啤酒清单。这份清单里不应该只有一堆不容错过的酒吧和酒厂。它必须是有明确选择性的，并且要比杯中的酒更深入一步——涵盖旅行、发现和体验。

这份啤酒清单里有一些特殊的品酒体验。它们是啤酒世界的奇珍，在我的品酒体验中，皮尔斯纳乌尔奎尔酒窖和慕尼黑的啤酒节如北极光般耀眼。有些体验则更为独特，就好比和鲨鱼一起游泳或是在跑马拉松，因为只有特定的人才会去做——比如喝立陶宛的农家啤酒，感觉就像是在北极圈喝上一品脱啤酒。有时候只有去到某个地方才能感受这种独特的体验，因为只有在那里，或者说那里最适合喝某种风格的啤酒，如捷克的半黑啤酒（Polotmavy）、越南的河内啤酒（Bia hoi）以及西米德兰兹郡的淡啤酒——这和要去以色列、意大利或秘鲁才能品尝到真正的当地美食一样。

啤酒世界里有些鲜为人知的奇事，如比利时酒吧在周日早上只营业几个小时，只卖酸啤酒；英格兰北部的一家酒吧里所有的啤酒都是直接用木桶装的。还有一个私人小秘密：在你最爱的啤酒厂里，可以品尝到一些配方之外的东西。

在我整理自己的啤酒清单时，总是会出现无数的惊喜。现在，我有最爱的酒吧、酒厂和啤酒城，我对啤酒的热情也更甚以往。同样让我兴奋的是，在完成自己的清单之前，我可以享用更多的啤酒。现如今，我把这很多有意思的品酒体验都收进了这本书中。

品酒清单

- 英格兰马斯顿酒厂的伯顿联盟系统（见第85页）
- 捷克共和国比尔森市皮尔森之源酒厂的啤酒（见第126页）
- 比利时特拉普派修道院奥瓦尔维特酒（见第138页）
- 布鲁塞尔康狄龙酒厂（见第147页）和比利时拉比克酒馆（见第144页）
- 德国慕尼黑啤酒节（见第111页）
- 德国奥伯法兹佐伊格尔啤酒（见第114页）
- 爱尔兰都柏林健力士黑啤酒（见第106页）
- 加利福利亚内华达山啤酒厂（见第54页）
- 美国丹佛啤酒节（见第46页）
- 新西兰奥涅卡卡的贻贝酒店（见第180页）

目　录

第一章
北美洲 ———————————— 8

第二章
英国和爱尔兰 ———————————— 68

第三章
欧洲其他国家和地区 ———————— 110

第四章
澳大利亚和新西兰 ———————— 166

第五章
其他地区 ———————————— 192

致谢 ———————————————— 224

特别提示：

1. 文中用到的容积计量单位"品脱"多在英国、美国及爱尔兰等国家和地区使用，为使译文更地道，特保留此单位。

    1英制品脱=568毫升

    1美制湿量品脱=473毫升

2. 其他单位换算：

    1美制液体盎司≈29.57毫升

    1英制液体盎司≈28.41毫升

    1磅=0.454千克=454克

第一章

北美洲

享用阿拉嘉什酒厂的白啤

缅因人的最爱

  1995 年，罗伯·托德在缅因州波特兰市创办了一家啤酒厂，这家酒厂只生产一种混浊的比利时风格白啤酒，当时人们都认为他疯了。他之所以开始酿造这种啤酒，是因为他想要一些与众不同、买不到的东西。但问题是，在波特兰买不到这种白啤可能只有一个原因：实际上并没有人爱喝，或者说人们暂时还不爱喝。但是罗伯在艰难的十年中坚持了下来，现在阿拉嘉什白啤成为波特兰甚至缅因人最爱的啤酒。

  白啤口感顺滑，呈奶油质地，酒中加入了柑桂酒、橘皮和芫荽籽进行调味，另外还有一些水果酵母。这款啤酒口感多变，既柔和又深邃，既有趣又复杂，既亲切又给人惊喜，是一款终极美味。

  你可以到阿拉嘉什酒厂免费参观其精妙的设备。酒厂是不售卖啤酒的，但每一个来访者都可以从 4 个啤酒龙头中得到 3 盎司（约 85 毫升）的啤酒。免费供应的啤酒每日更换，如果愿意的话，你可以每天来酒厂免费喝上 4 杯。这种方式非常不错，也表现得很慷慨，相当于用一间品酒室吸引着人们前来参观酒厂。当然，你也可以进城去，到酒吧里品尝阿拉嘉什啤酒。

  因为对比利时风格啤酒的热爱，阿拉嘉什酒厂在 2007 年安装了一个冷却盘，在桶陈酿的基础上，小批量地生产自然发酵的啤酒。这一步走得极妙。冷却盘啤酒可与最好的比利时兰比克相媲美，而桶装酸啤酒的口感则复杂、优雅和细腻。

  走进阿拉嘉什，能感受到它的温暖、友好和热情。免费提供几杯好酒，这样简单的慷慨在别处并不多见。所以，去参观一下啤酒厂吧，喝上几杯啤酒，然后去城里享用更多的、更具有开创性的阿拉嘉什白啤。你应该向罗伯·托德举杯致敬，感谢他专注的奉献精神，感谢他创造了缅因州波特兰市人最爱的啤酒。

确认好你报名参加了阿拉嘉什的免费旅行。

详情

名称： 阿拉嘉什酒厂

方式： 每天11：00～18：00（详情请访问www.allagash.com）

地址： 美国缅因州波特兰工业大道50号，邮编：04103

💡 当地小贴士：啤酒厂的秘密

  在阿拉嘉什，你可以免费获得四杯啤酒，但是若稍加留意，你会发现酒厂里还有一个啤酒龙头，可以向你的酒侍要上第五杯。

享用缅因州波特兰市的美酒

另一个比尔瓦纳（BEERVANA）

美国东西海岸分别有一个波特兰市，一个在俄勒冈州（见第58页），另一个在缅因州。这两个波特兰都是酿造和享用啤酒的圣地。俄勒冈波特兰众所周知的是比尔瓦纳（BEERVANA），而且可以毫不夸张地说，每个海岸都有一个比尔瓦纳，因为缅因州波特兰是必去的饮酒圣地。

著名的啤酒城市都有些共通之处。这些城市通常都会有一些长盛不衰的啤酒厂，然后是一些新兴社群创办的一批新的啤酒厂，大多数酒厂都会敞开大门欢迎人们前去享用啤酒。城市里至少会有一个已经存在了几十年的经典或传奇酒吧，它开创了这城市的啤酒特色，或者至少能够引领啤酒风尚，然后兴起一批出色的酒馆和酒吧，售卖来自本城镇、本州、本国或世界各地的啤酒。能够提供美食，有便捷的交通和令人愉悦的旅行体验，以及强烈的社群感，这就是啤酒城吸引你的原因。两个啤酒城波特兰市都是如此。以下是关于缅因州波特兰的一个重要信息。

经典啤酒厂包括阿拉嘉什（Allagash，见第9页）、西普亚德（Shipyard，缅因州波特兰市纽伯里街道86号，邮编：04101）和吉尔里斯（Geary's，缅因州波特兰市长青大道38号，邮编：04103），后两个专门酿造英国风格的啤酒。

城里有十几家新兴的啤酒厂，一定要去尝试一下。比斯尔兄弟（Bissell Brothers，缅因州波特兰市汤普森路8号，邮编：04102）生产一种特殊的新英格兰风格的印度淡色艾尔（IPA）啤酒。他们的豪华双倍印度淡色艾尔（DIPA）非常好喝。这款啤酒新鲜浓烈，有着强烈的芳香感，口感顺滑，丰满的酒体推动着多汁的啤酒花向前，重要的是，最后有一个清爽而干燥的余味（这是此类啤酒容易缺少的一点）。比斯尔目前所处的位置是它的第二个厂址，当初它搬到附近的弗里波特（见第12页）时，就在缅因啤酒公司空出来的地方开始建厂。这两家啤酒厂之所以重要，还有一个原因：它们曾经的厂址就在阿拉嘉什酒厂对面。在我撰写本文时，这个产业综合体目前有三家啤酒厂——基地啤酒厂（Foundation）、奥斯汀街啤酒厂（Austin Street）和贝特利斯蒂尔啤酒厂（Battery Steele，三家酒厂都在缅因州波特兰市产业大道1号，邮编：04103）。所有酒厂都对公众开放，但是时间有限，所以在参观之前要先核实一下，毕竟当你参观阿拉嘉什的时候，也会对这些酒厂感兴趣的。这个啤酒中心综合体在城镇的边缘，也接近吉尔里斯。

波特兰市中心还有许多值得一去的酒厂，你可以步行、搭乘短程出租车，或是搭个便车，但是酒厂的开放时间并不一致，所以在参观之前要先确认一下。酒精风暴（Liquid Riot，缅因州波特兰市商业大街250号，邮编：04101）是市中心滨水区必去的一站。这是一家规模巨大的街角啤酒厂和餐厅，食物精美，啤酒种类繁多且可口。奥克斯博装兑厂（Oxbow Blending & Bottling，缅因州波特兰市华盛顿大道49号，邮编：04101）也很酷，厂房中有一个宽敞的、开放式的饮酒区。厂里有酒桶，有混合啤酒区域，但是没有酿酒的装置（位于波特兰西南方向1小时车程的地方）。奥克斯博生产的啤酒包括极品卢波洛干投酒花拉格和一系列以塞松啤酒为灵感的啤酒，如使用果味啤酒花和果味辛辣酵母的农家淡啤酒。浪潮（Rising Tide，缅因州波特兰市福克斯街103号，邮编：04101）是深受当地人喜爱的啤酒厂。其生产的伊什马尔是一款绝佳的阿尔特比尔风格琥珀啤酒。喝完各种的印度淡色艾尔，喝点伊什马尔换换口味也是不错的选择。

如果想尝试一些不一样的啤酒，可以去城市农场发酵厂（Urban Farm Fermentory，缅因州波特兰市安德森街200号，邮编：04101）。该酒厂的产品包括啤酒、苹果酒、蜂蜜酒、红茶菌和菌培养物，全部使用当地原料进行小规模生产。一些啤酒不含啤酒花，而另一些则含有缅因州特有的啤酒花。他们在一些啤酒中加入了红茶菌和菌培养物，且对于水果和香料的处理也非常巧妙。这是一个关于发酵的奇妙探索，绝不可错过。

穿过南波特兰的大桥，可以到达福茂斯特酒厂（Foul-mouthed Brewing，缅因州南波特兰海洋街15号，邮编：04106）。我并不喜欢他们的啤酒，那天的体验很糟，因为很多当地人都说我应该去，所以我才去了。我没有去霍河酒厂（Fore River Brewing，缅因州南波特兰亨特莱斯大道45号，邮编：04106），比斯尔附近的邦克酒厂（Bunker Brewing，缅因州波特兰市韦斯特菲尔德街17号D单元，邮编：04102）也没去。城市农场发酵厂正对面的孤松酒厂（Lone Pine，缅因州波特兰市安德森大街219号，邮编：04101）是在我那次参

比斯尔兄弟因其酿造的高品质IPA而广受赞誉。

观后不久才开张的。

  城里最经典的酒吧是大迷路熊酒吧（The Great Lost Bear，缅因州波特兰市森林大道 540 号，邮编：04101），在我看来，它是典型的美国老式啤酒吧，与那些用砖头堆砌、陈列着一排龙头的柜台酒吧截然不同。这家酒吧的墙上有老酒厂的霓虹灯、镜子和标牌，还有旧啤酒罐和许多小装饰品。这些都是多年收集起来的，营造出一种恰如其分的暗黑感，过度友好的服务中又带点漫不经心。酒吧里放的是几十年前的老歌，你能跟着唱出所有的歌词，电视屏幕永远停在体育频道，酒吧食物刺激着你的味蕾，休闲空间千变万化（意味着你可以隐身在酒吧的任何一个地方，或是坐在当地人的身边聊聊天），还有来自缅因州的 70 多种啤酒。自 1979 年起，大迷路熊就成了人们必去的酒吧。

  诺瓦赫雷啤酒咖啡馆（Novare Res Bier Café，缅因州波特兰市运河广场 4 号，邮编：04101）是一个隐秘的酒吧，它藏在陋巷之中，像一个地堡需要探寻才能到达。店里有许多缅因州啤酒，也有不少外地啤酒，其中还有一些本地不多见的欧洲进口产品。如果你喜欢比利时啤酒和比利时风格的啤酒，以及某些少见的阿拉嘉什啤酒，这家酒吧是个不错的选择。我更喜欢的酒吧是国王的脑袋（King's Head，缅因州波特兰市商业大街 254 号，邮编：04101）和麦什屯（Mash Tun，缅因州波特兰市码头街 29 号，邮编：04101），因为那里有更丰富的当地啤酒、更舒适的空间和更轻松的氛围，能给我带来更好、更特别的体验。

  波特兰以美味的海鲜而闻名。杰斯牡蛎（J's Oyster，缅因州波特兰市波特兰码头 5 号，邮编：04101）是水边的一间古老的小棚屋酒吧，深受游客和当地人的欢迎。牡蛎是这里的招牌菜，不过你也可以点一份龙虾卷配上一杯阿拉嘉什白啤，享受一顿正宗的波特兰午餐。穿过小镇，就来到爱芬泰（Eventide，缅因州波特兰市中心街 86 号，邮编：04101），是一个更加现代的海鲜餐厅，这里有来自缅因州和其他州的牡蛎，还有花式冰激凌。他们家绵软的龙虾卷就像是一块覆盖着棕色的黄油龙虾的海绵。店里还有十几种散装的当地啤酒。

  缅因州波特兰市绝对是啤酒爱好者的必去之地，因为它具备所有你能想到的关于啤酒城的特性。我虽然无法确定是更喜欢俄勒冈州波特兰还是缅因州波特兰，但我确实很喜欢在享用一顿美味的海鲜大餐后，再喝上几杯阿拉嘉什和比斯尔阿勒啤酒，或是在大迷路熊酒吧耗上几个小时。

第一章　北美洲　　11

缅因啤酒公司

酿造精品回馈世界

缅因啤酒公司坐落在距离波特兰市中心约 26 公里（16 英里）的一个自由港。公司起步于距离阿拉嘉什阿拉一个街区的热点酿酒企业孵化器。实际上，他们在 2009 年就开始创业了。如今，缅因啤酒公司因其绝佳的啤酒花啤酒及践行"只做正确的事"而备受尊敬。

缅因啤酒公司生产的浑浊酒花啤酒，优雅、纯净、口感平衡，酒花的香气会让你不禁大声赞叹。"午饭"是一款高度数 IPA，均衡又明快的味道穿过舌尖，新鲜中带点苦味，滋味美妙到难以言喻。"莫"是一款散发着热带香气的单色艾尔，口感浓郁又可爱。

缅因啤酒公司秉持"1% 为地球"的经营理念，将 1% 的毛利捐给非营利环保组织。这一理念也激励着公司探索可持续发展，如使用低损耗能源或太阳能电池板，以逐步脱离电网发电。他们给各大慈善机构和非营利组织捐款，从而使他们的啤酒和我们的地球之间建立了一种可持续发展的关系。

他们"只做正确的事"的信念基于三点：生产品质卓越的啤酒、回馈、每天微笑。"微笑"二字已经完美地代表了这个地方。缅因啤酒公司只做正确的事情。

详情

名称： 缅因啤酒公司

方式： 品酒室周一至周六11:00～20:00开放，周日11:00～17:00开放（详情请访问www.mainebeercompany.com）

地址： 美国缅因州自由港1号公路525号，邮编：04032

缅因啤酒公司秉承着善意的信念，用行动证明啤酒人都是善良的人。

希尔酒庄

拥有传说中的全世界最好的啤酒

去希尔酒庄（Hill Farmstead）并不容易，或者说到那里的路程有一点远，不能只是"顺便去喝一杯"，你必须提前计划，你将在乡间小路上行驶数英里，当到达那里时还会排很长的队。但这一切都是值得的，因为那里真的有世界上最好的啤酒（你可以一边等候，一边欣赏美景）。

希尔酒庄的啤酒是如此上乘，它的优雅、深邃和清爽是其他啤酒无法匹敌的。希尔酒庄的淡艾尔酒、印度淡色艾尔以及双倍印度淡色艾尔酒都是浑浊的，有着令人愉悦的圆润口感，酒花中有丰富的新鲜水果味，但整体是平衡的，很与众不同，而且这些啤酒有一种低调而不花哨的味道。酒庄的赛森啤酒品质非凡，轻盈又有着无与伦比的深度，可以感受到缥缈的酵母和调皮的泡泡嬉戏共舞。完美的啤酒难寻，但在希尔酒庄，不完美才罕见。

希尔酒庄位于佛蒙特州格林斯博罗的北部，由肖恩·希尔家族创办，距今已经有220多年的历史。如今，酒庄使用现代化的智能设施酿造啤酒。这里人迹罕至，坐拥山丘美景。前往希尔酒庄，你可以看到现代化的酿酒设备，欣赏美丽的景色，你会对这次去往啤酒极乐世界的旅途充满期待，这将是一次必不可少的世界啤酒之旅。希尔酒庄的啤酒深受追捧，但并不是追星式的狂热或是网红酒厂的那种炒作，而是只有世界上最优秀的酿酒商才能受到的尊敬。这里是啤酒的朝圣之地。

酒庄比较偏远，但是你为了到达那里所做的一切努力都将是值得的。

详情

名称： 希尔酒庄

方式： 星期三至星期六12:00～17:00营业（详情请访问www.hillfarmstead.com）

地址： 美国佛蒙特州格林斯博罗希尔路403号，邮编：05842

当地小贴士：耐心一点

坐长途汽车到达希尔酒庄后，你会很需要一杯啤酒。不幸的是，除非是在一个难得的清静日子，否则你将不得不站在长长的队伍中排队，排队的人都是啤酒爱好者，他们迫切地想要得到最新限量发行的啤酒。别急躁，等待是值得的。

第一章　北美洲

参观云岭啤酒厂

美国历史最悠久的啤酒厂

可能大多数啤酒爱好者对云岭啤酒厂的啤酒并不感兴趣,但作为美国历史最悠久且目前仍在运营的,同时也是规模最大的酒厂,它值得在我的啤酒清单上占有一席之地。

1829年,德国酿酒师大卫·戈特利布·荣格移民美国,并创办了老鹰啤酒厂。他将自己的姓氏Jungling英语化为Yuengling(云岭),此后该家族一直沿用此姓氏,第五代传承人在未来几年内也会将其传给第六代。他们传统的拉格啤酒是用焦糖麦芽和未经加工的啤酒花烘烤酿造而成的。标签上的雄鹰意指原啤酒厂的名字。

在我的啤酒清单上,云岭啤酒厂之旅留有很多空白,因为没有亲临现场之前,很多细节都是我不了解的。但在酒厂的网站上,你可以看到曾经用来存储啤酒的手工挖掘地窖(云岭酒厂共经历了37位美国总统的执政)。此外,酒厂在波茨维尔的厂址自1831年便几经更换,这一点让人印象深刻(原来的老鹰啤酒厂在1831年被烧毁,并于异址重建)。

详情

名称: 云岭啤酒厂

方式: 周一至周五10:00~13:30(大致按小时计算),周六10:30~13:00(4月至12月仅限周六)开放(详情请访问www.yuengling.com)

地址: 美国宾夕法尼亚州波茨维尔马汉通戈街501号,邮编:17901

炼金术士啤酒

因为不太上头

你真的应该去佛蒙特州,特别是佛蒙特州北部的伯灵顿,一个拥有顶级啤酒厂和酒吧的湖畔大学城。在伯灵顿南部,你还可以找到菲德尔海德啤酒厂(Fiddlehead Brewery)和希尔酒庄(见第13页);沃特伯里有一家名为禁酒猪(Prohibition Pig)的酒吧,那里出售希尔酒庄和最棒的劳森(Lawson's Finest,另一家佛蒙特州必去的啤酒厂)的啤酒,包括他们独特的一口阳光双倍印度淡色艾尔。禁酒猪酒吧的地位举足轻重,因为炼金术士啤酒就是在那里诞生的。直到2011年这家酒吧被热带风暴"艾琳"摧毁,约翰和詹·金米奇一直在那里酿造啤酒。

热带风暴"艾琳"到来之时,炼金术士酒吧已经处于转折状态,一个湿漉漉的意外(如果读过与酒厂同名的书,你就会知道这也许是一个预兆),导致他们比原计划更早了一步。约翰和詹·金米奇从2003年开始就在酒吧里酿造啤酒了,并于2004年酿造出了一款名为"风头正劲"的双倍印度淡色艾尔,每次一推出都会引起诸多关注。2011年,金米奇家族决定创办炼金术士罐头厂,离酒吧不远,有15个酒桶和罐头生产线,他们在那里只酿造"风头正劲"并装罐。他们在酒吧被淹两天后装满了第一罐,同时评估损失,然后意识到酒吧必须关门了。

于是,他们需要转移注意力。酒吧已经不复存在,他们便把所有的精力都放在完善"风头正劲"上,这款啤酒对大多数啤酒爱好者来说已经接近完美。这是一款充满活力的、水果味的双倍印度淡色艾尔,热情澎湃但是不甜;酒中有芒果和菠萝的味道,加上一点干涩的苦味,来平衡丰满、浑浊的酒体。这款酒只有罐装的(沃特伯里一家名叫林中母鸡的酒吧除外)。酒厂所有的啤酒花库存维持在一周内,以确保其新鲜度。而且,这款酒只在酒厂附近出售。

最开始,他们在酒吧的地下室小批量地生产,而后创办了罐头厂,并于2016年在佛蒙特州斯托建立了一个可供参观的新啤酒厂(顺便说一句,所有的"风头正劲"仍在沃特伯里酿造)。他们在斯托酿造福卡尔班戈啤酒IPA、克朗彻帝国IPA、别西卜帝国黑啤以及其他的产品,参观者可以品尝这三种啤酒的样品(每种各一样),并限量购买四袋。

"风头正劲"是世界上最好喝的印度淡色艾尔之一,这款啤酒在全世界都很受追捧,如果你想喝到最新鲜的,只能去它的产地。去斯托吧,购买四袋新鲜的啤酒,然后去沃特伯里的禁酒猪酒吧和布莱克巴克酒吧美美地喝上一杯,并仔细查看他们的啤酒单。接着找个地方去喝些尽可能新鲜的炼金术士啤酒,最好是能欣赏到佛蒙特州乡村美景的地方。有些啤酒清单上的标记很简单,如在啤酒产地附近喝新鲜啤酒就是其中之一。

约翰和詹·金米奇在他们的啤酒厂。

详情

名称: 炼金术士

方式: 星期二至星期六11:00～19:00营业(详情请访问www.alchemistbeer.com)

地址: 美国佛蒙特州斯托市乡村俱乐部路100号,邮编:05672

布鲁克林啤酒厂

该自治市王牌啤酒之地

布鲁克林啤酒厂在当地具有举足轻重的作用，不仅使其所在自治市更加繁荣，而且带动了周边地区酿酒业的发展。无论是对当地人、啤酒爱好者还是游客来说，布鲁克林都是必去的啤酒圣地。

喧闹的音响、大胆而明亮的设计、共享的长座椅和美味的佳酿，布鲁克林啤酒厂里有我们所期待的一切。酒厂里大约有14个啤酒龙头，还有特殊的瓶装水，某些啤酒只能在酒吧里找到。进入酒厂时，你需要换一些代币，大多数啤酒都标价一个代币（5美元），而有些啤酒则需要四个代币。

建议你喝上一杯布鲁克林拉格。如果你知道这种啤酒，那么在这里你将重新认识它，了解到它是如何推动酒厂的建立的。索拉奇王牌是我的最爱，这是一种辛辣、刺激、有着柠檬味和胡椒味的啤酒，一股奶油味贯穿始终，余味则是长时间的干燥。我总是会找一些非常特别的瓶子来罐装享用。

酒厂在星期五可以免费参观，早上开门前便会有一群人在外面排队。布鲁克林啤酒厂绝对值得前去参观。时间为30分钟，虽然你不可能学会如何成为酿酒大师，但你可以听到关于啤酒厂及其历史的有趣故事。如果你饿了，酒厂外面就有一辆比萨车。

详情

名称： 布鲁克林啤酒厂

方式： 周五19:00和20:00免费参观，啤酒厂开放时间为周六和周日（从中午开始，每半点有免费参观时间），周一至周四17:00付费参观（详情请访问www.brooklynbrewery.com）

地址： 美国纽约布鲁克林区威廉斯堡北11大道79号，邮编：11249

布鲁克林啤酒厂串酒吧

去"另一半"酒厂（Other Half，纽约布鲁克林中心大街195号，邮编：11231）品尝非凡的酒花啤酒——这是布鲁克林最重要的啤酒"站"，基本上是站着挤在啤酒厂尽头的狭小空间里（仅供参考：酒厂就在麦当劳对面，你将知道世界级的IPA配炸鸡块是什么味道）。利莱士酿酒吧（Threes Brewing，纽约布鲁克林道格拉斯街333号，邮编：11217）也是一个有趣的地方，有着优质的啤酒和烧烤。离布鲁克林更近的是绿点（Greenpoint，纽约布鲁克林北15街7号，邮编：11222），是一家提供优质啤酒的、有趣的酿酒吧。托斯特（Tørst，纽约布鲁克林曼哈顿大道615号，邮编：11222）是啤酒发烧友必去的酒吧。

麦克索利老啤酒屋

曼哈顿的必去之所

《纽约客》上曾有一篇文章，在网上也可以找到，它非常详细地描述了作者1854年在新开张的曼哈顿麦克索利酒吧喝酒的感受。文章发表于1940年，使这家老酒馆重新被关注。从这篇文章中，你能了解这家老酒馆的特色，感受它是如何在几十年间保持不变的。当你读这篇文章时，你会忍不住想把屏幕上的灰尘吹走，仿佛能听到一个世纪前爱尔兰醉汉此起彼伏的怒吼。参观之前读一读这篇文章，你会发现老酒馆仍是旧时的模样，是那么独一无二。

如果你在人多的时候去，那就得等在外面了。一旦走进去，就会发现里面弥漫着口水。穿着老式制服的工作人员忙得不可开交，所以你最好在走进去的那一刻起就做好点餐的准备，同时也要做好等待的准备。酒馆里有两种啤酒——淡啤酒和黑啤酒。点一杯啤酒，你会得到两杯；点三杯，你会得到六杯。每一杯酒里都注入了捷克风味的厚泡沫，杯子又小又结实，工作人员一只手就可以握住半打，碰杯欢庆时也不会被打碎。这里的啤酒很不错，能够唤起旧时的味道，不需要任何天花乱坠的品评。可以描绘一下它的样子：琥珀色的拉格，加入了更丰富的麦芽和更粗犷的余味，使这种黑啤介于德国黑啤和英国黑啤之间。但是，你去不仅仅是为了品尝美酒，更重要的是品味酒中的历史。

麦克索利是曼哈顿目前所有持续经营的酒吧中历史最悠久的，最初是爱尔兰工人酒吧。据说亚伯拉罕·林肯和约翰·列侬曾来这里喝酒。酒馆的灵感来自诗歌、绘画和戏剧。它从禁酒令时代幸存下来，你无法想象这里不卖酒会是一种怎样的光景。酒馆"好麦芽、生洋葱、女士禁入"的经营理念一直持续到1970年，直到法院下令才允许女性进入（1986年首次设置女性洗手间，直到1994年才有了第一位女性工作人员）。顺便提一下，酒吧里的男洗手间真是太棒了，不管喝了多少啤酒，你都不会错过那个巨大的洗手间。这个男洗手间可以进入全球酒吧洗手间榜单的前十名，当然前提是有人愿意去完成那张啤酒清单……

酒吧里人头攒动，人声鼎沸，似乎只要进了里面就可以抛开顾虑畅所欲言，就好像拥有了有一张特别许可证，允许你可以像醉酒的爱尔兰男人一样肆无忌惮。人们比肩接踵，共用一张堆满啤酒的桌子。当然，酒吧里游客很多，就像当地那家卡茨熟食店（Katz's Deli）一样。人们前来寻找一些独特的啤酒体验，事实证明他们确实得到了。这里拒绝改变，让你感觉好像站在了150年前的一间热闹的酒吧里，这是一种独一无二的啤酒体验。

麦克索利是一间具有文化、社会和历史意义的酒吧，能让品酒者体验一场时光之旅。抛开这些不谈，这里本就是一个饮酒的好地方。

详情

名称： 麦克索利老啤酒屋

方式： 如果你想安安静静地逛完，那就在平时的下午去。如果你想感受疯狂，那就周末去（详情请访问www.mcsorleysoldalehouse.nyc）

地址： 美国纽约东七街15号，邮编：NY10003

麦克索利酒馆的墙壁上布满了各种故事，以及成千上万的饮酒爱好者们热烈讨论的痕迹。

极品啤酒之家

角鲨头：我的啤酒清单上的首选

当我意识到世界上有一些我想去但从未去过的啤酒厂时，我就动了编写本书的念头。美国有很多我想去的啤酒厂，角鲨头排在首位。

十年前，我开始对啤酒产生兴趣，并想要找些特别的品种，那时角鲨头便是终极之选。这款酒最吸引我的，是其与众不同的酿造方式。无论是在酿造、强度，还是成分上，角鲨头都做到了极致，他们在制作古老的麦芽酒、桶装陈酿啤酒和原料使用方面都别具一格。"奇怪的麦芽酒"的理念使它不同于一般的英格兰啤酒，也使我迫不及待地想要一尝究竟。最后，我终于到了那里。

在必去的啤酒圣地中，角鲨头啤酒厂交通并不便利，距离最近的机场大约 3 小时车程，但你的一切努力都是值得的。一间巨大的蒸汽朋克树屋矗立在啤酒厂前，带你进入明亮的玻璃墙品酒室内。任何来访者都可以喝到 4 杯 3 盎司（85 毫升）的啤酒，大约有 20 个啤酒龙头可供选择。你也可以买上几品脱，把你的酒瓶装满。品酒室隔壁是一家商店，里面卖装酒瓶和各种商品，还有一辆食品车。品酒室只是起点，你可以喝上一两杯啤酒，然后去他们的酒吧——角鲨头餐厅（Dogfish Head Breuings & Eats，特拉华州里霍博斯湾里霍博斯大街 320 号，邮编：19971）。

角鲨头自 1995 年起就开始在这里酿造啤酒，当时只有一套小设备（那时是全国最小的商业啤酒厂）。当地立法有所调整后，它成为特拉华州的第一个酿酒厂。如今，它已经成为经典的、享誉全美的明星酒吧。你在电影中可以常常见到它的身影，但在现实生活中却从未真切地感受其中的灵魂、人物和故事。酒吧里有超过 25 个啤酒龙头，包括限量供应的特定年份酒以及酒吧独家特供。酒吧里的食物也绝对不会让你失望。

我先喝了一杯 60 分钟 IPA，一开始我可能会被一些特殊的啤酒吸引，但我还是想先尝一尝他们的王牌产品。这款美国啤酒的酒精度为 6.0%，有着纯正而老派的柑橘皮和果髓的味道。这是一款值得品尝的经典啤酒，每当夜晚结束之时，我便想再喝上一杯，让它的滋味穿过全身，再次感受这款啤酒的美味。酒吧里还有一款 90 分钟双倍 IPA，和 60 分钟的那款相似，但是酒精度数高达 9.0%。这款酒呈深金黄色，烤麦芽的甜味盖住了浓重的酒精味；含有丰富的啤酒花，但没有现代啤酒花的那种爆裂感和活跃感，它的味道更加滋润和丰富，苦味更重。很多年前我就喜欢阅读关于啤酒的故事，尤其是啤酒厂创始人萨姆·卡拉吉恩的故事；他发明了一种机器，可以在 IPA 中持续添加 60 分钟或 90 分钟啤酒花。一般来说，人们很容易喜新厌旧，把对老啤酒厂的关注转移到新酒厂上，但是角鲨头酒厂的重要性从未被取代。

喝完 IPA 之后，我想要来点特别的啤酒，比如帕洛桑托马龙，一款酒精度数高达 12.0% 的棕色麦芽酒，置于来自巴拉圭的帕洛桑托木制成的 10000 加仑（45000 升）的容器中陈酿而成。它就像一块松露，富含深色水果、巧克力、焦糖和香草。陈酿这款酒的两个木桶是禁酒令颁布以来美国最大的酿酒桶。我到那里参观时，全世界已经刮起一阵黑啤酒之风。帕洛桑托马龙是一款强劲的帝国黑啤，酒精度数高，口感醇厚丰富，令人唱叹，同时又有浓郁的红葡萄酒的顺滑感。

角鲨头是我的啤酒清单上必去之地的首选。它是最原始的啤酒厂之一，展示着精酿啤酒的迷人之处和特别之处，如今它也被视为经典的美国精酿酒厂之一。角鲨头是啤酒之旅必去的一站，先去参观品酒室，然后去角鲨头酒吧喝上一整晚（如果你喝完之后想睡一会儿，可以在刘易斯附近的角鲨头酒店订间房，那里离酒吧只有很短的车程）。

最好的啤酒酒店

- 德国温迪施埃申巴赫的奥博尔普法兹尔酒店（见第 114 页）
- 捷克共和国皮尔森市普尔科米斯特酒店（见第 130 页）
- 特拉华州刘易斯角鲨旅馆
- 威斯康星州密尔沃基酿酒旅馆套房（见第 36 页）

角头鲨的创始人萨姆·卡拉吉恩。

详情

名称： 角头鲨啤酒厂和品酒室

方式： 周一至周六11:00～19:00，周日12:00～19:00，每小时一次免费旅游。你也可以在周六进行一次特别的旅行，可以获得更多的收获，也可以访问蒸汽朋克树屋（详情请访问www.dogfish.com）

地址： 美国特拉华州米尔顿市栗树街511号，邮编：19968

北卡罗来纳州阿什维尔

美国最好的啤酒城？

不是因为不再喜欢啤酒，我只是觉得有点提不起精神，有点厌倦了。在前几周，我去了很多啤酒厂，旅行和过量饮酒使我疲惫不堪，所以我还没准备好用一个下午的时间连去七家啤酒厂。那时，我还没准备好迎接阿什维尔。

作为一个啤酒城，从来没有人说过阿什维尔半句坏话，所以我知道它一定名副其实。真正让我讶异和兴奋的是，阿什维尔的啤酒质量高得超乎想象，啤酒种类繁多，当得起一句"好啤酒"的夸赞。但最重要的是，我喜欢这里的设计和环境：这里的啤酒厂拥有巨大的、开放的、明亮的空间，大多在市中心，而且大多有室外空间（能够让人充分享受北卡罗来纳州的阳光）。他们把酒厂毫无保留地展示出来，彼此之间相隔不过几个街区，酿酒必须在重要的设备上进行，而非小酒吧后面的锅碗瓢盆里。在阿什维尔，酿酒是一件很严肃的事情。

阿什维尔的明星酒厂是邪草啤酒厂。他们在城内有两个厂址，在城外也有两个生产设备间（那里不对外开放参观）。酒厂最初的酒吧（北卡罗来纳州阿什维尔市比尔特莫尔大道 91 号，邮编：28801）楼上有一个很大的餐厅，楼下是一个休闲空间，你可以从酒桶中随意取用酒吧自酿的所有"干净"的啤酒（而非酸啤）。几个街区外就是方卡托伦酒吧（Funkatorillm，北卡罗来纳州阿什维尔市科克斯大道 147 号，邮编：28801）。那里提供一种酸啤酒，供顾客随时饮用。这两站都是必去之地。险恶 IPA 是我在四个月的写作中喝过的最佳 IPA（在那段时间我喝了很多 IPA）。这款酒明亮、干燥，有柑橘和热带水果、菠萝和桃子的香味，酒花味，以及清澈的苦味都让人惊叹，让我再也不想喝其他的 IPA 了。

他们还酿造了我喝过的最好的苏打酒和桶陈酿黑啤酒，以及 BA 牛奶和饼干，这是给成人的巧克力牛奶，会让你像孩子一样开怀。我很喜欢这种牛奶。

城里还有其他的一些酒厂、酒吧和餐厅。请深呼吸……

你可以去百瑞尔酒厂（Burial Brewing，北卡罗来纳州阿什维尔市科利尔大道 40 号，邮编：28801）享用更多优质的 IPA。酒厂里有一种工业风格的、黑暗的、沉闷的氛围，但还有一个巨大的、德国风格的外部空间，你会在那里看到最特别的啤酒厂壁画——《七宝奇谋》里的树懒正在拥抱汤姆·塞立克。

在阿什维尔酿酒吧（Asheville Brewing，卡罗来纳州阿什维尔市科克斯大道 77 号，邮编：28801）可以品尝美味的巨型比萨，这个酒吧仿佛是城市的中心。

卡托巴酒厂（Catawba Brewing，北卡罗来纳州阿什维尔市班克斯大道 32 号，邮编：28801）有着巨大的空间，分为室内和室外两个区域，还有食品车。你可以看到所有的酒桶，以及一个大型的啤酒单。强烈建议尝一尝他们的"农夫泰德"，这款酒是对美国奶油啤酒的忠实改造。另外，你还可以去隔壁的巴克斯顿吃上一顿烤肉，享用当地的啤酒。

方卡托伦酒吧正对面的双叶酒吧（Twin Leaf，北卡罗来纳州阿什维尔市科克斯大道 144 号，邮编：28801）提供优质的拉格，以及比利时风味的啤酒和典型的美国啤酒（尽管我对美国啤酒的评价没有欧洲啤酒那么高）。

我去格林曼酒吧（Green Man，北卡罗来纳州阿什维尔巴克斯顿大道 27 号，邮编：28801）时，发现里面坐满了资深啤酒爱好者，感觉他们好像常年待在那里（酒吧于 1997 年就开始营业了，所以确有这种可能）。格林曼酒吧是个适合当地人喝酒的好地方，你需要喝上一品脱，而非浅尝辄止。我喜欢他

世界最佳啤酒城

- 北卡罗来纳州阿什维尔
- 俄勒冈州波特兰市（见第58页）
- 加利福尼亚州圣地亚哥（见第48页）
- 德国班贝格（见第118页）
- 捷克共和国布拉格（见第128页）
- 丹麦哥本哈根（见第160页）
- 英国伦敦（见第74页）
- 新西兰惠灵顿（见第188页）
- 伊利诺伊州芝加哥（见第30页）
- 比利时布鲁塞尔（见第150页）

邪草啤酒厂方卡托伦酒吧内的啤酒龙头。

们的英式特殊苦啤（ESB），因为这款酒有丰富的麦芽、黑面包和樱桃味，以及干爽的余味。

高压电酒吧（Hi-wire，北卡罗来纳州阿什维尔市希尔利亚德大道 197 号，邮编：28801）的氛围很好，酒厂就在酒吧的后面，这里的啤酒味道不错（我知道这样的描述很模糊，但是我接连去了好几家酒厂，笔记变成了无用的涂鸦，所以我想这里的啤酒确实应该不错，否则我会写下一些不好的话……）。

博拉马利酒吧（Bhramari Brewing，北卡罗来纳州阿什维尔市南莱克星敦 101 号，邮编：28801）酿造以食物为灵感或是含有可食用成分的啤酒，尽管许多啤酒听起来很有趣，其他人的评论也不错，但我并不喜欢（那里大多数酒的口感都很奇怪，或是原料搭配不合适）。

在城市的边缘地带，你可以参观内华达山（Sierra Nevada）、奥斯卡蓝（Oskar Blues）以及新比利时（New Belgium）酒吧的新地址请自行搜索，我懒得添加了，因为大家都会用谷歌。这些酒吧都建造得无可挑剔，拥有绝佳的地理位置、宽敞的品酒室，环境非常好。新比利时对面是威奇酿酒公司（Wedge Brewing Co.，北卡罗来纳州阿什维尔佩恩斯路 37 号，邮编：28801），位于一个共享创意空间。高地酒吧（Highland Brewing，北卡罗来纳州阿什维尔夏洛特公路 12 号，邮编：28803）是这里的第一家酒吧，他们的英式啤酒很不错。如果你想去城里的老式酒吧，不妨试试巴利斯（Barley's，北卡罗来纳州阿什维尔比尔特莫尔大道 42 号，邮编：28801），它和邪草酒吧在一条街上。这家老派酒吧里有 20 多种当地啤酒，另外也供应比萨。如果你想把酒瓶带回家，那就得去布鲁斯恩艾尔斯（Bruisin' Ales，北卡罗来纳州阿什维尔百老汇 66 号，邮编：28801），这是一家世界级的啤酒店。我可能错过了原本列入清单的很多地方，因为阿什维尔的好啤酒实在太多了。

我在阿什维尔待了三天，仍然没有逛完所有我想去的地方，我愿意随时再回去。这里的啤酒和啤酒厂能再次让我兴奋起来，主要是因为每隔几条街就有许多家好酒吧，也因为这里的酒厂规模大而又专业。我离开阿什维尔后仍然惦记它，这里留给我最深的回忆。当人们问起我最近的啤酒旅程时，我会告诉他，我喜欢阿什维尔。

全球最伟大的啤酒城之一的当地街头艺术。

谁才是美国的最佳啤酒城？

在美国啤酒城的名单上，你总能看到这十几个城市，如波特兰、圣地亚哥和旧金山，纽约、丹佛、芝加哥和西雅图，以及伯灵顿、阿什维尔、博尔德、本德、大急流城和明尼阿波利斯等。但哪一个城市配得上"最佳啤酒城"的称号呢？

这些城市中，除了西雅图和明尼阿波利斯（它们是我的下一个目的地），其他的城市我都去过，每一个城市都各具特色。就个人而言，我偏爱小城市，可以随处走一走，又有着紧密的文化联系的地方。由于同时具备了优质的啤酒厂、绝佳的酒吧和轻松的饮酒氛围，我认为阿什维尔是必去的美国啤酒圣地。阿什维尔最强有力的城市竞争者是圣地亚哥，但后者并不是因为大而取胜，相反，正是因为它太大了，每一处目的地都相隔甚远，你需要经历很多车程。

去雪茄城啤酒厂

参加胡纳普节

忘记那些主题公园吧，雪茄城酒厂才是佛罗里达州最好的观光地。它的品酒室里有20种酒厂自酿的啤酒，其中包括经典的回力球IPA以及限量发行的特制酒，酿酒的原料要么使用佛罗里达州特有的东西，要么灵感来自该城的历史故事。本书中推荐的酒吧都值得一去，这些酒吧每年都会举办一次活动，吸引着来自世界各地的啤酒爱好者。

胡纳普节在每年三月的第二个星期六举行，将发售雪茄城重磅的胡纳普帝国黑啤。这款啤酒就像一个玛雅怪兽，酒精度高达10.2%，富含黑巧克力、香草、摩卡和芳香肉桂的味道，酒中的果味和酥麻感来自两种辣椒。胡纳普节需要凭票入场，已经成为美国必去的啤酒节之一，每次都有超过10家啤酒厂携带自酿啤酒参加，并且参会的酒厂数量逐年增加。

雪茄城和胡阿普节仍在我的推荐列表上。总的来说，佛罗里达州是值得关注的，因为它正在成为美国最有趣的啤酒酿造地之一。你可以把雪茄城作为旅行的开端，因为主题公园距这里只需要20分钟的车程，你完全可以在一天之内去两个地方。

详情

名称：雪茄城啤酒厂

方式：品酒室周日至周四11:00～23:00，周五至周六11:00至次日01:00开放。周三至周日11:00开始可以进酒厂参观（详情请访问www.cigarcitybrewing.com）

地址：美国佛罗里达州坦帕市西云杉街3924号，邮编：33607

美国十大最佳酒吧

- 加利福尼亚州圣罗莎市俄罗斯河啤酒厂（见第52页）
- 加利福尼亚州埃斯孔迪多巨石啤酒厂（见第49页）
- 加利福尼亚州圣地亚哥比萨港海滩酒吧（见第48页）
- 德克萨斯州奥斯汀小丑王啤酒厂（见第26页）
- 北卡罗来纳州阿什维尔邪草啤酒厂（见第22页）
- 特拉华州罗波思海滩角头鲨啤酒厂（见第20页）
- 加利福尼亚州奇科内华达山啤酒厂（见第54页）
- 密歇根州卡拉马祖贝尔斯啤酒厂的奇异咖啡馆（见第42页）
- 科罗拉多州博尔德的艾弗里啤酒厂（见第44页）
- 佛罗里达州坦帕市雪茄城啤酒厂

第一章　北美洲

小丑王啤酒厂——顶级农家啤酒

真正的季节性酿造

传统的季节性酿造和使用当地原料的理念早已被全年以及连续酿造所取代，甚至是著名的、经典的比利时农家啤酒厂，也抹去了这种曾经是必不可少的季节性因素。得克萨斯州奥斯汀郊外的小丑王啤酒厂再次找回了这些本质性的因素，并又一次赋予其真正的意义——这是唯一一家真正将季节性和农家落到实处的酒厂。

对小丑王啤酒厂来说，季节性和农家意味着在特定的时间和地点酿造出独特的啤酒。土壤、空气和季节的变化决定了所酿造啤酒的品质，而且他们并不在意季节变化而造成的影响。每当准备好一种原料，他们便会开始酿酒，酿出了啤酒，然后就出售。每件事都有它自己的时间表，自然而然地发生，没有人为的干预。

当然，这是一整套方案，比我的概括要详细得多。其核心是酵母。他们使用的酵母来自酒厂所在的土地（58英亩/23公顷的牧场），通过搭配不同的草药和水果，让不同的微生物繁衍或消失。酵母和细菌的混合培养物自首次使用以来一直在进化，始终朝着不同的方向变化，也会随着季节更替而发生变化。夏天天气暖和时，酵母活动频繁，能够产生更多的果味酯和香料；冬天酵母活动较少，从而产生更多的酸。酒厂一直遵循这种自然的、季节性的变化。

特别值得一提的是小丑王对啤酒花的使用：他们生产的每一种啤酒都含有一定比例的陈酿啤酒花，酿酒师将这些啤酒花存放在牧场的谷仓中，一放就是几年，使其完全干燥（理论上这些啤酒花应该没有苦味，但是只用陈年啤酒花酿造的啤酒才会有苦味）。啤酒花是小丑王啤酒的一种风味元素，本身并不突出，但是起到"杠杆"的作用，其抗菌特性可以通过控制微生物来改变啤酒的外观。啤酒花越少，意味着啤酒的酸度越高。啤酒花也细菌守门人，留下好的，去掉坏的，依靠调节酸碱度来去除较差的细菌。

酒厂尽可能使用德克萨斯州的当地谷物。他们有自己的水井，水里面的矿物质含量很高。这种水并非完美无瑕的酿酒用水，但是他们坚持只用自己的水。酒厂还有一个果园（种着桃子、李子和黑莓，以后也许会有更多的品种）和自己的土地。果园里的水果很重要，因为酒厂会根据水果的收获情况来调整酿造的原料组成。虽然酒厂的啤酒种类繁多，但这些酒都有一个稳定的基础，即经过完美稀释、拥有啤酒花的苦味和浓郁的酵母味的塞松和比利时淡色艾尔。

啤酒厂还有一个冷却装置，通常在12月到次年2月使用，那时奥斯汀的气候足够凉爽，可以酿造自然发酵的啤酒。酒厂在2012年启动了这个项目，并于3年后推出了名为"SPON"的系列啤酒。这种啤酒使用传统贵兹啤酒的生产方法保持经典贵兹酒的基本风味，但是拥有更浓的柠檬、单宁、果皮和皮革的味道，风味更佳独特。

小丑王啤酒厂的大部分啤酒都只在当地销售，这正是酒厂所坚持的：品尝时，啤酒的味道能独特地反映出酿造的地点和时间。酒厂坐落在宁静的乡村牧场之上，拥有壮美的田园风光，旁边还有家比萨店。酒厂里的啤酒种类繁多，有最新推出的啤酒、限时供应的啤酒、葡萄酒、苹果酒，还有大瓶装系列。其中一些产品，比如SPON系列，只能在酒厂现买现喝。

小丑王啤酒厂重新定义了"农家啤酒"和"季节性啤酒"的概念，并使其焕然新生。在酿酒的自然环境中享受独特的啤酒，这种感觉是绝无仅有的。

小丑王啤酒厂致力于生产季节性啤酒，与乡村风格相得益彰。

详情

名称： 小丑王啤酒厂

方式： 理想状态下，最好开车前去参观，但这意味着要有一个指定的司机。你可以在奥斯汀使用打车软件订一辆车（在撰写本文时还不能使用Uber），单程要花30～50美元。啤酒厂的酒吧在星期五的16:00～22:00，周六12:00～22:00，周日12:00～21:00营业。经常有旅游团去啤酒厂，所以只要去酒吧问问就行了（详情请访问www.jesterkingbrewery.com）

地址： 美国德克萨斯州奥斯汀市菲茨丘路13187号，邮编：78736

奥斯汀的烧烤和啤酒

因为我还有一份食物目标清单

上午 10 点刚过，富兰克林烧烤店里已经有 100 个人排在我前面了。我们都在等德克萨斯州奥斯汀市最好的熏肉。烧烤店上午 11 点开门，但无论是早上 8 点还是中午来，你都得等上大约 3 个小时。这家店一直是这样。

店里提供躺椅，音响里放着乡村音乐。在买到熏肉之前，店里分发了可以在早餐时享用的六包啤酒。我前面的那对年轻夫妇带了一箱莫德罗，妻子认为"它尝起来像一个温暖的玉米卷"！他们是过来度假的，一下飞机就直奔这里，现在正在谈论他们的烧烤目标清单上还应该有什么，我们一下子就熟络了。我身后的老两口正在为点多少肉而争论不休，丈夫认为"我们至少需要 2 磅的胸脯肉和 1 磅的香肠"。工作人员会定时过来，告诉顾客还需要排多久。我被告知下午 1 点半左右才轮到我，现在店里还剩许多胸脯肉和火鸡肉，但是手撕猪肉卖完了，排骨还有一些，但是说不准到我时是否还能有。排队时，工作人员也会来询问是否需要买啤酒（这是当然）。

排队很有趣，人们可以顺便交朋友。空气中不断飘来一阵阵甜美的木质香味，让饥肠辘辘的你几乎无法忍受，毕竟还要再等 2 个小时才能享受到美味。当排到近门位置时，木头味淡了，肉味变得更浓，香得让人难以置信！

3 小时的等待就是富兰克林烧烤店的日常。只要到了那里，你的兴奋和期待就会不断增长。每个人的心情都很好，大家都饿了，准备好享用美味的肉。重要的是，这里的肉真的很好吃。一块肉，再加上盐、胡椒、烟和大把时间，就成了令人难以置信的美味。烤肉店里还出售一种奥斯汀精酿啤酒，所以我把富兰克林烧烤放在了我的啤酒清单里。这是一次绝佳的啤酒和烧烤体验，如果能在排队时喝上几杯早餐啤酒或是当地的 IPA 那就更妙了，我喜欢在缭绕的烟雾中享受苦涩的柑橘味。

我的食物目标清单和啤酒清单大多时候是重合的。我是一个美食旅行家，总想要去尝试当地的特色美食——在得克萨斯州，那就是烧烤。

详情

名称：富兰克林烧烤店

方式：星期二至星期日11:00营业，直到卖完为止，通常是15:00打烊（详情请访问www.franklinbarbecue.com）

地址：美国德克萨斯州奥斯汀市东11街900号，邮编：78702

如你所见，它绝对值得等待，再配上一听当地的IPA就再好不过了。

莱夫奥克酒厂有冲击力的德国啤酒队列。

得克萨斯州奥斯汀市最佳啤酒地

如果你不远万里来到奥斯汀喝啤酒（当然还有烤肉），城里有几个必去之地。莱夫奥克酒厂（Live Oak Brewing，得克萨斯州德尔瓦里市克罗泽巷1615号，邮编：78617）占地约23英亩（9公顷），有可容纳约1000人的室外座位和可以四处闲逛的空间。他们酿造经典德国啤酒的完美直饮版本——这是我在德国以外地区喝过的最好的拉格和小麦啤酒。我喜欢他们的皮尔茨酒，因为它有着干苦味和萨兹啤酒花的味道，又有麦芽的圆润。莱夫奥克使用的麦芽浆汁有种微妙的焦糖甜味，只有懂酒的人才能尝得出来。酒厂的比格巴客维也纳拉格有着面包、饼干，以及新鲜有核水果的味道。他们的旗舰产品菲尔洛斯堡光滑细腻、干燥清爽，正适合喝了太多IPA的人来解腻。酒厂就在机场旁边，所以你可以把它作为本次旅行的第一站或最后一站。

奥斯汀啤酒花园酒厂（Austin Beer Garden Brewery，人们一般称呼它的缩写ABGB，得克萨斯州奥斯汀市西奥尔托夫街305号，邮编：78704）的内外空间都很酷，厂里有一系列高品质的拉格和麦芽酒，是当地人最喜欢的地方。班格斯酒厂（Banger's，得克萨斯州奥斯汀市雷尼街79号，邮编：78701）里有100瓶可供取用的啤酒，还有30种自制香肠，以及一个巨大的啤酒花园。班格斯附近的精酿之星酒吧（Craft Pride，雷尼街61号）是得克萨斯仅有的一家，可以称得上是奥斯汀最好的啤酒店之一。

芝加哥的啤酒和美食

世界上最好的啤酒和美食城

比利时有一种根深蒂固的美食文化，就是啤酒总是和美食搭配在一起，这使得它成为一个以啤酒为中心的美食潮流圣地。在我看来，芝加哥绝对是物超所值，因为这座城市的啤酒和美食会给你全新的感受。芝加哥在啤酒和美食的结合方面已经迈出了一大步（在这里你可以找到世界上第一家米其林星级啤酒厂，见第32页）。

克鲁兹布兰卡（Cruz Blanca，伊利诺伊州芝加哥市西伦道夫街904号，邮编：60607）是一个哈卡风格的休闲酒厂餐厅，烟雾缭绕的巷子里，有一套闪亮的银色酿酒设备，旁边摆着木制烤架。克鲁兹布兰卡酒厂里有许多欧洲风格的啤酒，如坚果味维也纳拉格、各种IPA、一些比利时风格的啤酒、浓烈的大麦酒，以及棕色艾尔等。只要条件允许，这些酒都会使用当地的原料来酿造，食物也是如此——餐厅的海报会清楚明白地告诉顾客原料的来源。这里的食物很棒（可以和顶级厨师里克·贝利斯的手艺相媲美），手工制作的玉米卷约有餐盘大小，上面撒着各种各样的馅料。克鲁兹布兰卡酒厂在周六开放参观，你可以提前在网上预定。

禁根酒厂（Forbidden Root，伊利诺伊州芝加哥市芝加哥大道西1746号，邮编：60622）专注于用植物酿造啤酒。酒厂使用木材、树叶、花朵、果肉、果核、果皮、香草和香料，在一些老式啤酒和苏打水的基础上酿造出新鲜有趣的啤酒。所有的啤酒都很好喝，他们用新颖、平衡、灵巧的方式融合了植物成分，这一点是很难做到的。这里的食物使用新鲜的绿色原材料，不需要通过太多的烹调来搭配特定的啤酒，一道菜便可以搭配各种各样的啤酒。这是啤酒和美食结合的新方式，不用限定搭配，而是通过高品质的食物来满足每一种口味。这里的植物酿造，值得你飞过来一试。

坐落在西湖景的长廊酒厂和餐厅（Corridor Brewery Provisions，伊利诺伊州芝加哥市南港大道3446号，邮编：60657）拥有品种丰富的啤酒，比如各种IPA和时尚的塞松啤酒，以及一份包括比萨、沙拉和三明治在内的中西部特色美食菜单，空间布置非常随意，银色的酒箱排在一边，长沙发、砖头和大量的木头随意摆放。这里既不是一个附带餐厅的酒厂，也不是一个附带酒厂的餐厅，准确地说，它是酒厂和餐厅的结合体，实现了一加一大于二的效果。

以上就芝加哥的啤酒和美食结合仅举三例，它在这方面的探索比我所到的其他地方都领先一步。啤酒和食物完美搭配，多么令人兴奋！这里的食物不是油炸薯条等快餐，而是和啤酒一样用心烹调出的美食。与此同时，这些美食的搭配又能提升啤酒的品质。于是，这个城市的啤酒和美食比其他任何地方都要出彩。

克鲁兹布兰卡的啤酒和酒吧间的玉米卷特别配。

长廊酒厂和餐厅的啤酒和美食。

波希米亚乐队

世界上第一家米其林星级啤酒厂

波希米亚乐队是世界上第一家米其林星级啤酒厂。酒厂位于一个旧仓库内，它的设计呈斐波纳契螺旋线形，混合了各种材料和自然元素，包括木材、砖、玻璃、不锈钢、火和水。酒吧里有皮革吧台凳，开放式的天鹅绒私人卡座，奢华又舒适。氛围轻松，服务员总是带着友好的微笑提供周到的服务。10桶啤酒就放在酒吧后面，辅助罐能直接将啤酒传送到龙头里。这里的酿酒空间与开放式的厨房相连，创意十足。

有五种啤酒可供选择，每一种都以美食为灵感或基础。厨房与酒厂相连，美食与啤酒相配。酿酒师将新推出的啤酒细节告知厨师，厨师便会花上几个星期来准备合适的菜肴。无论是厨房还是啤酒厂都不会局限于特定的菜系或风格，相反，他们会不断调整菜单，推出更好的饮食组合。

其啤酒的精妙之处在于巧妙地使用了香料、水果、茶、花和草药。认真品尝，你就会发现酿酒师是真正理解食物和啤酒之人，因为所有的啤酒都拥有丰富的质地和圆润如葡萄酒般的柔软度，它们的甜度刚好与食物相配，6%～8%的酒精浓度带来恰如其分的深度。另外，这些啤酒干燥清爽，略带苦味，因此既可以搭配食物一起饮用，也可单独喝上几品脱（在酒吧的座位上喝几杯是个不错的选择）。按推荐将啤酒搭配食物饮用，你会发现体验感有了明显的提升。可能是因为他们的工作到位，也可能是你对啤酒和食物有了更深入的思考。原因其实很简单：你可以喝到很棒的啤酒，吃到美味的食物。

波希米亚乐队开启了啤酒和美食搭配的新篇章。

波希米亚乐队的创始人是迈克尔·卡罗尔和克雷格·辛德拉。迈克尔曾是一名厨师和面包师，在芝加哥米其林三星级阿丽娜餐厅工作了三年，在去小镇对面的半亩方田酒吧工作之前，他一直是波西米亚的首席酿酒师。克雷格擅长葡萄酒的酿造，可以说是一个全才。他曾担任阿丽娜的首席侍酒师近十年，后来和迈克尔联手，致力于提升食品品质。高素质餐饮人才的联手，以及培养训练有素的厨师和提升酒厂品质的理念，使得这家美食啤酒厂运营得有声有色。波希米亚乐队是第一家获得米其林星级的啤酒厂，直至2018年春季，仍然是唯一的一家。

详情

名称： 波希米亚乐队

方式： 周二至周日开放，周一休息。每天开放时间不同，所以请先登录网站www.bandofbohemia.com查看

地址： 美国伊利诺伊州芝加哥市拉文斯伍德大道北4710号，邮编：60640

并不是标准的酒吧食物。

美国啤酒和美食搭配推荐

- 墨西哥玉米片配上一杯上好的拉格，如泡沫绵密的皮尔森或黏稠的荷拉斯，轻盈的玉米片托起沉重的奶酪和莎莎酱。

- 来自加利福尼亚的大蒜奶酪薯条可以配上西海岸IPA。大蒜和啤酒花是最佳拍档，咸味与酒精的苦味相配，奶酪能突出麦芽的味道。

- 香浓的水牛酱鸡翅需要配上一杯巧克力味浓郁的波特啤酒，麦芽的甜味正好盖住酱汁浓烈的气味。

- 奶酪汉堡与IPA是绝配。放弃吧，啤酒花就是喜欢奶酪、多汁的肉和所有甜味的调味品。

- 奶酪马克罗尼可以配一杯淡色艾尔啤酒，一种老式的麦芽啤酒，圆润的焦糖味融合了甜味和强烈的苦味。

- 鸡肉馅饼搭配双倍IPA。我不确定这是不是最完美的搭配，但可以肯定的是，我尝试过的每一个鸡肉馅饼和双倍IPA的组合，滋味都是那般美妙。

- 木烤比萨配上一杯深色拉格（或是一杯温和的黑啤酒），酒中带有麦芽的焦香和干燥的余味，刚好与比萨边缘的焦香相配。

- 一碗辣椒配上一杯牛奶黑啤，啤酒的清爽缓解了辣椒的辛辣，它的光滑、甜味和可可味又丰富了辣椒的口感。

鹅岛酒桶陈酿项目系列

啤酒世界的奇迹

鹅岛酒触动你的,首先是扑鼻的香味——浓重的酒香、波本威士忌甜甜的木香、发酵过程中若隐若现的气泡果味,那种深沉的、永恒的、超自然的、诱人的糖果香神奇地转化成了酒精。当走进这片树林,进入这座木桶的神庙时,你永远也弄不清楚它到底有多大,里面有多少木桶,桶里储存了多少啤酒,这些木桶存了多少年,有多少人品尝过这些木桶里的酒。无论之前存放的是葡萄酒、威士忌还是其他啤酒,也无论这些木桶的年代究竟有多久远,现在,这些木桶里储存的是啤酒,已焕然新生。

1992年,鹅岛啤酒厂将帝国黑啤置于6桶吉姆·比姆波本酒桶中陈酿,作为第1000批特制啤酒——这可能是第一家使用威士忌酒桶陈酿啤酒的酒厂,也是精酿啤酒历史上重要的一项举措。此后,酒厂又将自己的陈酿屋改造至最大,面积约14万平方英尺(1.3万平方米),可以容纳数万个木桶。此外,他们还在马厩里添置了葡萄酒和其他酒桶。这里的啤酒种类繁多,有含有咖啡的啤酒、果酒、酸麦芽酒,也有置于非常稀有或古老的波本酒桶里陈酿的啤酒。

郡牌波本黑啤是鹅岛啤酒厂的最经典之作,这是一款浓烈的黑啤,酒体厚重丰富,有着深沉的波本威士忌、香草、木材和樱桃的味道。

鹅岛陈酿屋的受欢迎程度远超你的想象。想去参观并不是一件容易的事,你需要提前几个月计划好,与酒厂的员工交朋友,路过时感受屋内神圣又美妙的气息,或是想尽一切办法进去。当你走进去,要花上几分钟的时间呼吸,深呼吸,让你的肺部愉悦地吸入会让人头痛的空气。虽然酒厂的味道都很好闻,但是一个存放了上万桶香浓艾尔的酒厂的味道一定是最令人陶醉的。

详情

名称: 鹅岛啤酒厂

方式: 酒吧间在周四至周日开放(每天开放时间不同,请提前查看网站)。也可以预订参观(详情请访问www.gooseisland.com)

地址: 美国伊利诺伊州芝加哥市西富尔顿大街1800号,邮编:60612

这款黑啤在橡木桶中陈酿了8~12个月,芝加哥冬冷夏热的气候变化有助于啤酒吸收木材的味道。

芝加哥拉格尼斯酿酒公司

如果你想见识真正的精酿酒厂，了解它的规模和价值，那建议你去拉古尼塔斯酒厂（Lagunitas，伊利诺伊州芝加哥市西17街2607号，邮编：60608）。这是我去过的最大的、最开放的精啤酒厂，一条暗淡的背光走廊吸引着你开始5美元一品脱的酒吧迷幻之旅，让你环绕着巨大的、太空船般的啤酒厂漫步，出来时双眼透亮，带着满足的傻笑。

2017年，喜力收购了拉格尼斯，它很快会成为世界上最大的精酿酒厂。这意味着芝加哥啤酒厂的规模将会更大，成就更加非凡。所以去那里吧，喝上一品脱IPA，再四处走走，感受这个完美的城市。

一旦这些酒被混合在一起，就会变成真正的世界级烈性黑啤酒。

第一章 北美洲

密尔沃基的老拉格酒厂

见证了这座啤酒城曾经的辉煌

如果有一台时光机，可以让人去历史上的任何地方喝几杯啤酒，那么19世纪末的密尔沃基将是我的首选。当酿酒师从德国移居到美国中西部时，他们酿造了德国风味的啤酒，并打造出与之相配的德国风格的饮酒环境，成为美国新啤酒文化的开端。

这些酒厂起家时往往规模很小，但是后来有些发展成了大公司。密尔沃基有全国最大的一些啤酒厂，所有的酒厂都生产各种欧洲风格的啤酒，其中比较出名的有米勒、帕布斯特、布拉茨和舒立兹，这使得密尔沃基成为一座杰出的酿酒城市，一座流淌着啤酒、每个角落都有啤酒厂的城市。但是，这种杰出并没有保持下去，几乎所有的啤酒厂都关闭或搬走了。但随着旧酿酒场所的重新开放，这座城市正在逐渐恢复昔日的荣光。

帕布斯特酒厂曾经创造了这座城市最辉煌的时刻，但是很久前便关闭了。它曾是世界上最大的啤酒厂，并于1977年达到了发展的顶峰。酒厂的故事始于雅各布·贝斯特，他在1844年创办了帝国啤酒厂，后来更名为贝斯特和公司。贝斯特去世后，他的第四个儿子菲利普接手了酒厂（他的另外两个儿子创办了普朗克路啤酒厂，后来更名为米勒啤酒厂）。菲利普有两个女儿，其中一个女儿嫁给了一个名叫弗雷德里克·帕布斯特的轮船船长。贝斯特十分欣赏帕布斯特，于是说服帕布斯特辞去船长的职务，参与酒厂的管理工作。后来，帕布斯特成为了一名啤酒大亨。帕布斯特也许是当时最伟大的啤酒大亨，于1904年去世，是当时世界上最富有的人之一。

自1977年发展到顶峰之后，不知何故，仅仅过了20年的时间，这个坐落在密尔沃基的全世界最大的酒厂便关闭了（如今美国其他的酒厂仍在酿造帕布斯特酒厂的啤酒）。密尔沃基的那些酒厂被关闭了10年甚至更长的时间，直到2007年，它们才得以复兴。28座原啤酒厂建筑中，有16座保留了下来，如今许多酒厂已经重新开放，整个地区正在进行大规模的更新改造。

一张彰显密尔沃基酒厂历史的旧明信片。

贝斯特普莱斯（Best Place，威斯康星州密尔沃基朱诺大道西901号，邮编：53233）是了解帕布斯特乃至密尔沃基酿酒历史的好地方。这座建筑曾经是一所学校，后来被帕布斯特收购了，并在此建立了酒厂的总部（对于喜欢老啤酒厂纪念品和啤酒杯的人来说，这家店是必去之地）。贝斯特普莱斯对面的便是最令人印象深刻的酒厂旧址，如今已经改造成酿酒旅馆套房（威斯康辛州密尔沃基第 10 大街北 1215 号，邮编：53205），大厅里非常显眼的位置上摆放着几个酒壶。离这里不远的街区有一个现代化的酿酒吧，坐落在一个建于 19 世纪 70 年代的卫理公会老教堂里。帕布斯特在这座城市酿造了 20 多年啤酒，如今在帕布斯特密尔沃基啤酒厂（Pabst Milwaukee Brewery，威斯康辛州密尔沃基朱诺大道西 1037 号，邮编：53233）重新开始。这家酒厂拥有重获新生的帕布斯特品牌（部分品牌几十年前便已诞生）和新的啤酒品牌。你可以从酒厂的龙头中取用经典的蓝带啤酒，虽然蓝带啤酒并不是在那里酿造的。

如今，密尔沃基最出名的老酒厂是米勒啤酒厂，这主要得益于他们的不懈努力及其在城市中的重要地位。如果你到了密尔沃基，米勒啤酒厂（Miller Brewery，威斯康辛州密尔沃基州立街西 4251 号，邮编：53208）是个值得参观的好地方。

弗雷德里克·米勒于 1854 年来到美国，据说在到达密尔沃基并接管普朗克路啤酒厂之前，他将酵母随身携带了大约一年的时间（我向导游咨询过米勒是如何让酵母存活下来的，但他们都不知道）。米勒开了一个啤酒园，这是啤酒文化变革的催化剂——在一个明亮、活泼而有趣的地方，可以享用米勒酿造的德国风味的拉格。在旅行中，你会看到 1886 年新建的啤酒厂。到了 1903 年，"啤酒中的香槟"成为其主打品牌。此外，酒厂率先开发了新的啤酒品种——淡啤酒，并于 1975 年推出。正如他们在巡回发布会中所说，这是有史以来最受欢迎的新品啤酒。

精美绝伦的老啤酒厂坐落在巨大的校园内，有 79 个建筑，占地超过 82 英亩（33 公顷）。你将在酒厂里看到啤酒的包装和分销，每天大约有 50 万箱。普兰克路啤酒厂的旧址时刻提醒着人们米勒酒厂的历史。然后，你可以前往贝斯特兄弟老酒厂开凿的隧道，在品尝室喝上三种啤酒，结束这段旅程。无论你喜不喜欢米勒啤酒，你都无法否认米勒酒厂在美国历史上的重要性，因为它不仅推动了美国啤酒文化的发展，而且它在这座辉煌过的啤酒城内曾独领风骚数十年。

米勒啤酒厂能列入啤酒清单吗？我必须不断地思考这些地方是否是真得值得一去，还是顶多适合附近的人去转一转。如果你对当今的美国啤酒历史感兴趣，想要了解一下啤酒早期的发展或者至少是形象的确定，以及后期突飞猛进的成长，那么密尔沃基就是重要的一处参考地。因为，它是底蕴最深厚的啤酒城，也是拥有最丰富历史的啤酒城。

普兰克路啤酒厂被弗雷德里克·米勒以 2300 美元买下。

除了米勒之外密尔沃基的好去处

　　如果你去了密尔沃基，那你的目的应该是精酿啤酒，而不是淡啤酒。密尔沃基是一座杰出的啤酒城，城里有很多新开张的啤酒厂，值得一提的绝不止一两家。首先是湖滨啤酒厂（Lakefront Brewery，威斯康星州密尔沃基北商业街1872号，邮编：53212），最好在星期五去，可以吃著名的炸鱼，如果有机会可以好好游览一番，在醉意中感受那里的生动、喧闹和乐趣。河对岸的志同道合（Like Minds Brewing，威斯康星州密尔沃基市汉密尔顿大街东823号，邮编：53202）是一家专注于食品的酒厂，在美食和酿酒方面都很有名，特别是用布雷特酵母发酵的IPA堪称一绝。糖枫树酒吧（Sugar Maple，威斯康星州密尔沃基林肯大道东441号，邮编：53207）拥有品种最全的啤酒。

帕布斯特啤酒厂在密尔沃基已有170多年的历史。

啤酒时光机

如果有一台时光机，那么有好几个地方我都想去，旧时的密尔沃基就是其中一处。我也许会在20世纪之前的几十年间徘徊。我会飞到1842年11月这个重要的时刻，在皮尔森饮用第一杯金色拉格。在19世纪初伦敦繁忙的酒吧里喝酒也是一种很奇妙的感觉，那时是波特的时代，开始出现淡色艾尔，烟雾缭绕的酒馆，还有狄更斯小说中的爬行酒吧。

在大溪城品酒

又一座啤酒城

2012年，大溪城像一匹黑马杀出重围，与北卡罗来纳州的阿什维尔市共夺"美国啤酒城"的称号。第二年，密歇根城成为唯一夺得此称号的城市，并一直保留着这一荣誉。大溪城是一座伟大的啤酒城，它的辉煌源于城内规模虽小但数量繁多的美味啤酒，以及当地强大的啤酒社区。

创始者酒厂（Founders Brewing，密歇根州大溪城格兰德维尔大道西南235号，邮编：49503）绝对会是你的第一站。它有着一个宽敞明亮的啤酒厅，透过玻璃可以看到酒厂内部，整个建筑透出一种历史的悠久感，这样的构造如今已经不多见了。酒厂内部是老式酒馆风格，里面摆有木制的酒吧椅，有许多啤酒龙头和经典的酒吧食物，旁边还有一家商店。众所周知，首先要品尝的就是全天IPA，这是现代啤酒的代表作，一款在短短几年内就成为畅销品的季节性啤酒，可以肯定地说，这款啤酒开启了工休IPA（Session IPA）的潮流。酒中含有丰富的淡麦芽，但并不太甜，它的主要作用是提升柑橘、橙子和花的香味。它能带你一整天的新鲜感，但是酒中强烈的苦味也一直吸引着你。之后，可以尝尝赫赫有名的烈性黑啤酒，如早餐黑啤或是任何一种在波本桶里陈酿的啤酒。

大溪城的啤酒厂都紧挨在一起，你可以步行、乘公共汽车或搭出租车到达你想去的任何地方，路程都在10~15分钟之内。我最喜欢的一站是克雷斯顿啤酒厂（Creston Brewing，密歇根州大溪城普兰菲尔德大街东北1504号，邮编：49505）。它像一个老式的餐厅或明亮的酒店大厅酒吧，看起来有点奇怪，但是高质量的啤酒可以让你忽略这一点。我很喜欢这里的瞭望山英式特殊苦啤（Lookout Hill ESB），因为麦芽味浓郁，就像吃了一整罐美味的曲奇（他们使用当地百乐麦芽制造坊的谷物酿造啤酒）。

维万特（Brewing Vivant，密歇根州大溪城樱桃街东南925号，邮编：49505）经常出现在"难以置信这家啤酒厂曾经是什么场所"的名单上，因为它位于一个改造过的旧殡仪馆中。彩色的玻璃背景墙使得这个建筑内部色彩明亮。酒厂啤酒的灵感全部来自比利时农家啤酒，而且所有的啤酒都是高品质的。在维万特附近，有家麋鹿啤酒厂（Elk Brewing，密歇根州大溪城富庶街东南700号，邮编：49503），使用不同的原料酿造啤酒，设置了一个朴素的酒吧间。此外，酒厂在康斯托克公园（Cornstock Park，密歇根州大溪城富庶街东南700号，邮编：49503）还有一个更大的酿酒场所。麋鹿酒厂附近还有东西方啤酒公司（East West Brewing Company，密歇根州大溪城莱克大道东南1400号，邮编：49506）是一家小型的酿酒吧，与隔壁的印度餐厅是同一个老板。酒吧里的菜单上没有咖喱，但实际上这是一家咖喱酿酒吧，因为你可以从隔壁买好食物带来搭配啤酒。

城里有两个和谐酒厂（Harmony Brewing）。最早的一家（密歇根州大溪城莱克大道东南1551号，邮编：49506）位于城东，环境舒适，还可以吃到用木头烘烤的比萨。而和谐庄园（Harmony Hall，密歇根州大溪城斯托克大道西北401号，邮编：49504）则位于西部，提供各种美味的香肠，因为这里曾经是一家香肠工厂。店里有一款搭配培根酱的乳酪IPA香肠——如果不尝一下，你就白来了。这里的啤酒种类繁多，且大多品质都很高，可供取用的品种也很多。

新荷兰的酒厂大多在城外30英里（50千米），但是在大溪城开了一个大型的现代酿酒吧——尼克尔伯克（The Knickerbocker，密歇根州大溪城布里奇街西北417号，邮编：49504）。酒吧里有一个巨大的中央吧台和大量的座位，主要提供堂食以及当地的美食。我建议你一定要品尝一下，因为他们一直致力于研究美食和啤酒的完美搭配。我吃了一个golumpki，是一种卷心菜肉卷，却又比平常吃的要美味得多（这道菜也是大溪城古老的德国传统和密歇根州农业农耕的完美结合）。所有的新荷兰啤酒都可以在这里喝到，酒吧还提供一些特色菜以及特供啤酒。我最喜欢诗人燕麦黑啤，疯帽子啤酒则是经典的中西部风格IPA。

市中心的 B.O.B.（The B.O.B.，密歇根州大溪城蒙罗大街西北 20 号，邮编：49503），位于一处包含各种娱乐休闲场所的古老建筑，如果你是当地人，可以在那里完美地结束这个夜晚，然后在心中暗自怀念最后那几杯啤酒。那里不但有啤酒厂，还有酒吧、餐馆、喜剧俱乐部和夜总会。花生酱波特啤酒很不错，我发现自己不会错过任何一种花生酱波特啤酒——我喜欢这种啤酒，就像我喜欢比萨上的菠萝一样。

大溪城啤酒公司（Grand Rapids Brewing Co.，密歇根州大溪城爱奥尼亚大道西南 1 号，邮编：49503）有一个很大的角落，紧凑地摆放着一些座位。这里大约有 17 个自酿啤酒龙头，口感都不错。沿街还有一家霍普卡特（Hop Cat，密歇根州大溪城爱奥尼亚大道西南 25 号），是一家非常著名的酿酒连锁店，但有点令我失望。自酿啤酒的数量和质量都一般，而其他的都是些款待啤酒，尽管数量比较多，质量也不错。我也不喜欢他们的炸薯条。如果你在乎的是品种数量，那还是值得一去的。

城北有家格雷琳啤酒公司（Greyline Brewing Company，密歇根州大溪城阿尔卑斯大道西北 1727 号，邮编：49504），是一处远离主要街道的现代风格建筑。公司生产的氮气燕麦黑啤非常不错，也生产一流的 IPA。密顿酿酒公司（The Mitten Brewing Co.，密歇根州大溪城伦纳德街西北 527 号，邮编：49504）也在城北，这是一家以棒球为主题的酿酒吧，坐落在一个旧的消防站里，所以整个建筑看起来很酷。我喜欢在那里尝试过的所有啤酒，但是没有哪一种能让我印象深刻。

大溪城是一个啤酒城，在过去的几年里，获得了无数类似的称号。大溪城之所以担得起这个称号，是因为它的多样性和趣味性，同时便于参观，城内也有一些高质量的啤酒可供选择。但更重要的是，在大溪城生活和工作的人是真正热爱、支持、赞美啤酒的人。

创始者酒厂（见下图）是吸引人们来到大溪城的众多酒厂中的一个，但是城内和谐酒店（见上图）等景点能够让人们在大溪城流连几天。

第一章 北美洲

贝尔斯啤酒厂的奇异咖啡馆

感受酒花的泛滥

位于卡拉马祖的贝尔斯啤酒厂有一间品酒室，是我们熟悉的那种摆设风格：古老的木质装修，宽敞而舒适，墙上挂着有几十年历史的酿酒小摆件。这里的食物可口，室内有30种可供取用的啤酒，其中有些是贝尔斯最为人熟知的产品，有些是你最想要品尝的，还有些是你想要了解的新品种。这里的服务让你感受到来自新朋友的友善。

双心鱼是贝尔斯的主打产品，是酒厂有史以来最得意的IPA之一。尽管这款产品是多年前研发的，但你仍能从中尝出现代、新鲜和令人兴奋的味道。想象一下世界上所有橘子的口味，这就是双心鱼的味道。橘花、果酱、蜜饯果皮、鲜榨果汁——所有的味道都来自百年啤酒花。双心鱼苦中带甜，是一款传统的高浓度酒精饮料。年初的"酒花泛滥"产品发布会十分值得一去，这款酒精度高达10%的双倍IPA滋味美妙，味道浓烈而强劲。这款酒大家了解得不多，也是刚刚听说，都想去尝一尝。

2015年是贝尔斯酒厂成立30周年。美国任何一家成立已有30年的酒厂都值得关注。贝尔斯从成立之初起，便一直在做一些让啤酒迷兴奋的事情，是美国最伟大的精酿啤酒商之一，他们的奇异咖啡馆和百货商店也是美国最棒的酒吧之一。

详情

名称： 贝尔斯啤酒厂的奇异咖啡馆

方式： 咖啡馆营业时间：周一至周三11:00至午夜，周四至周六11:00至次日02:00，周日11:00至午夜。贝尔斯的百货商店每天都会延长营业时间。你也可以参观位于卡拉马祖的贝尔斯酒厂，参观时间为周六和周日的中午至下午4点（详情请访问www.bellsbeer.com）

地址： 美国密歇根州卡拉马祖，卡拉马祖大街东355号，邮编：49007

贝尔斯双心鱼在玻璃杯里闪着金色的光——以美丽的姿态向你展示着百年啤酒花不可思议的味道。

参观圣路易斯的百威啤酒厂

会是你见过的最美啤酒厂

走进位于圣路易斯的百威啤酒厂，当抬头仰望枝形吊灯和维多利亚式建筑时，我的下巴差点被惊掉，落在华丽的马赛克瓷砖地板上。我敢打包票，你绝对没见过这么漂亮的啤酒厂。

就许多方面而言，百威酒厂就像一个博物馆。或者说，它是啤酒业一扇华丽的大门和无价之宝。大多数读者也许不愿也不屑读这一章，但是无论是过去还是现在，百威啤酒的重要性都是无法否认的。

纵观整个啤酒的历史，我最喜欢百威和安海斯—布希的故事。在《世界最好的啤酒》一书中，我用大约3千字来讲这个故事，当然我本可以写至少3万字。简单来说，1876年，安海斯—布希啤酒公司想在他们已被广泛认可的中欧风格的拉格中加入一种新的啤酒。他们想要一种比琥珀拉格更淡更清爽的啤酒，而这种啤酒的灵感大约来源于如今的捷克啤酒。酒厂使用自己的原料并不能完全复刻出捷克啤酒——主要是因为捷克啤酒中使用的六棱大麦蛋白质含量更高，于是酒厂就在酒中加入大米，使啤酒颜色更淡，酒体更干。这是美国人的新啤酒，也是美国拉格的新啤酒，特别是因为它使用了美国麦芽、大米和欧洲贵族啤酒花，而且是适合用玻璃杯盛装的新口味淡啤酒。

安海斯—布希啤酒公司在19世纪末开创了美国酿酒业的先河，它比后来为我们所知的世界啤酒巨头百威啤酒公司更具历史意义。安海斯—布希是第一家大规模生产瓶装啤酒的酒厂，也是第一家在城外建立分销网的酒厂，他们甚至建立了铁路交通运输线，并在使用冷藏车运输之前使用冷库来连接这些运输线。此外，安海斯—布希也是第一家使用新的巴氏杀菌工艺的酒厂。这一切，使得20年后首次投放市场的百威啤酒最终成为美国的第一啤酒品牌。

如果你在圣路易斯，那么你可以去参观百威啤酒厂，再预订一场旅行，因为这座极棒的啤酒城值得一去。在那里，你能看到著名的克莱兹代尔斯马厩，巨大的调节池，19世纪后期的酒厂建筑，以及非凡的酿酒吧。最值得注意的，也可能令人悲哀的是，酿酒师并不在这里工作，他们坐在办公室里的计算机屏幕前酿酒，如今大规模生产的啤酒都是这样酿造的。但在这样一个庞大的酿酒巨头中，这个美丽的酿酒吧，每天都要酿造数百万瓶百威啤酒。

摒弃你对百威啤酒的先入为主的看法，去参观啤酒厂吧，你会从一个新的角度看待这个啤酒巨头。

详情

名称： 百威啤酒厂之旅

方式： 任意时刻皆可开始旅行，但6月和8月的开放时间略有不同，所以请先查看网站 www.budweisertours.com

地址： 美国密苏里州圣路易斯市十二和林奇大街，邮编：63118

精彩的科罗拉多啤酒体验

如果你有机会前往科罗拉多,这个以啤酒著称的州,那么此处给你一些与啤酒相关的建议。

到新比利时啤酒公司（New Belgium Brewing Company,科罗拉多州柯林斯堡林登街500号,邮编:80524）尝尝胖轮胎啤酒:在IPA风靡大街小巷,成为每家啤酒厂的标志性产品之前,这是每个人都应该尝试的一种琥珀艾尔啤酒。对拉格啤酒爱好者来说,胖轮胎就是一种叫喊着"快来喝我"的啤酒,带人进入精酿啤酒的新世界。该啤酒是美国琥珀艾尔啤酒中最成功的,也是最好的。所以,如果你想尝尝啤酒厂美味的IPA和令人陶醉的酸啤酒,建议你从胖轮胎啤酒开始。

到奥德尔酿酒公司（Odell Brewing Co.,科罗拉多州柯林斯堡林肯大街东800号,邮编:80524）尝尝IPA:该啤酒厂距离新比利时啤酒公司只有几个街区,所以一定不要错过这两家。还有一点要说,奥德尔的IPA是经典的美国IPA。

前往博尔德的艾弗里啤酒厂（Avery Brewing,科罗拉多州博尔德鹦鹉螺城南4910号,邮编:80301）:在这里你会喝醉,因为你肯定想要喝上一打不同的啤酒,它们都很棒,让你喝完还想要再点12种。

到奥斯卡蓝调啤酒厂尝尝十点五（Oskar Blues Brewery,科罗拉多州龙蒙特B单元派克路1800号,邮编:80501）:品尝奥斯卡蓝调啤酒厂所有的酒。在徒步旅行或骑山地车等户外活动后,拿几罐啤酒喝,科罗拉多人常这么干。

到普罗斯特啤酒公司（Prost Brewing Company,科罗拉多州丹佛第十九大街2540号,邮编:80211）喝一杯海勒斯啤或者窖藏皮尔森:欣赏着丹佛市中心的天际线景观,尝一口南巴伐利亚拉格,观赏精美的铜制酿酒壶,这是多么惬意的一件事。当然,啤酒爱好者一定要前往仓库啤酒屋（Bierstadt Lagerhaus,科罗拉多州丹佛布莱克街2875号,邮编:80205）品尝一下慢锅炖。

前往落岩酒屋（Falling Rock Tap House,科罗拉多州丹佛布莱克街1919号,邮编:80202）:毋庸置疑说瞎话,这是一个狂热而经典的精酿啤酒吧。一进去,映入眼帘是100个啤酒龙头（我见过这个酒窖,看起来很滑稽）,你一定会想尝试其中的大部分。酒吧里的食物很多,但我只吃鸡胸肉、炸薯条和普林尼,这是我个人的狂热啤酒吧固定菜品。

尝尝歪木板酒厂（Crooked Stave,科罗拉多州

一家库存丰富的科罗拉多酒吧，有左手、奥德尔、艾弗里，还有更多的当地啤酒。

丹佛布莱顿大道3350号，邮编：80216）独一无二的酵母发酵的啤酒；也可以尝尝左手酿造公司（Left Hand Brewing Company，科罗拉多州朗蒙特波士顿大道1265号，邮编：80501）的硝基牛奶黑啤，这是全美最棒的黑啤之一；还有分水岭酿酒公司（Great Divide Brewing Company，该公司在丹佛有两处厂址，具体信息请登录www.greatdivide.com查询）的雪人帝国黑啤也值得一试。

想看看世界上最大的啤酒厂吗？去戈尔登参观一下米勒库尔斯啤酒厂吧（MillerCoors facility）。由于开放时间不定，参观之前请登录官网www.millercoors.com确认一下。

一路向前，开大概3100米就到了莱德维尔：在周期啤酒厂（Periodic Brewing，科罗拉多州莱德维尔市第七大道东115号，邮编：80461）喝一杯吧！这是全美最高的啤酒厂了，几乎也是全世界海拔最高的酒厂。

顶级美国啤酒厂

- 缅因州波特兰的阿拉嘉什啤酒厂（见第9页）
- 加利福尼亚州旧金山的锚牌啤酒厂（见第50页）
- 美国加利福尼亚州奇科的内华达山啤酒厂（见第54页）
- 特拉华州米尔顿的角头鲨啤酒厂（见第20页）
- 科罗拉多州科林斯堡的新比利时啤酒公司或北卡罗来纳州的阿什维尔啤酒厂（见第22页）
- 密苏里州圣路易斯安海斯-布希酒厂（见第43页）
- 得克萨斯州奥斯汀的小丑王啤酒厂（见第26页）
- 威斯康星州密尔沃基的湖滨啤酒厂（见第38页）

美国丹佛啤酒节

品尝上千种啤酒，每次1盎司

想象一个房间，可能是你住过的最大的房间，大约有 10 个足球场那么大。你花了大约 80 美元 0 才能在这个巨大的房间里待 4 小时，这时你得到了一个有 1 盎司（30 毫升）刻度线的小塑料杯。你敬畏地凝视着这个规模巨大的、挤满了人的房间，开始思考如何穿梭在面前的 3500 瓶啤酒中，一次喝一盎司。这就是伟大的美国丹佛啤酒节。

门票可以让你无限量地品尝 1 盎司啤酒。对于这 1 盎司，你可以一口吞下去，也可以分成两大口，又或是三小口。不过，用三小口解决 1 盎司的喝法来品尝 3000 多种啤酒是适宜的。对于豪迈的美国人来说，美国丹佛啤酒节在很多方面都很棒：空间大到你需要地图来帮自己定位，而就算这样你仍然会迷路；数百个最好的啤酒厂拿出了最好的啤酒，质量好到让你难以置信；啤酒爱好者们热情洋溢的对话使气氛不断升温，渐渐变成激动人心的轰鸣声。

但是也有不太好的一面：与小口抿不同的是，大口喝意味着很难品尝到你所希望的那种啤酒味道；食物的味道不太好，这可能就是人们带自制的椒盐脆饼圈作为零食的原因（我花了三天时间寻找椒盐脆饼圈的摊位，后来才意识到这是人们自己做的……）；你需要排队品尝稀有的啤酒，而很稀少的展品可能要花很长时间才能等到；盛会一开始，人们疯狂品尝帝国IPA，慢慢才感受到后劲，结束时不可避免地会出现狂欢派对后醉酒的情况。但这些都是次要的，美国丹佛啤酒节是独一无二的，所以一生中至少要去一次。

美味的美国啤酒，每次喝1盎司。

详情

名称： 美国丹佛啤酒节

方式： 每年9月末或10月初开始，详情请访问 www.greatamericanbeerfestival.com

地址： 美国科罗拉多州丹佛第14大道700号，黑啤大街科罗拉多会议中心，邮编：80202

世界重要啤酒节

- 美国丹佛啤酒节 美国丹佛
- 英国伦敦啤酒节 英国伦敦（见第97页）
- 澳洲啤酒嘉年华 澳大利亚墨尔本（见第176页）
- 哥本哈根米奇乐啤酒节 丹麦哥本哈根（见第160页）
- 德国慕尼黑啤酒节 德国慕尼黑（见第111页）
- 曼切斯特独立啤酒会议 英国曼彻斯特（见第95页）
- 小啤酒节（为了纪念古代圣人安娜）德国福希海姆（见第116页）
- 比波弗敦盛会 英国伦敦（见第76页）

怀特纯酵母发酵实验室，圣地亚哥

酵母兴奋发酵的天堂

圣地亚哥是啤酒花的代名词。如果说啤酒花是精酿啤酒界的超级巨星，那么圣地亚哥就是精酿啤酒界的好莱坞。但从很多方面来说，默默无闻的酵母菌才是真正的英雄。它集工作室、生产、设计于一体，没有它，啤酒甚至都不会存在。在圣地亚哥，远离啤酒花，你会发现这是世界上最好的啤酒朝圣地，在这里可以更好地了解酵母并看到发酵的全过程。

作为全球最重要的酵母供应商之一，怀特实验室在其全球总部建设了一个有20个酒桶的啤酒厂，并购买了许多小型发酵罐。他们打算酿造基础啤酒，然后将啤酒汁分装入几个不同的发酵罐，向每个发酵罐中添加不同的酵母，然后供人在有32个啤酒龙头的品酒室中并排品尝这些啤酒，这意味着你可以感受到不同酵母在同款啤酒中发挥的不同作用。

你需要小杯小杯地仔细品尝，而不能开怀地喝上几品脱，这就让人有点讨厌了。就口味、香气和外观而言，同一款啤酒因酵母菌的不同所呈现的差异可能会非常明显，而且使你的脑子加快运转，让你不由自主地边喝边思考。像这样具有知识性和启发性，同时又很有趣的品酒体验是很稀有的，所以如果你在圣地亚哥，那么千万不要错过。啤酒花可能是当今精酿啤酒界的巨星，但是如果没有酵母，啤酒花甚至连一个可以让它唱歌、呐喊并吸引所有人注意的舞台都没有。

详情

名称：圣地亚哥怀特纯酵母发酵实验室

方式：每天12:00～20:00开放（周日18:00开放，详情请访问www.whitelabs.com）

地址：美国加利福尼亚州圣地亚哥坎迪达街9495号，邮编：92126

圣地亚哥是怀特纯酵母发酵实验室总部的所在地。对任何啤酒和自酿啤酒爱好者来说，即使只是偶尔对酵母菌和发酵影响产生兴趣，圣地亚哥也是一个必去的地方。

第一章 北美洲

圣地亚哥西海岸的IPA

在啤酒花香中串酒吧

西海岸是生产 IPA 的最佳海岸，当然仅指圣地亚哥的西海岸，这里是一种 IPA 的主产地，这种 IPA 以明快有力、苦涩且带有柑橘香气而闻名。它由十年前早期的"愤怒"啤酒演变而来，当时这些啤酒被称为海波克里普斯和帕拉特·韦克之类，十分苦涩，有可能在喝之前，你的身体就将它视为毒药而拒绝吞咽。在逐步改进过程中，口感变得芳醇，不再那么厚重，保持了纯粹、紧实、干燥，酒体呈较浓郁的金色，柔和而没有多余的涩味。麦芽的焦糖味，将那种浓重的苦味变成更强烈、更鲜美的香气，达到了更好的整体平衡。

圣地亚哥各大市场销售的 IPA 并不太一样，但是抱怨这一点就像是在抱怨圣地亚哥的阳光太多一样。因为当你去了圣地亚哥，就是去享受阳光的，所以你也会想要尝到所有的 IPA。这座城市及其周围地区有 100 多家啤酒厂，每个酒吧会提供一系列 IPA 供客人品尝。你还可以找到许多令人感兴趣的新啤酒厂，每个啤酒厂都至少有几种不同口味的 IPA，如工休啤酒、直饮型 IPA、双倍 IPA、季节性啤酒（可能是用水果或野生酵母发酵的）你会将其列入备选名单收藏。为了找出全美最具啤酒花味、最让人快乐的啤酒，你会尝遍圣地亚哥所有的 IPA，所以这也是"啤酒清单"中的一项：去圣地亚哥喝尽可能多的 IPA。

我不会具体介绍某种 IPA，因为种类实在太多了，每个人都期望能从不同 IPA 中得到新鲜感。我在 2017 年 3 月的那次旅行中，在"必不可少的加州其他精酿啤酒体验"中新列入了六种 IPA（见第 57 页），但我最喜欢的三种 IPA 还是比萨港海滩酒吧（Pizza Port Ocean Beach）的栈桥路 IPA、秋季酒厂（Fall Brewing）的绿帽子和苏赛特酒吧（Societe）的小个子。

从镇上如此丰富而美味的IPA中挑选出最好的一款几乎是不可能完成的任务。千万不要直接从罐子里喝，那太荒谬了。

巨石啤酒厂的世界花园小酒馆

风水与IPA

位于圣地亚哥埃斯孔迪多的巨石啤酒厂（Stone Brewing World Bistro & Gardens）是世界上最著名的啤酒花园工厂之一。这是一个美丽而宁静的地方，占地一英亩，有着美丽的水景观，如锦鲤池塘、天然的石头、奔流的小溪、露天天井，还有果树和草药园，四周植物环绕。这清幽的环境与令人厌烦的石像鬼（漫威英雄，原名艾萨克·克里斯琴）品牌形象简直是天壤之别，你很难想象酒厂曾经生产过一种叫作傲慢混蛋的美式烈性艾尔啤酒，用炽热的啤酒花让你印象深刻。

点几杯IPA。工休IPA是个不错的选择，废墟双倍IPA也不错，和谐的花园风水将你包围，令人陶醉的镇静啤酒花流淌而过，一股雄浑之气涌上心头。在这里吃饭吧，这里有你在世界上任何啤酒厂能找到的最好的食物，所有食材都是以可持续的方式采购的，所以它是圣地亚哥县本地小农场有机产品的最大的餐厅购买者。

也可以去看看巨石自由站（Stone's Liberty Station，加利福尼亚州圣地亚哥原迪凯特路2816号，邮编：92106），宽敞干净，美观整洁，有一个蜿蜒的小花园，里面有池塘、植物和水景。这儿曾经是美国海军训练中心的食堂，如今已变成一片安宁的乐土，提供卡利料理，也能尝到自由车站的特色菜。

这两处酒厂，加上德国柏林的一处（见第121页），都是独一无二的，在啤酒界几乎没有类似的地方，这种精致空间的3D现实感只能在现实生活中才能体会到，尤其是埃斯孔迪多，是不容错过的。

千万不要被这宁静的环境蒙蔽，巨石啤酒厂生产的IPA是很烈的。

详情

名称：巨石啤酒厂的世界花园小酒馆

方式：每天11:00开始营业，全天开放参观游览，但需要提前预约（详情请访问www.stonebrewing.com）

地址：美国加利福尼亚州埃斯孔迪多西塔卡多悬日大道1999号，邮编：92029

锚牌酒厂之旅

参观原始的美国精酿酒厂

锚牌酒厂是美国第一家精啤酒厂。在人们知道或使用"精酿"和"酒厂"这两个词之前,它就已经是一家精酿酒厂了。这家受人尊敬的旧金山啤酒酿造商的重要转折点在1965年。当时,弗里茨·梅泰克收购了锚牌酒厂,将其从濒临破产的境地中拯救出来。

这家酒厂的历史可以追溯到1871年,当时一位名叫戈特利布·布雷克(Gottlieb Brekle)的德国酿酒商买下了一家老酒馆,并将其并入一家酒厂。1896年,酒厂被布雷克卖掉,并更名为锚牌。从那以后,它被多次转手,被烧毁了两次,也曾因禁酒令而关闭,后来又重新开张,并搬迁了六次,直到被梅泰克接管。几年后,梅泰克又把它搬到了波特雷罗山,并试图改变其混乱的现状和当时糟糕的名声。

从那时到现在,发生了很多事情,在早期的精酿酿造中,锚牌酒厂一直处于最前沿。它是新兴小型酒厂的唯一参照,尤其是对于那些在加利福尼亚开业的酒厂而言。蒸汽啤酒是一款旗舰啤酒,并一直保持自己的风格,已成为美国啤酒一种独特的发明——这是一款在温暖的温度下由特定酵母酿造而成的拉格,这种酵母经过了改良,以适应这种生产方法。如果我们想知道100年前美国啤酒的口味,那么这是最能告诉我们答案的啤酒之一。

在酿造蒸汽啤酒的同时,锚牌酒厂还颇有效率地酿造了第一批IPA,如自由艾尔,他们在现代IPA成为现实之前就已经成功了。之后,他们在1975年酿造了老雾笛人麦烈酒,此时正值第一批美式淡啤酒问世(见第37页)。2010年,梅泰克退休,并将酒厂出售给海湾地区的酒商基思·格雷格和托尼·福格尔奥,这两人继续沿袭酒厂的悠久历史传统,并在巨人棒球场附近建立了一个新场馆。

波特雷罗山上的酒厂值得一去,你的参观之旅将在酒吧间开始并结束。酒吧旁边的酒厂漂亮得无可挑剔,里面有三个1956年德国制造的老式铜壶。在那里,你会看到令人印象深刻的开放式发酵室;你会闻到酒吧间醉人的味道;还有酒窖、包装区,沿着名人堂走一走,你会看到一系列老照片,了解啤酒酿造历史,然后回到酒吧间品尝一番。酒厂的参观之旅往往提前几个月就会售罄,所以要提前计划。

从锚牌酒厂出来,你应该在城里找一家老酒吧,坐下来喝一品脱蒸汽啤酒。它是美国精酿啤酒历史上重要的一款啤酒。

详情

名称: 锚牌酒厂

方式: 每周每天开放两次或三次90分钟的游览。提前几个月预订(详情请访问www.anchorbrewing.com)

地址: 美国加利福尼亚州旧金山马里波萨街1705号,邮编:94107

去旧金山的托洛纳多

来看看狂热啤酒吧

2010 年，我到旧金山的第一站是托洛纳多。那是我第一次美国啤酒之旅，托洛纳多也许是我能说出的最著名的美国啤酒吧，或者至少是这个城市中最臭名昭著的啤酒吧——像是位于世界另一端的黑暗的廉价酒吧，它向我许诺这里有我以前从未尝过的啤酒，以及仅仅是我想象中的啤酒，这是一家负有盛名的酒吧。

我冒雨走了进来，站在那里好几分钟，盯着头上的啤酒板。我已经知道自己想要什么——俄罗斯河酒厂的老普林尼啤酒，几周前我就决定要喝这种啤酒了，但还是忍不住去看看我还能点什么其他啤酒。我什么都能喝，所以任何啤酒都可以。我之前听说过这个地方。我知道自己必须做好准备，知道要点些什么，并且如何摆放，之后我需要给服务员现金，留下小费，而不是瞎忙活一场。这是一笔现金交易，过程粗鄙、生硬，但这正是我所期待的——不知怎的，感觉像是真的交易，但让我喝到了美国精酿啤酒。

从那以后，我又去了很多次，但每次都会被啤酒单和酒吧吓住，所以总是会点一瓶老普林尼啤酒，尽管我也会花很多时间盯着啤酒板看。托洛纳多酒吧有一种无形的、无法摆脱的吸引力，有一种舒适的感觉，在一个不是家的地方却有一种熟悉的生活情调。我知道还有更好的地方可以让我喝到啤酒，但我就是无法离开这里。这就是狂热啤酒吧的魅力所在。也许你偶然听到过或在书中读到过这里，然后你去享受了一段美好的时光，我知道你肯定会成为常客，希望你能够重温初次来到这里获得的惊喜。

耙子酒吧（The Rake）相当于伦敦的托洛纳多酒吧，布拉格的艰难时期（Zlý Časy）酒吧、曼哈顿的嘎嘎声（Rattle n Hum）酒吧、布鲁克林的街机（Barcade）酒吧也是如此。世界各地都有狂热啤酒吧。即使没去过的啤酒爱好者，通常也会知道这些地方，并会告诉其他人应该去那里，而实际上这些地方已经不再是喝酒的最佳去处了。从没有选择的时候起，这些酒吧就一直沿袭着旧的声誉。这都不是坏事，我在旧金山的时候也会一直去托洛纳多酒吧，因为这些历史悠久的著名酒吧毫无疑问地在我的啤酒清单上。

托洛纳多是一家精酿啤酒吧，在离开之前一定要从俄罗斯河酒厂（Russian River Brewing Co）订购至少一种啤酒（见第52页）。

详情

名称：托洛纳多酒吧

方式：每天11: 30至次日02: 00开放，详情请访问www.toronado.com

地址：美国加利福尼亚州旧金山市海特街547号，邮编：94117

第一章 北美洲

去俄罗斯河酒厂

每个人都想在啤酒厂喝普林尼，对吧？

当你到世界各地喝啤酒，你总会看到一堆一堆的空瓶子。无论是酒吧、酒铺，还是啤酒厂，都会有品尝后留下的酒瓶，就像品酒多年之后获得的奖杯一样。如果你看到这些排成一行的空瓶，那么其中一定会有一个高高的棕色瓶子，上面有一个绿色的标签，中间有一个红色的圆圈，那是俄罗斯河啤酒厂的老普林尼啤酒。这是衡量一款啤酒是否具有吸引力的简单方法。

在圣罗莎市中心的俄罗斯河啤酒厂是这样一个地方，它会让你在第一次造访（可能还有随后的一次）时感受到蝴蝶般的期待。其他啤酒厂很少能做到这一点。当看到挂在第四大街上的牌子时，你会感到一种"我成功了"的喜悦，一种解脱和兴奋，当你走进来看到写在黑板上的五颜六色的啤酒单时，那种兴奋感就会更加强烈。你可能会想点所有的东西，而且你完全可以实现这个愿望，因为他们提供了一个品尝盘，里面有所有的生啤酒。但最好不要这么做，因为等你把整盘酒喝完，你会沮丧得连一品脱你真正想要的啤酒都喝不下了。这就像吃了一顿丰盛的自助餐，然后又点了几道主菜和一些甜点。

我总是想要一瓶盲猪，然后是一瓶普林尼，再来一些比利时啤酒，也许还有一些只能在啤酒龙头那享用的啤酒。这些是在美国最受喜爱的啤酒。带有啤酒花的淡色艾尔已成为行业最高标准，这种啤酒将其自身定义为一种味道十分干燥、苦涩、香味特别浓郁的IPA，并引发了大量的模仿者。比利时风格，尤其是桶陈酿的酸啤，无疑是引发人们对美国优质酸啤狂热的功臣，它们仍然是美国酿造的最好的啤酒之一。如果你有排时间再来尝试小普林尼啤酒，那么你就可以喝到一杯世界上炒作热度最高，最受人追捧的且具有三倍IPA的啤酒（虽然我个人更喜欢六瓶装的盲猪，而不是一小杯小普林尼）。

俄罗斯河啤酒厂正在建设一个新的啤酒厂，将包括一个酒吧和位于温莎的参观之旅，位于圣罗莎市以北约16公里处。这家啤酒厂将于2018年底开业，并设有一个在市中心的酿酒吧。一旦开业，又在啤酒清单上增加了一项，因为你显然想访问这两个地方。带一些普林尼啤酒给你在当地啤酒厂和酒吧工作的朋友们，他们可以把这个备受欢迎的奖杯添加到空瓶收藏中。你可以告诉他们如何让它喝起来更新鲜。

详情

名称： 俄罗斯河酒厂

方式： 每天营业，从11:00到午夜，详情请访问www.russianriverbrewing.com

地址： 美国加利福尼亚州圣罗莎市第四大街725号，邮编：95404

当地小贴士：啤酒然后是葡萄酒？

俄罗斯河啤酒厂并不满足于拥有世界上最好的啤酒，这里还生产一些世界级的葡萄酒，如黑松果（Pinot noirs）和霞多丽（Chardonnays）。啤酒爱好者可能特别关心这一地区生产的自然葡萄酒。对于那些喜欢自然发酵啤酒的人来说，这一低干预技术的使用将是再熟悉不过的了。

来一杯3倍IPA的普林尼，这是每年2月作为特别供应才有的，每年仅一次。

内华达山啤酒厂

淡色艾尔，美国最重要的啤酒之一

这可以称作啤酒爱好者的朝圣之旅。你会得到一份简直相当于世界七大奇迹之一的啤酒清单。内华达山是一家非常重要的啤酒厂，也是一家具有独创精神的精啤酒厂，为我们提供的典型的美国淡色艾尔极富现代感，但又具有永恒的美丽。该酒厂专注于可持续的啤酒生产方法，同时也是一个始终处于新技术前沿的公司。我可以写一篇关于以上每一个亮点的文章，或者包含所有这些亮点，但我现在着重介绍的是喝一品脱内华达山啤酒厂生产的淡色艾尔，该啤酒厂位于奇科镇（Chico）。

淡色艾尔可能是最受人欢迎的内华达山啤酒厂最让人喜欢的啤酒，它可能是最重要的美国精酿啤酒。这是一款经典的美国精酿啤酒，无论是在今天，还是在1981年首次发布时，它的重要地位一直没变。

在以前美国淡色艾尔不值一提，直到内华达山啤酒厂决定酿造一种英国艾尔配方的改进版之前，一种带有烤面包味和太妃糖味的艾尔，然后添加了一种新推出的美国啤酒花，名为卡斯卡特（Cascade），其中包括一种不错的干啤酒花，以强调花香、葡萄柚的香气。我们现在认为这种啤酒的味道是理所当然的，甚至忽略了它是过时的，但多年前美国几乎没有类似的啤酒，当然也没有类似的商业啤酒厂。如今，它既是一种重要的经典淡色艾尔，也是一种伟大的现代淡色艾尔。

内华达山啤酒厂有一系列的参观之旅可供选择，包括常规的（免费的）参观，最后还有大量的啤酒可供饮用。这个啤酒厂会让你不由自主地发出感叹，德国制造的老式铜壶是最为吸引人的，尽管这仅仅是一个令人难忘的啤酒厂，但是它无疑能够进入最佳精酿啤酒名单的前五名，在那里，人们用手将成捆的全花美国啤酒花掰开。

参观结束后，可以前往酒吧，在那里有19种现成的啤酒和经典酒吧美食菜单可供挑选。喝一品脱内华达山淡色艾尔吧，因为它会是最新鲜的，而且你可能会有两种选择：一种是普通的纯生淡色艾尔，它有5.0%的ABV（酒精体积分数，即日常说的"度数"）；另一种是只有在这里才能见到的瓶装加强版。这两种啤酒你都应该试一试。

内华达山啤酒厂是值得参观的。你至少花一天时间，不要做其他的计划，不要尝试参观其他的啤酒厂或酒吧，仅仅去内华达山啤酒厂，然后在酒吧间坐得够久，喝尽可能多的啤酒。没有什么地方比位于奇科镇的内华达山啤酒厂更重要、更值得一去。

详情

名称：内华达山啤酒厂

方式：免费的90分钟参观时间为周一至周四10:00～18:00，周五和周六10:00～19:00，周日10:00～18:00（详情请访问www.sierranevada.com）

地址：美国加利福尼亚州奇科东20街1075号，邮编：95928

内华达山啤酒厂的罐装淡色艾尔正准备从仓库发货。

世界啤酒地图 150种啤酒大赏

必不可少的加州其他精酿啤酒体验

* 凡士通沃克酿酒公司（Firestone Walker Brewing Company，加利福尼亚州帕索罗布尔斯，华美达大道1400号，邮编：93446），在这喝尽可能多的啤酒。将凡士通沃克添加到你必去的啤酒节清单中。

* 在旧金山，你需要去赛拉梅克酿酒公司（Cellarmaker Brewing Co.，加利福尼亚州旧金山霍华德街1150号，邮编：94103），在那里能品尝最佳的IPA。然后沿着街边走，到城市啤酒店（City Beer Store）品尝各种生啤酒和瓶装啤酒。然后去看巨人队的棒球比赛，那是一个大型的体育场，里面配有许多很棒的啤酒龙头。

* 横跨海湾的是莱尔巴莱尔（Rare Barrel，加利福尼亚州伯克利帕克街940号，邮编：94710），在这里你可以品尝到出色的酸啤酒。也可以去法克逊啤酒厂（Faction Brewing，加利福尼亚州阿拉米达市君主街2501号，邮编：94501），一边喝着令人惊叹的啤酒花艾尔，一边欣赏城市美景。

* 参观阿德米拉尔麦芽作坊（Admiral Maltings，美国加利福尼亚州阿拉米达市W塔大街651号，邮编：94501），这是一家微型麦芽啤酒酒吧。他们需要将一小批本地大麦制成麦芽，所以将啤酒花闲置了几个小时，而将注意力放在谷物上。

* 如果你想在加利福尼亚州贮藏适当的啤酒，请去月光酒厂（Moonlight Brewing，圣罗莎市科菲巷3350号，邮编：95403）。他们的小型品酒室于周五至周日开放。你可以在这里喝到所有你想要喝的啤酒品种。

* 灰熊共和国酿酒公司（Drink Bear Republic Brewing Co.，加利福尼亚州海尔斯堡希尔斯堡大道345号，邮编：95448）的赛车手5号，是我个人喜欢的经典美国IPA。

* 拉古内斯啤酒厂（Lagunitas Brewing，加利福尼亚州佩塔鲁马市北麦克道尔大道1280号，邮编：94954）。

这家啤酒厂有一个很棒的外部空间，但楼上的酒吧则是一个传奇的地方——拉古内斯啤酒厂的啤酒花，嬉皮士的氛围，没有人能够清醒着离开这间酒鬼之屋。

* 布恩维尔啤酒节，是一个已经举办了21年的年度盛会。这里有现场音乐、美食、艺术品和手工艺品，还有80多家酒厂（凭入场券可以无限品尝）。啤酒节选址于安德森山谷的山丘和红杉林，是由安德森谷酿酒公司（Anderson Valley Brewing）组织的（详情请见www.avbc.com）。

* 比奇伍德烧烤和酒厂（Beechwood BBQ & Brewing，加利福尼亚州长滩市第三大街210号，邮编：90802），你可以在这里悠闲地烧烤，还可以享用大量的优质啤酒。

* 摩登时代的洛马兰德（Modern Times' Lomaland）发酵室（加利福尼亚州圣地亚哥市格林伍德街3725号，邮编：92110）是圣地亚哥的必游之地。摩登时代的表现可圈可点，一直处在新酿造技术的前沿，坚定地走独立精酿之路。每天早晨，可以喝一罐冷煮咖啡。在北方公园，他们开设了一家风味馆。

* 比萨港公司的海滨之行（Pizza Port Brewing Company，加州圣地亚哥培根街1956号，邮编：92017）是我的啤酒清单上的一个固定选择。我喜欢那里。海滩边，有一列列凉快的、不真实的啤酒水龙头和美味的比萨。四家比萨港酿酒吧，加上布雷西牧场啤酒厂（Bressi Ranch Brewery），都应该在你的啤酒清单上。

* 阿莱米特酿酒公司（Alesmith Brewing Company）的IPA是我无法抗拒的另一种美国IPA。他们的酒吧很大，给我留下了深刻的印象，尽管没有其他酒吧那么大气。不过，这里的啤酒很好，IPA很棒，赛道黑啤酒更是不容错过（详情请访问www.alesmith.com）。

自2013年开业以来，摩登时代（Modern Times）迅速以其卓越的啤酒品质赢得了良好的声誉。

参观俄勒冈州波特兰市

去比尔瓦纳

　　俄勒冈州波特兰市有 70 家啤酒厂，另外在其周围的地铁区还有 30 多家啤酒厂。啤酒的质量几乎是个未知数；在波特兰市，劣质啤酒不可能成功，因为这里的人太聪明，太了解啤酒，而且周围都是优质的啤酒酿造厂，除非是非常好的啤酒，否则不可能得到认可。

　　与高质量相匹配，啤酒的数量和获取方式也得到了很好的兼顾，你基本上随处可以见到啤酒。除了啤酒厂的质量和数量可观，你也有多样化的选择：如果你想要全明星美国啤酒厂和它的 IPA 列表，那么你可以轻松得到。如果你想要比利时塞松啤酒，而这里就有一家专门生产这种啤酒的啤酒厂。无麸质酿酒吧专注于啤酒，英国啤酒，酸啤酒，传统与创新并存。这里有很多好地方：古老的音乐厅、巨大的啤酒花园和工业区，到处都是好啤酒。加油站和药店里都有"咆哮者"（啤酒名）的身影。如果街区拐角处没有酒吧或啤酒厂，那么很可能有一家酒类商店、保龄球馆或餐厅有大量啤酒可供选择。可以说，波特兰市是拥有啤酒品种最多和啤酒密度最大的城市。

　　如果非要我提几个名字，那么布里克赛德酒厂（Breakside Brewing, www.breakside.com）是最重要的一个，尤其是颇受人喜爱的 IPA。他们在城里有三家酒吧，总有一个是适合你的。在卡斯卡特酒屋（Cascade Barrel House，俄勒冈州波特兰市贝尔蒙特街东南 939 号，邮编：97214）可以喝超酸啤酒；在以毒攻毒（Hair of the Dog，俄勒冈州波特兰市亚姆希尔街东南 61 号，邮编：97214）；可以喝烈性陈年艾尔，在威德默兄弟（Widmer Brothers，俄勒冈州波特兰市拉塞尔大街北 959 号，邮编：97227）可以喝波特兰原酿。也可以试着去其他地方，那里有很多地方可供选择。

　　这里对喜欢啤酒的游客来说具有显而易见的吸引力。对当地人来说，啤酒带来的影响则更加深刻。在城市里随便走走，你会看到啤酒厂的 T 恤衫像运动衫一样随处可见。每个人都有自己喜欢的酒厂，每个人都了解啤酒，每个人都有自己最爱的啤酒。喝精酿啤酒是深受波特兰市乃至整个俄勒冈州人们喜爱的休闲和生活方式。当地的天气对此也有帮助，这里经常下雨，很多时候甚至让人有些难受，所以人们多数时间是在室内活动，而这会让很多人直接选择去酒吧或酒馆。当阳光普照的时候，每个人都奔向啤酒园。天气（冬季和春季潮湿，夏末阳光明媚）也是重要因素，俄勒冈州是美国第二大啤酒花种植地。

　　美国有很多很棒的品酒目的地，许多地方都自称为"美国啤酒城"或者极力在啤酒市场上推销自己。我已经建议缅因州的波特兰市也可以成为另一个比尔瓦纳（见第 10 页），而且已将北卡罗莱纳州的阿什维尔（见第 22 页）作为首选的美国啤酒目的地，但是很少有城市可以挑战俄勒冈州波特兰市的整体优势。

霍普沃克斯城市啤酒厂（Urban Brewery）百克酒吧的墙面装饰，这是波特兰众多值得一游的啤酒集中地之一。

本德啤酒城

如果你要去俄勒冈州的波特兰市，那么建议你在旅途中多加一两天，去另一个极好的美国啤酒城——本德。在那里，你可以品尝墓场疯狂IPA和双倍IPA，然后进入十字座发酵项目（Crux Fermentation Project），理想的情况是一边在喀斯喀特山脉上看日落，一边品尝拉格、带有啤酒花香的美国啤酒和比利时塞松啤酒。另一个出色的啤酒厂是精酿厨房和啤酒厂（Craft Kitchen & Brewery），在那里可俯瞰德舒特河，并且享用烧烤和新鲜酿造的啤酒，所有这些都是为了人们能在一个凉爽的公共空间里分享和享受而设计的。

德舒特啤酒厂和公共房屋（Deschutes Brewery & Public House）位于市中心，面积巨大，是一个经典的酒吧，你可以品尝到经典啤酒，如黑巴特波特啤酒或鲜榨IPA。在这里，还有十几个地方可以喝到很好的啤酒。还有计划前往（或从）本德市经过胡德河，这样你就可以在帕弗瑞姆家庭酿酒（pFriem Family Brewers）停下来，品尝他们各种优雅且优质的啤酒（俄勒冈州胡德河波特威大道707号，邮编：97031）。

品尝拆包机啤酒厂的41号田野啤酒

位于啤酒花田的啤酒厂

美国是世界上最大的啤酒花种植国，而位于华盛顿州的雅基马市是世界上最大的啤酒花种植区，其产量约占全美啤酒花产量的75%。世界各地的酿酒商大量使用的就是这些啤酒花，它们在IPA酿造中光芒四射，展现出柑橘的芳香和热带的气息，具有浓郁的油香和强烈的苦味。

最好是在夏末去雅基马市，藤蔓沿着高高的棚架向上生长，景色一片葱绿，空气中弥漫着浓浓的叶香，周围还有一片令人惊叹的山景。洛夫特斯牧场的啤酒花田是雅基马市历史最久远、规模最大的啤酒花农场之一，在这片啤酒花田的正中间就是拆包机啤酒厂，它三面都是层叠式啤酒花，这些啤酒花有效地促进了精酿啤酒酿造。来这里尝一尝啤酒吧，周围都是啤酒花，你可以坐在外面，欣赏一片葱绿的美景。

41号田野啤酒是拆包机啤酒厂的一款淡色艾尔，与卡斯卡德和西姆克啤酒厂一样，都以所在的田野来命名。顶部收割机IPA和底部收割机双倍IPA是另外两款旗舰啤酒，是美国种植啤酒花最多的地区中最美味、啤酒花香最浓的啤酒。

详情

名称： 拆包机啤酒厂酒吧

方式： 酒吧从星期二到星期天开放。啤酒厂参观之旅在夏季每月的第四个星期六开放（详情请访问www.balebreaker.com）

地址： 美国华盛顿州亚基马市伯奇菲尔德路1801号，邮编：98901

还需要勾选的一些酒厂之旅

我的美国酒厂目标清单

　　我还没有完成我的啤酒清单，因为这个清单越来越长了，还有很多好去处停留在我的待办事项清单上。

　　*有一天，我想走到海滨，去鹈鹕啤酒公司（Pelican Brewery Company，俄勒冈州太平洋城开普基万达大道33180号，邮编：97135）。点上一品脱啤酒，坐在那里欣赏美景：可以俯瞰太平洋，还可以看到干草堆岩石。从照片上，你几乎就可以感觉到、闻到，甚至尝到那个宏伟且有吸引力的地方。日落时，在海边喝一品脱朝圣酒。

　　*蒂拉穆克酒厂（De Garde Brewing，俄勒冈州蒂拉穆克市飞艇大道6000号，邮编：97141）将他们在波特兰以西俄勒冈州蒂拉穆克市的酿酒之地交给了大自然来选择。酵母菌专门用于野生和自然发酵，这对他们来说非常重要，因此，为找到最佳地点，他们将麦芽汁放在凉爽的俄勒冈州海岸，分析了其发酵过程，发现蒂拉穆克市是最佳之处。啤酒在冷藏库中发酵，然后转移到木桶中，之后放置三个月至三年，或更长时间。他们的啤酒几乎只在酒吧出售，那里显然是喝啤酒的最佳场所。与之类似的酿酒过程和酒厂正在寻求精酿啤酒新的发展方向？它致力于特定的风格和工艺。目前看来，也正是这些品质最吸引我。这将是美国精酿啤酒的下一个发展方向。

　　*抓痕酒厂（Scratch Brewing Company，伊利诺伊州阿瓦州汤普森路264号，邮编：62907）是一家酒厂和农场，他们以类似于蒂拉穆克啤酒厂的生产方式吸引着我。他们用自己种植和采集的原料酿造各种啤酒，包括花、树皮和树液、树根、蘑菇和水果，根据季节和可用性的不同。他们也雇佣一些农民和采摘者，在啤酒厂和厨房里工作。食物在本地采购，包括自制面包和比萨。你还可以坐在森林里喝啤酒，这就是本地的路边杂货店。像斯克莱齐这样的酒厂中，没有多少能像它一样从自己的土地上获取这么多种原料。啤酒厂星期四至星期天营业，但请提前确认营业时间。

鹈鹕啤酒公司在俄勒冈州有三家店，但最初的、在太平洋城的海滨酿酒吧才值得被列入啤酒清单。

* 新格拉鲁斯酒厂（New Glarus Brewing Co., 威斯康星州新格拉鲁斯 69 号国道 2400 号，邮编: 53574)。如果你喝过他们的水果啤酒，你就会知道我为什么要去，但我只想喝一品脱的斑点奶牛啤酒，他们的威斯康星农舍艾尔就是用威斯康星州的麦芽酿造的。

* 苏亚雷斯家族啤酒厂（Suarez Family Brewery, 纽约哈德逊市 9 号 2278 号，邮编: 12534），位于利文斯顿农村。它引起我注意的特点是：干净和长时间发酵的未过滤的啤酒；混合发酵，农舍风格的艾尔；明亮、清淡、活泼、新鲜的"脆皮小啤酒"。每一张宣传照都让我立刻有喝的冲动——他们是我"现在就想喝"清单上的第一位。

* 斯宾塞啤酒厂（Spencer Brewery, 马萨诸塞州斯宾塞北路 167 号，邮编: 01562）是美国唯一一家生产啤酒的特拉普派修道院。你不能参观酒厂（但是你可以参观修道院），这让我更想去了。

* 克利夫兰胖头人啤酒厂（Fat Head's Brewery, 俄亥俄州奥尔姆斯特德北部劳兰路 24581 号，邮编: 44070）。我去过俄勒冈州波特兰的酒厂（现在已经关门了），啤酒真是太棒了，特别是猎头者 IPA。但我还想去克利夫兰的原啤酒厂，仅仅坐在那里多些啤酒就足矣。在克利夫兰，我也想去五大湖酒厂（Great Lakes Brewing, 俄亥俄州克利夫兰市市场大街 2516 号，邮编: 44113），因为我非常喜欢他们的啤酒，都是优质的啤酒，其中波特啤酒是世界上最棒的（详情请访问 www.greatlakesbrewing.com)。

* 还有阿拉斯加和夏威夷这两个完全不同的非毗连州。他们都有大量的美味啤酒和令人叹的景观。在阿拉斯加酿酒公司（Alaskan Brewing Company, 阿拉斯加州朱诺肖恩大道 5429 号，邮编: 99801）喝烟熏波特，对我来说是必须要做的一件事。一月，在安克雷奇有绝佳的阿拉斯加啤酒节和大麦葡萄酒节（也许这是一月去阿拉斯加的唯一原因），你可以在安克雷奇酿酒公司（Anchorage Brewing Company）享用午夜阳光和断齿。在夏威夷，就像是在天堂喝酒。所有的主要岛屿都有酒厂，它们似乎都具有美式酿造风格，其中许多又有当地特色，比如添加水果或椰子。毛伊岛酿酒公司（Maui Brewing Co., 夏威夷基黑毛伊岛利波阿大道 605 号，邮编: 96753）和科纳酿酒公司（Kona Brewing Co., 夏威夷凯鲁瓦柯纳大道，邮编: 96740）是最有名的，除此之外这里还有相同水准的酿酒公司。夏威夷岛啤酒之旅听起来像是一个不错的假期。

* 我认为，在美国每个州喝一杯本地啤酒绝对应该列在啤酒清单上。

夏威夷的科纳酿酒公司，这下你就知道它为什么会在啤酒清单上了。

提华纳的精酿啤酒

一个出人意料的绝佳啤酒之旅目的地

在提华纳市，我本以为自己会被枪毙，或者被迫成为毒品贩子。去之前我做了最坏的预期，这或许可以解释为什么我现在会把提华纳——以及整个下加利福尼亚州——列在必去的啤酒目的地名单上。不仅仅是因为我活了下来，而且因为提华纳在其独特的环境中形成了自己独有的啤酒文化。

从圣地亚哥越过边界（这比我的电影般的想法要容易得多，所以可以乘电车到圣伊西德罗，之后跟着路标走），然后在边界和市区之间的无人区上航行，这是一片荒原。便宜的药房和松散的炸玉米饼（只需在车站花上5美元，这很容易），我们终于走在革命大街上，寻找诺特酿酒公司（Norte Brewing Co.，下加利福尼亚州提华纳市第4街，邮编：22000）。"搜索"是正确的，因为你在街上看不到酒吧或酒吧的任何迹象。从革命大街向右转，沿着第四街走一小段路，右边是一个多层停车场。相信我，走进停车场之后，电梯就在你的左边。乘电梯上到五楼，出来后向左转，你就可以走进这家啤酒厂了。这值得一试，因为这些啤酒是你能找到的最好的啤酒，试试工休IPA和琥珀艾尔，这是墨西哥对维也纳式琥珀拉格的一次完美更新。这里还有巨大的窗户，让你可以俯瞰整个提华纳市中心。这真是个特别的地方。

从诺特酒厂，你可以看到马穆特酒厂（Mamut，下加利福尼亚州提华纳市第3街，邮编：22000）的背面，它位于一个街区之外。宽敞的酿造空间位于二楼，配备了不错的工具，还有一个大餐厅和一个别致的露台，你可以坐在那里享受啤酒，欣赏楼下繁忙的街景。沿着革命大街，在6号和7号大街之间，特勒玛（Teørema）和卢迪卡（Lúdica）啤酒厂有一个共同的品酒室（下加利福尼亚州提华纳市革命大街1332号，邮编：22000），特勒玛啤酒厂在品酒室的后面酿酒，而卢迪卡啤酒厂则从附近的酒厂运来啤酒。以上这些都是值得让你从圣地亚哥出发的理由。但还有更好的理由。

嘉年华广场（Plaza Fiesta，下加利福尼亚州提华纳市第二大道10001号英雄大道，邮编：22010）是一个露天的精酿啤酒广场，尽管"收藏品"（Colecto）也是个好名字。这座广场曾是一个于1980年开业的购物中心。20世纪90年代末，这里成了夜生活的热门去处，但之后事情变得糟糕起来，它获得了"子弹广场"的绰号。夜总会搬走了，酒吧倒闭后又重新开门，不久又关上。直到2015年，情况才有所好转，多亏了老虎酒吧，它用硬核朋克乐队吸引了卢迪卡啤酒厂建成的一行啤酒龙头。

墨西哥的许可证制度有一个奇怪的地方，啤酒厂想拥有自己的酒吧或品酒室成本很高，但他们可以在广场共享同一许可证。所以，老虎酒吧的老板和其他啤酒厂进行了协商，之后很多啤酒厂都搬了进来，并开了自己的啤酒店，把广场的名字由嘉年华（Fiesta）改成了塞维萨广场（Plaza Cerveza）。今天的嘉年华广场有两层高，开设有迷宫般的酒吧和餐厅。每个酒吧都有一两个集装箱那么大，排列在一个狭小的空间里，有点像小型购物中心或美食广场。

每个酒吧都是由不同的啤酒厂开设的，所经销的啤酒也是不同的。福纳酒是当地人的最爱。它的楼上有大约12个啤酒龙头，其中包括一些客人的专属啤酒。这家酒吧的啤酒很好喝。隔壁是平行线28号酒吧（Paralelo 28），他们在酒吧后面的一个小工具房里酿造啤酒。这里的一切都非常干净、新鲜，但边界心理（Border Psycho）酒吧则恰恰相反，他们的啤酒更加多样化，且具有冒险精神，提供有双倍IPA、帝国黑啤、黑塞松啤酒等。如果你想要喝些简单的东西，奶油艾尔是个不错的选择。叛乱分子（Insurgente）酒吧就在拐角处，是一个干净简约、具有北欧风格的酒吧，而且有一系列很棒的啤酒。埃尔德帕酒吧（El Depa）提供来自西勒诺斯（Silenus）啤酒厂的啤酒，当然也供应很多其他品种的啤酒。你可以在不同酒吧之间穿梭，每个酒吧都给你带来不同的体验。在我的酒吧之旅中，除了啤酒和酒吧环境之外，工作人员都很热情，侃侃而谈，很有活力。

这里与圣地亚哥有一个明显且预料之中的联系，即许多提华纳的啤酒酿造商也在圣地亚哥开有酒厂。然而，尽管存在这种联系，而且这里也有大量的IPA，但是提华纳有更多的淡色艾尔，甚至是黑啤酒，这表明下加利福尼亚州正在向自己独特的发展方向转变。

提华纳大大超出了我的预期。这是一个新兴的啤酒旅行目的地，有凉爽的啤酒厂、好喝的啤酒、有趣的酒吧和独特的广场嘉年华（每天下午5点开始营业），再加上一个充满朝气且令人兴奋的场景，创造出真正的当地啤酒文化。快去参观吧！

啤酒和玉米卷，那就足够了。

前往恩塞纳达

提华纳并不是下加利福尼亚州唯一的热门地区，更南端的恩塞纳达也很值得前往。他们在三月举行一年一度的精酿啤酒节（详情请访问www.ensenadabeerfest.com），有大约100家墨西哥啤酒厂，其中大部分来自下墨西哥（墨西哥大多数啤酒酿造商的所在地）。他们在巴哈啤酒厂（Baja Brews）也有自己的Colectivo——一个可以俯瞰大海的啤酒花园，几家餐馆，现场音乐，还有许多巴哈啤酒厂自己生产的啤酒（详情请访问www.bajabrews.com）。

玉米卷和啤酒的搭配很棒（我喜欢玉米卷和啤酒）

- 卡恩阿萨达与邓克尔拉格：啤酒的烤麦芽味和清新干净的余味完美地衬托了香料的味道。

- 埃尔帕斯托和淡色艾尔：从一大块猪肉上取下来，像烤肉串一样切开，和淡色艾尔搭配非常棒，尤其是那种偏重热带水果的淡色艾尔，给肉增添了几分菠萝的风味。

- 巴哈鱼玉米卷和IPA：这是一款经典的圣地亚哥的啤酒和食物组合，啤酒花中的柑橘香气与巴哈鱼上的新鲜酸橙相得益彰。

- 教会风格的玉米卷和塞松啤酒：这道菜由双层玉米卷配烤肉、切碎的白洋葱、香菜、莎莎酱和青柠做成，既干爽，又清新，风味十足。

第一章　北美洲

在天神酒吧喝酒

这是加拿大最好的啤酒吗？

两名生物学研究生进入了酒吧行业。让·弗朗索瓦·格拉维（Jean-François Gravel）和斯蒂芬娜·奥斯蒂古（Stephane Ostiguy）是蒙特利尔麦吉尔大学实验室的合作伙伴，一个在读硕士，另一个在攻读博士学位，他们非常喜欢喝啤酒，于是开始在家里自己酿酒，由让·弗朗索瓦来指导，他拥有几年的酿酒经验。1998年，距离第一次见面仅两年后，他们就开设了天神酒吧！这家酒吧开设在市中心的边缘地带。他们的化学知识、生物学知识、创造力和好奇心促使两人走上实验性啤酒酿造之路，运用不同的酵母、啤酒花和其他成分，这就使得他们独树一帜。这家酒吧名字的喻义就是人们喝啤酒时经常听到的感叹词："天哪！"

如今，这家酿酒吧已经有20多年的历史了。过多的桌椅不规则地挤在一起，所以没有足够的活动空间。这家小啤酒厂挤在繁忙的酒吧旁边，而且生意很好，因为很多人喜欢这个地方（2006年，该酿酒吧在魁北克省圣杰罗姆的圣杰勒姆街259号开设了分店，并在那配备了一个更大的啤酒厂。你也可以去那里）。

这里的啤酒融合了比利时风格和美式风格，如果你想读懂这家酒吧的啤酒板，那么需要同时阅读法语和英语，这将很有帮助。这些啤酒在整个啤酒清单中是个例外。如果你想喝IPA，那么可以选择道德（Moralité）啤酒，它有浓厚的水果味，多汁且干苦。若是错过弥天大醉（Péché Mortel）啤酒，将是一大遗憾，是在备受赞誉的帝国黑啤中注入了咖啡——这是引人注意的原浆啤酒之一，并且至今仍然是世界一流的啤酒，尤其是从酒吧里可以加入硝基的啤酒龙头上取用，其口感会更加浓郁、丰富且美味。

两个生物学研究生走进了一家酒吧。或者更准确地说，他们先走进实验室，然后走进酒吧，在走向自己的酿酒吧的过程中，他们脱下了白大褂，之后开始生产啤酒。他们最终走进的酒吧，成了加拿大最好的酿酒吧，我并不是在开玩笑。

详情

名称： 天神酒吧

方式： 详情请访问www.dieuduciel.com

地址： 加拿大魁北克蒙特利尔劳里尔大道西29号，邮编：H2T 2N2

当地小贴士：一座酿酒吧之城

天神是世界上最好的酿酒吧之一，你会想在那里待上几个小时。但是，当你计划访问蒙特利尔时，一定要留有足够的时间去看看其他"瑰宝"。沿着圣丹尼斯街和附近的街道开始漫步（不久你就会醉熏熏的），你会发现一些非常棒的酿酒吧，如圣伯克（Le Saint-Bock）、苦酒（L'Amèrea Boire）和白马（Le Cheval Blanc）等。

Dieu du Ciel is known for its Péché Mortel Imperial Coffee Stout, which makes perfect sense as it's so good.

圣昂布鲁瓦斯燕麦黑啤

如果你在蒙特利尔，那么不要错过麦考斯兰啤酒厂（McAuslan Brewing，魁北克省蒙特利尔市安布罗斯街5080号，邮编：H4C 2G1）。它的总部位于圣亨利区，自1989年开业以来，一直处于魁北克酿酒业的前沿。星期四、星期五和星期六，他们在游客中心提供啤酒之旅，然后你可以去隔壁的安尼克斯·圣昂布鲁瓦斯酒吧（L'Annex St Ambroise Pub）再喝一杯。我认为圣昂布鲁瓦斯的燕麦黑啤是你能找到的最好的黑啤之一。

享用犹奈布鲁啤酒

在富尔凯餐厅

要是你错过犹奈布鲁（Unibroue）酒厂，那可就太遗憾了。这家酒厂是加拿大顶级原创精啤酒厂之一，自20世纪90年代初就开始生产啤酒了。他们酿造优质的比利时风格经典啤酒，包括银色香柏利（Blanche de Chambly）、热辣奔放的比利时白啤（Witbier）以及热门产品世界尽头（La Fin du Monde）啤酒。其中，世界尽头是加拿大获奖最多的啤酒，是一款高浓度、强劲丰富的三料啤酒。犹奈布鲁酒厂将比利时风格啤酒介绍给更多的美国和加拿大啤酒爱好者。

自酒厂沿路而下，雄伟的尚布利堡旁边的富尔凯餐厅，正是享用犹奈布鲁啤酒最好的地方。一走进去，仿佛回到了旧日时光。餐厅采用了深色木质装修，就像一艘雕刻精美的旧船舱，酒桶就在吧台上。里面还有主餐厅，温馨的荒野追踪酒馆，以及拥有拱形回廊天花板的修道院厅（这个厅看起来就像一座古老的修道院，但它并不是）。天气晴朗的时候，你可以坐在餐厅外俯瞰黎塞留河；即使天气不好，朝西的巨大窗户可以让你在避免受凉受潮的同时，还能照样享受美景。

餐厅的名字意为酿酒的耙子和叉子，因为这是酿造啤酒和享用美食的基本工具。一些犹奈布鲁啤酒可以通过啤酒龙头取用，其余的则是瓶装的，且大多数是26盎司（750毫升）软木瓶。这里的食物非常美味，食谱中含有啤酒，展现出魁北克特有的风味。每道菜都有建议搭配的啤酒，这也是酒厂格外在意的方面。犹奈布鲁非常注重啤酒与美食的搭配，你可以在这里享用到优雅而强烈的犹奈布鲁系列啤酒。目前，酒厂已被日本的三宝乐啤酒公司收购，但是一直保持着卓越的品质，这一点无须担心。

详情

名称： 富尔凯餐厅

方式： 详情请访问www.fourquet-fourchette.com，如想了解更多的酒厂信息，请登录www.unibroue.com

地址： 加拿大魁北克省尚布利市布戈尼大街1887号，邮编：J3L 1Y8

富尔凯餐厅拥有最好的啤酒和美食。

在加拿大啤酒节喝酒

只这一处，便能将所有的好啤酒一网打尽

加拿大有 700 多家啤酒厂。若想在某一处喝到所有的好啤酒，那你必须得去加拿大啤酒节看看。啤酒节每年 9 月初在不列颠哥伦比亚省的维多利亚州举行，到 2017 年，已经举办了 25 届。出席的 60 多家啤酒厂都带来了自己最好的、最有意思的啤酒。啤酒节的门票于七月开始销售，瞬间便售空了（详情请访问 www.gcbf.com）。

木桶啤酒节是加拿大为庆祝木桶酿调啤酒艾尔而举办的。每年 10 月下旬，主办方会在一家旧工厂放满 200 多家酿酒商生产的 400 多桶艾尔酒，其中许多啤酒厂都会为这一备受瞩目的盛会提供许多新鲜而独特的东西。啤酒节的场地前卫现代，四处都是涂鸦，非常酷炫。这里有美味的食物和香醇的咖啡，年轻而有活力的人群。英国每周都有木桶啤酒节，几乎所有人都能从中获得点什么，比如感受到这个节日的热情和有趣。详情请访问 www.caskdays.com。

木桶啤酒节很好地示范了如何在现代的灯光下展示传统啤酒，对所有的啤酒爱好者都充满吸引力。

第二章
英国和爱尔兰

富勒格里芬啤酒厂之旅
—— 伦敦最古老的啤酒厂

享用绝妙的伦敦波特啤酒

1845年，约翰·伯德·富勒、亨利·史密斯和约翰·特纳建立了酿酒商合作伙伴关系，并共同接管了泰晤士河沿岸奇斯威克的格里芬啤酒厂（Griffin Brewery）。富勒、史密斯和特纳，也就是如今大家熟知的富勒，是伦敦最古老的且仍在运营的啤酒厂。富勒是伦敦啤酒的标志，尤其是他们最畅销的啤酒——伦敦之巅。

去参观富勒格里芬啤酒厂吧，因为这是一个值得探索的好地方。这里半是博物馆，半是啤酒厂，两者兼具。若你四处走动，便会经过19世纪的铜罐和凹痕累累的旧糖化锅，也会看到现代的不锈钢罐以及机器人驱动的木桶。酒厂之旅可以在霍克酒窖结束，因为在那里你可以品尝酒桶里的所有美酒，有16个选择。你可以先从"骄傲家族"的四个产品喝起，其中奇斯威克苦啤、伦敦之巅、英式特殊苦啤酒以及金色骄傲占据了酒厂总产量的约75%。伦敦之巅是销量冠军，这是一款极品麦芽艾尔，有着烤饼干的浓香以及辛辣的啤酒花的苦味。这四款酒的最大魅力在于他们使用相同的原料酿造——淡色艾尔麦芽、巧克力麦芽和水晶麦芽，以及富勒特有的果酱酵母，酒厂的英国目标、挑战者、诺斯顿和戈尔丁啤酒花也都使用这些原料。简单来说，其产品的不同，主要在于用水量和陈酿时间（啤酒越浓，陈酿时间越长）的不同。另外，奇斯威克苦啤和英式特殊苦使用的都是干酒花。试试看，你能不能发现骄傲家族成员之间的相似之处。

酒桶旁是酒厂的新一代啤酒，包括"前沿"，这是一款艾尔和拉格的混合酒（使用带有冷熟化和新世界啤酒花香味的艾尔酵母）。尽管这款酒2013年夏天才上市，但是已经成为酒厂的第二大畅销品。酒厂的新一代啤酒还包括黑色计程车黑啤、蒙大拿州红，以及富勒IPA——这是一款纯正的英式IPA，使用了浓烈的英国啤酒花。

厂内还有家卖瓶装酒的商店，你可以去看一看富勒的经典大师系列，这一系列的啤酒只酿造了一次，如今已经绝版——仿佛一台啤酒时光机。买上两瓶古典艾尔，一瓶现在喝，另一瓶几年后再喝。

如果你足够幸运，也许能喝到木桶伦敦波特啤酒。这款啤酒很可能是受18世纪黑啤酒的启发酿造而成。虽然它1996年才推出，但如今已成为世界上最具代表性的啤酒之一：口感顺滑丰富，富含黑麦芽，但不像咖啡那样苦；能尝出焦糖和可可的味道，喝上几杯也不会颓废。麦芽的浓度使这款啤酒与众不同；与桶装IPA的冰冷相比，这款酒圆润得就像温暖的拥抱。但是一定要尝木桶版本的，因为那才是世界级的。

如今，这里仍然被称为格里芬啤酒厂（格里芬是神话中的生物，被认为是财富和珍宝的守护者）。仔细看看富勒的商标，你会看到一只格里芬正伸出鹰爪保护一桶啤酒。奇斯威克的啤酒厂绝对最好的啤酒宝藏之一，这里的艾尔酒都是传奇。

详情

名称： 富勒格里芬啤酒厂

方式： 周一至周六11:00~15:00，每小时一次。包括饮酒时间在内，可停留两小时（详情请访问www.fullers.co.uk）

地址： 伦敦市奇斯威克巷格里芬啤酒厂，邮编：W4 2QB

最好的英国木桶艾尔

哈维酒厂的"萨塞克斯最佳啤酒"和提摩西·泰勒酒厂的"地主"

一品脱完美的木桶艾尔在啤酒界几乎是无敌的，也许只有直接从桶里倒出的德国啤酒才能与之媲美。最好的木桶艾尔的酒体和质感绝佳，丰满的味道中融入了一丝微妙的柔和。他们需要在麦芽和啤酒花中保持平衡，即便啤酒节丰富而强烈。而且，若艾尔酒被保存得完美无瑕，你的杯子里就会有一种清新、充满活力的味道。

走进一家真正的英国酒吧，你会看到吧台上的拉手棒。弯曲的木制把手，前面挂着一个五颜六色的徽章，上面还有一个隐藏的"引擎"直接与酒吧地窖里的一桶艾尔酒相连。在可以饮用之前，啤酒会离开酒厂进行小规模的二次发酵，通过产生温和的碳酸化作用来焕发生机，从而提升香气和风味。酒馆需要妥善储存艾尔酒，在艾尔酒到达的几天前便准备好木桶，以便使艾尔酒达到完美的新鲜度。

大多数的啤酒厂都生产木桶艾尔，且全英国都有销售，但是不同地区占主导地位的也不过寥寥，其中有两种啤酒杯誉为地区经典，分别是南方哈维酒厂的"萨塞克斯最佳啤酒"和提摩西·泰勒酒厂的"地主"。这两种啤酒的销量极大，深受人们的喜爱，且通常保存得很好——它们都是传统的英国酒吧艾尔，我想去它们的家乡深入了解一番。

哈维酒厂"萨塞克斯最佳啤酒"的酿造地在萨塞克斯郡美丽的路易斯市。如有机会，路易斯市绝对值得一游。因为这里有古老的市中心、城堡和起伏的鹅卵石街道，而且几乎每个酒吧都供应哈维酒厂的啤酒，"萨塞克斯最佳啤酒"更是必备品。这是一种赤褐色的艾尔酒，你会先尝到茶点饼般深厚的麦芽甜味，接着英国啤酒花的泥土味和水果的苦味瞬间传来。这种挥之不去的、干涩的苦味又让你渴望拥有片刻的麦芽甜味，这款酒便是以这种特殊的口感而出名。多方面看来，萨塞克斯最佳啤酒实际上像浓烈的红茶——在麦芽、花香、单宁和苦味中又加入一些甜味。这种味道既舒适又极具英伦风。酿酒师的武器（Brewers Arms）是路易斯市非常适合享用"萨塞克斯最佳啤酒"的地方。如果你在伦敦，自治市的皇家橡树也是不错之选，这是一家哈维的酒吧，店内的氛围让你感觉像在祖母的客

乌斯河畔的哈维酒厂，历史可追溯到1790年。

厅——老式薄纱窗帘，陈旧的木地板，褪色的地毯，氛围舒适而平静，墙上还挂着家庭合影的老照片。酒吧给人的感觉亲近又熟悉，正适合享用萨塞克斯最佳啤酒。

提摩西·泰勒酒厂的"地主"是一款经典淡艾尔，它本质上是约克郡当地风味啤酒，但它却走出了英格兰最大的郡，成为许多饮酒者的最爱。这款酒在基斯利市（发音为 Keef lee）酿造，距离利兹市大约20分钟车程。"地主"呈金黄的琥珀色，有麦芽的甜味，还有点太妃糖和烤面包的味道，啤酒花中有微妙的花香。这款酒的迷人之处在于顺滑圆润的质地（当地的软水在其中起到非常重要的作用），给人一种难以置信的满足感，让人无法抵抗，一旦端起酒杯就无法再放下。这款酒随和又可靠，一个"好"字足以形容——它就是这样，非常符合约克郡人直截了当的气质。基斯利市不大，有一列火车直接从利兹开往那里，很值得你跳下车，沿着街道走几分钟来到闪电制造的武器（Boltmakers Arms），这是一个舒适的小酒吧，冬日里烧木头取暖，一年四季都供应"地主"啤酒。当然，你也可以坐火车前往斯基普顿的长毛羊宾馆，那里不仅有好喝的"地主"，还有不错的食物。或者，你还可以去利兹市中心的一家提摩西·泰勒酒吧——市政厅酒馆。

"萨塞克斯最佳啤酒"和"地主"都于20世纪50年代中叶开始酿造，都是英式的经典啤酒，且都深受大家的喜爱。两者之间有一条南北的分界线，因为它们是截然不同的两款啤酒。你可以感觉到，一般的饮酒者应该只能二选一：是选麦芽丰富深沉、苦味干涩的"萨克斯最佳"，还是拥有顺滑的麦芽和果味的"地主"呢？而我呢？我正在喝一品脱"萨塞克最佳"。

向"萨克斯最佳"和"地主"啤酒中加入富格尔啤酒花。

五个英国木桶艾尔啤酒清单的标记

- 萨福克郡索思沃尔德小镇酒厂附近的"阿德纳姆斯苦啤"，或"猛烈一击"
- 在康沃尔郡圣奥斯特尔镇俯瞰大海，金色热情的"致敬"啤酒。
- 深受人们喜爱的"索恩桥斋浦尔"（Thornbridge Jaipur），一款用传统的方式展现出来的现代强劲的IPA。
- 在约克郡走了很长一段路后，喝上一品脱浓烈、光滑、麦芽味的西亚克斯顿的老佩科利（Old Peculier）啤酒。
- 花上80先令，在一家苏格兰老酒吧，品尝多年前流行的风格（如今仍受欢迎）。

当地小贴士：英国最好的木桶艾尔城？

如果你去问100位英国啤酒爱好者，哪个城市是英国最好的木桶艾尔城？你可能会得到十几个不同的回答，但总有某些地方会被反复提到。要想成为一个木桶艾尔城，首先需要有各种各样的酒吧（其中要包括一两个龙头酒吧）；其次酒吧里要有好啤酒，当地要有卓越的啤酒厂；另外城里要便于散步，人们基本上都喜欢木桶艾尔。如果某种啤酒在酒吧里占主导，那基本就证实了这种啤酒的重要性。英国最佳木桶艾尔城的最佳竞争者包括谢菲尔德和利兹，曼彻斯特、约克、德比、诺维奇和爱丁堡也紧随其后。每个人心中对于最佳都有自己的答案，但随便逛逛这些城市的酒吧，都是一次值得的艾尔酒饮用体验。

现代木桶艾尔："淡色和啤酒花香"

英国传统口味和新世界风味

木桶艾尔与许多伟大的酿酒传统和传统啤酒风格息息相关，它可以增强微妙的风味，产生美妙而柔和的芳香，并具有深色啤酒花的风味和苦味，这意味着它可以完美地转化为新的啤酒风格——也许在过去的十年中，唯一的新式英国啤酒风格就是"淡色和啤酒花香的工休啤酒"。

淡色和啤酒花香的工休啤酒已经存在了多年，但这里的独特之处是使用了新世界的啤酒花，主要来自美国、澳大利亚和新西兰。用木桶酿造可以增强这些啤酒花散发出的柠檬味和果香，是用糖浆桶（keg）无法实现的，因为使用糖浆桶会丧失一种微妙的、令人愉快的味道。这种味道只有当木桶状态时才会恰当地呈现出来。

霍克谢德啤酒厂（Hawkshead Brewery）的温德米尔淡色艾尔只有 3.5% 的度数，但其醇厚的味道，让你很难接受这一事实。美妙的烤面包味，有嚼劲的麦芽，浓郁的热带香气，以及桃子、葡萄柚味的酒花，使它成为一款世界级的啤酒。霍克黑德啤酒厅是必去之地。

布里斯托尔的摩尔啤酒公司（Moor Beer Co.）酿造超淡啤酒，并向其注入浓郁的啤酒花香和醇厚的风味。由于没有经过精制和过滤，它们通常略带朦胧感，这也增添了其质地和风味，因此你应该将复兴啤酒视为淡色和啤酒花味的啤酒中的佼佼者。

燃烧的天空高原是一种清淡的、明亮的金色啤酒，具有美国和新西兰啤酒花的辛辣和热情。它的前味是新鲜的水果味，中味有一点麦芽的圆润度，后味则变得非常干而苦。这是国内顶尖酿酒商生产的这种啤酒的完美代表。

最好的木桶艾尔喝起来令人兴奋，使用最多汁和最圆润的新世界啤酒花，给经典啤酒风格带来了只有英国艾尔才有的令人振奋的品质。当然，可以将这些啤酒视为工休型 IPA 流行趋势的最初版本，打个比方，与最好的淡色和啤酒花味工休型艾尔从桶中发出的优雅交响乐相比，它们就像雷鸣般的击打金属乐。

向木桶中灌装燃烧的天空高原啤酒。

在威瑟斯本酒吧喝酒

喝一些真正的好艾尔

JD 威瑟斯本（JD Wetherspoon）是一家在英国和爱尔兰拥有 1000 家酒吧的连锁店。他们以出售镇上最便宜的饮料而闻名，提供大量的廉价食物，店里不播放音乐，氛围也并不总是最好的（这是有点差劲的委婉说法）。然而，他们却实实在在地销售了很多真正的艾尔，而且这一品质也很好地保持了下来——事实上，将近 300 家威瑟斯本酒吧被收入《卡姆拉好啤酒指南》中。他们每年举办两次大型的真正艾尔节，邀请世界各地的酿酒商合作酿造绝无仅有的啤酒。

这里最吸引人的是，许多"斯本"（Spoons，在当地被称为"斯本"）都开在令人惊叹的老建筑里，这些建筑已经被改造或修复成酒吧，许多原始特征完好无损地保留了下来，当然还有这些建筑的全部历史信息。这些建筑曾是一些老电影院，如曼彻斯特的水下月亮（The Moon Under Water）和伦敦北部的花冠（The Coronet）。加的夫的威尔士亲王（The Prince of Wales）曾经是一个剧院，而唐布里奇威尔士歌剧院正是以这个名字命名的，答案是显而易见的。还有一些曾经是银行，如爱丁堡的常备银行（The Standing Order）、利兹的贝克特银行（Beckett's Bank）、谢菲尔德的银行汇票（The Banker's Draft）、伦敦的圣殿骑士团（The Knights Templar）。

看看你正参观的地区找找威瑟斯本酒吧，几乎可以保证它就在你附近，你将享用到一系列桶装艾尔。

如果你对该酒吧的地毯感兴趣，那么可以浏览这个博客，一本介绍最佳的威瑟斯本酒吧地毯的书便是根据其中内容改编而成，这些地毯以华丽、多样和老式风格而著称。详情请访问 www.wetherspoonscarpets.tumblr.com。

威瑟斯本一小杯精酿木桶艾尔。

💡 当地小贴士：发泡的还是不发泡的？

桶装啤酒的供应方式在南北之间存在一些地区差异。在英格兰北部，桶装艾尔经常通过起泡器倒出。起泡器是一个带有许多小孔（像淋浴喷头）的小喷嘴，可以装在啤酒龙头上。当啤酒流过，喷嘴会产生额外的气流并产生浓厚、光滑的泡沫，从而产生更丰富的口感。而在英格兰南部，啤酒龙头一般不安装喷嘴，因此，倒出时只会产生自然生成的泡沫（通常较小）。从质地上讲，这两种泡沫是不同的，饮酒者对此也有不同的看法——北方人认为使用了起泡器的更好喝，而南方人则希望不使用起泡器。

第二章 英国和爱尔兰

伦敦最好的历史酒吧

许多伟人喝过酒的地方

几个世纪以来,酒吧一直是人们见面和社交的场所,是人们吃饭喝酒的地方,也是人们寻求慰藉或结交朋友的地方。伦敦有许多拥有数百年历史的酒吧,比世界上其他任何地方的都要多。那里有数不尽的不为人知的故事,还有令人惊叹的内部装饰。走进酒吧,仿佛置身于时光机中,就像站在过去饮酒者的鬼魂旁边。这些是保留了古老世界魅力的最好的酒吧。

2020年,惠特比全貌,庆祝成立500周年。

你肯定会被老柴郡乳酪酒吧(Ye Olde Cheshire Cheese,伦敦舰队街145号,邮编:EC4A 2BU)狄更斯式的黑暗所震撼,并产生敬畏之情,它隐藏在舰队街附近的一条小巷里。和镇上的许多酒吧一样,它在1666年伦敦大火中被摧毁,然后重建。但它的历史可以追溯到大火之前。1538年,这里曾是一家名为"号角"(The Horn)的酒吧,而追溯至13世纪,则是一座修道院。

踏上破旧的入口台阶,就像走进了英国广播公司最新改编的查尔斯·狄更斯经典之作的布景:深色木地板上散落着木屑,无数楼梯通向不同的楼层,每一层都有舒适温暖的酒室和冬日里燃得噼啪作响的柴火,走下楼,你就可以坐在拱形地窖里,据推测这个地窖是修道院时期建造的。当你前来造访,你的名字会与之前曾来过这里的杰出饮酒者一起出现,如狄更斯、塞缪尔·约翰逊博士、马克·吐温和艾尔弗雷德·丁尼生爵士。这家酒吧现在由塞缪尔·史密斯啤酒厂(Samuel Smith Brewery)经营,所以可以点一品脱老酒厂酿造的苦啤酒,这种啤酒仍是用木桶酿造的,跟狄更斯那时喝的啤酒一样。

塞缪尔·史密斯（Samuel Smith）经营着许多令人印象深刻的伦敦古老酒吧，如约克城酒吧（Cittie of Yorke，伦敦海霍尔本街22号，邮编：WC1V 6BN）。其主要空间就像一座宏伟古老的学校大厅或教堂，高高的尖顶天花板，巨大的旧酒桶，以及由外射入的微弱光线笼罩在尘土飞扬的空气中，营造出一种耳语般的亲密感。还有路易丝公主酒吧（Princess Louise，伦敦海霍尔本街208号，邮编：WC1V 7EP），沿着海霍尔本街走一小段就可以到达，与伦敦的其他酒吧不同，它有着传统的维多利亚式内饰，装饰华丽，室内分为许多小房间。

乔治旅馆（The George Inn，伦敦伯勒大街75-77号，邮编：SE1 1NH）拥有600年悠久历史。作为一家旅馆，它可供人们休息、吃饭和喝酒。坐落在泰晤士河和伦敦桥附近的南沃克（Southwark），其优越的地理位置深受欢迎，在人们开始下一步旅行之前，无论是步行、骑马，还是乘船，都会在这里停留一会儿。狄更斯肯定在这里喝过酒，事实上，他在著作《小杜丽》中就提到了这家酒吧：丘吉尔在这里吃过饭，佩皮斯也来这儿喝过一品脱的酒。此外，因为环球剧院就在这附近，我们可以猜测莎士比亚也曾在这里喝过几壶艾尔。如今，它是一个热闹的酒吧，位于繁华的波若市场（Borough Market）附近，但它真正的美丽之处在于大楼前面的画廊——它是伦敦目前仅存的一个带画廊的旅馆。而且，它属于英国国家信托组织，这栋建筑本身就是一个旅游景点。旅馆内部的橡木横梁和低矮的天花板让人感觉很舒适（当不太忙时）。

惠特比的前景酒吧（The Prospect of Whitby，伦敦瓦平沃尔街57号，邮编：E1W 3SH）被认为是伦敦最古老的河畔酒吧，其历史可以追溯到1520年。显然，酒鬼狄更斯一定来过，你可以走在他可能站过的原石板地上。酒吧的顶部是用锡做的，里面的木头大部分来自旧船。坐在后面俯瞰泰晤士河，你应该可以看到五月花酒吧（The Mayflower，伦敦罗瑟希德街117号，邮编：SE16 4NF），它几乎就在惠特比的前景酒吧对面，是另一个历史悠久的河畔酒吧，内部装饰以大海为灵感。

其他可以去的酒吧包括汉普斯特德的西班牙旅馆（The Spaniards Inn，伦敦西班牙路，邮编：NW3 7JJ）。这家旅馆与文学界有很多联系，如布拉姆·斯托克（Bram Stoker）在其著作《德古拉》中提到过它，约翰·济慈（John Keats）、罗伯特·路易斯·史蒂文森（Robert Louis Stevenson）、威廉·布莱克（William Blake）、玛丽·雪莱（Mary Shelley）和拜伦勋爵（Lord Byron）都去过那里。当然，狄更斯也曾在那里喝过酒。据说，老沃特林酒吧（Ye Olde Watling，伦敦沃特林街29号，邮编：EC4M 9BR）是由克里斯托弗·雷恩爵士（Sir Christopher Wren）在1668年用旧船的木材建造的，他在酒吧楼上的房间里从事圣保罗大教堂的设计工作。走出酒吧后向左看，你就能看到那令人惊叹的教堂建筑。还有精彩异常的黑衣修士酒吧（The Black Friar，伦敦维多利亚女王街174号，邮编：EC4V 4EG），一幢位于黑衣修士站（The Black Friar Station）附近的奇怪楔形建筑，它看起来很旧，但实际上并不是，它在1905年进行了翻新，采用新艺术风格，灵感来自中世纪的多米尼加修会（Dominican friary，严格来说，这曾经是一个主题酒吧，但现在有些像一件历史作品）。酒吧内部给人一种视觉享受：四周都是僧侣，略带些与世隔绝的设计风格，还有一个开放的休息室和壁炉——抬头能看到不同寻常的马赛克瓷砖制成的天花板。

在这些历史悠久的酒吧里喝酒有一种与众不同的感觉。因为我会产生这样一种认知，几百年来，许多人都曾在这里出现过，有太多的故事发生过，也喝过太多的啤酒，它们都有一种难得的、自然的、令人舒适的熟悉感。若能成为酒吧故事中的一部分，即使只有一品脱的时间，也是一段难得的经历。

1910年在南沃克乔治旅馆外的客人们。

第二章 英国和爱尔兰

跟随伽玛射线到比弗敦

从烧烤酿酒吧到英国最好的啤酒酿造商之一

比弗敦啤酒厂（Beavertown Brewery）是伦敦最受欢迎的酿酒商，它从哈格斯顿一家烧烤餐厅的地下室起家，后来发展成为世界上最令人喜爱的酿酒商之一，其摇滚明星般的吸引力和开阔的视野让它在啤酒界结识了许多朋友，啤酒品质也越来越好。

详情

名称： 比弗敦啤酒厂

方式： 详情请访问www.beavertownbrewery.co.uk

地址： 伦敦洛克伍德工业园密尔米德路，邮编：N17 9QP

比弗敦啤酒厂的颈油、伽马射线和尽显酒花处于伦敦啤酒花香啤酒的领先位置。颈油是一款明亮而清淡的IPA，非常出色，且充满浓郁的柑橘味。尽显酒花就像一款膨胀版的颈油，口感苦涩干燥，色泽明亮，具有强劲的6.7%的度数。伽马射线是一款淡色艾尔，酒花下丰富的酒体带有烤麦芽的风味。

比弗敦啤酒厂酿造的啤酒种类繁多，此外还有定期合作酿造、桶制和酸制项目，以及许多绝无仅有的特别酿造，这使它成为值得关注的啤酒厂。他们在每周六开放参观托特纳姆啤酒厂（Tottenham brewery），另一家压力下降啤酒厂（Pressure Drop）也坐落在同一地区，并定期在啤酒厂内外举办不同的活动。

比弗敦不仅仅有淡色艾尔——用陈年木桶和野生酵母进行的啤酒实验也是他们坦帕斯项目的一个系列。

比弗敦盛会

除了印地曼（IndyMan，见第95页），另一个不容错过的英国精酿啤酒节是比弗敦啤酒节。该活动于2017年首次举办，为英国的啤酒活动设定了新的标准。超过60家啤酒酿造商从世界各地飞到伦敦，每一家酿造商都带了一些特别的啤酒。你可以凭票入内，并随意品尝3.5盎司（100毫升）的啤酒。会场很大，尽管里面有4000人参观也不会很拥挤，而且还有非常棒的街头小吃，全场气氛很好。这是英国有史以来最好的啤酒节，或许也是欧洲最好的啤酒节。

伦敦顶级精酿啤酒酒吧

位于贝思纳尔格林的列王纹章（The Kings Arms，巴克法斯特街11A号，邮编：E2 6EY；网站：www.thekingsarmspub.com）是一家安静而不起眼的街角酒吧。一走进去，入目便是伦敦最好的啤酒清单。我很喜欢它，因为它是一家正宗的酒馆（而非酒吧），而且总有一些品质非凡的啤酒。这家酒馆还有些一流的姐妹酒馆，包括斯托克纽因顿的斧头酒吧（The Axe，北沃德路18号，邮编：N16 7HR；网站：www.theaxepub.com），里面的烧烤很是不错。

考文特花园的竖琴酒吧（The Harp，钱多斯宫47号，邮编：WC2N 4HS；网站：www.harpcoven-tgarden.com）已经成为享用保存得最好的木桶艾尔的好去处。哈维酒厂的"萨塞克斯最佳啤酒"以及"黑啤酒花"都可以在里面买到，并且味道不比任何一处差。酒吧里还有许多其他的木桶艾尔，以及一些上好的小桶啤酒，包括一直供应的"核心"啤酒。

向南前往坎伯韦尔的暴风鸟（Stormbird，坎伯韦尔教堂街25号，邮编：SE5 8TR；网站：www.thestormbirdpub.co.uk），也是一个不错的选择。啤酒迷寻找令人兴奋的啤酒的劲头，很少有人能比得上。沿着这条路走约1.6千米（1英里）就是霍普、伯恩斯和布莱克酒吧（Hop, Burns & Black，东德威治路38号，邮编：SE22 9AX38；网站：www.hopburns-black.co.uk），不仅卖啤酒和辣酱，还卖唱片。酒吧里贮存了上千瓶啤酒以及一些精酿啤酒，即可堂饮，也可带走。这个地方真得很不错。

位于肖尔迪奇的格里芬酒吧（The Griffin，伦纳德街93号，邮编：EC2A 4RD；网站：www.the-griffin.com）不太好找，但是它的简约和包容，以及店里精彩的啤酒清单，值得我们去探寻。你可以在店里喝到伦敦当下的热门啤酒以所有经典的卡姆登镇啤酒。从格里芬步行不久，便是老喷泉酒吧（The Old Fountain，鲍德温街3号，邮编：EC1V 9NU；网站：www.twitter.com/OldFountainAles），他们混合了木桶艾尔（店里的奥克姆西楚很是不错）和英国小桶啤酒。

竖琴酒吧里的一品脱黑啤酒花。这是全英最好的木桶艾尔之一，也是一款少有的能同时满足现代精酿啤酒爱好者和CAMER成员的啤酒。

伯蒙德西啤酒英里

可以直接改名为啤酒蒙德西

泰晤士河以南，与之平行的是一长串进出伦敦桥站的高架列车轨道。在这些铁路线的拱桥下，便是伯蒙德西啤酒一英里，这是英国从事酿酒行业人口最多的地区。

工人们在帕尔蒂赞酒厂工作。

详情

名称： 伯蒙德西啤酒一英里

方式： 除了斯巴达精神是9:00～16:00开始特价促销外，其他酒厂周六开放（11:00～18:00）。有些酒厂周五（17:00～22:00）也营业，环境更安静，但啤酒是一样的

地址： 伯蒙德西南部和伦敦桥中间的铁路拱桥

这也是伦敦独有的一景，铁路拱桥下有众多啤酒厂——至少有15家，这里的租金相对便宜，高度适中，温度持续凉爽，意味着酿造环境非常适宜。

如果你在地图上标出伯蒙德西的啤酒厂，你会发现它们都整齐地排成一行。从离伦敦桥站不远的索思沃克酒厂（Southwark Brewing）出发，接下来便是安斯帕赫和霍布迪酒厂（Anspach & Hobday）、乌布雷（UBrew）、数字酒厂（Brew By Number）、斯巴达精神（The Kernel Spartan）、亲密酒厂（Affinity）以及帕尔蒂赞酒厂（Partizan Brewing），最后抵达四纯酒厂（FourPure）。这些酒厂间相隔约3公里（2英里）。另外，还有酒瓶店（Bottle Shop，安斯帕赫和霍布迪酒厂旁边）和伊比拉（Eebira，亲密酒厂旁边），都有自己的酒吧，清单上都是好啤酒。酒厂每天营业，定期举办活动。如果你想尝试不同的啤酒，这里还有霍克斯新德里（Hawkes Cidery）和它的酒吧间（同样在安斯帕赫和霍布迪酒厂旁边）。

这些啤酒厂在周六接连开放，直接面向顾客，摆出简单的台桌，并在堆叠的空桶上放置托盘搭出吧台。这就是伯蒙德西啤酒英里的开端。从2013年起，啤酒场地的数量翻了一番。

如今，每周六人们都会沿着啤酒英里去喝酒，想去哪家便在那里停下来（当然，真正的啤酒迷是哪里都想去）。在每家酒厂，你都可以对啤酒抱有最高的期待，但是对环境的期望值却要低一些：处于生产状态的啤酒厂，每周都会设立一个临时酒吧，非常忙碌，所以常常没有空座；冬天里，酒吧里冷得要命；很多单身汉都会过来，他们什么也不关心，只点最烈的啤酒。另外，临时厕所也要排很久的队。然而，不同种类的高品质啤酒，绝对值得你到此一游。

伯蒙德西的铁路拱桥下酿造了许多高品质的啤酒，在这个令人兴奋的地方，你可以体验伦敦独有的一面。

四纯酒吧间，营业前和营业中。

必须品尝的
伯蒙德西啤酒

- 把四纯酒厂作为第一站或最后一站，去尝尝精炼皮尔森啤酒，感受限量啤酒的不寻常之处。

- 去数字酒厂享用伦敦最新鲜的、酒花最浓的IPA，包括工休IPA和双倍IPA。这里还有最好的酒吧间。

- 安斯帕赫和霍布迪酒厂拥有超高品质的黑啤，包括一款很棒的波特啤酒和烟熏棕色啤酒。乌布雷的特别之处在于它是一个公共啤酒厂，所以你可以过去看看最近几周谁在这里酿造啤酒。所有的酒厂都共享啤酒龙头。

- 乌布雷的独特之处在于它是一家开放的公共的酒厂，沿路走走就能看见几周以前是谁在酿酒。所有的酿酒者共用啤酒龙头。

- 帕尔蒂赞酒厂的啤酒种类繁多，从果味的淡色艾尔到干塞松，再到浓烈的深色艾尔，应有尽有。

第二章　英国和爱尔兰

赫尔斯顿的蓝锚

可以说是英国经营时间最长的酿酒馆

在15世纪，康沃尔的蓝锚客栈是僧侣们休息的地方，不久后就变成了一家酿造啤酒的酒馆。

酿造艾尔是英国酒馆的传统，几百年前这类酒馆便遍及英国各地，因此蓝锚无疑是英国最古老的酒馆之一。尽管没有证据证明蓝锚已经持续酿酒600年，但可以确定的是，早在20世纪初蓝锚就开始酿酒，而啤酒一直是它的核心。蓝锚也是那种不仅经营时间长，而且拥有深厚的底蕴的酒馆。在酒馆里，你能感受到一种常住般的舒适，一种几百年前的建筑与21世纪的空间碰撞出的交错感。酒馆用古老的石头和茅草建成，屋后还有一条18世纪的小巷子。这里充斥着友好的鬼故事，让人联想起几个世纪前的人们就坐在你现在的位置上喝酒，这是一种奇妙的酒馆体验。酒馆酿出的斯宾戈艾尔系列包括鲜花节啤酒（以镇上每年5月举行的鲜花节而命名）、IPA、中点、布雷格特（不用啤酒花而是用苹果和蜂蜜酿造的啤酒）和别致，这些酒中的甜味更倾向于西南部的艾尔酒，而非现代酿酒馆中酿出的那些啤酒，因此蓝锚的啤酒味道更好。

> **详情**
>
> **名称：** 蓝锚酒馆
>
> **方式：** 详情请见www.spingoales.com
>
> **地址：** 康沃尔郡赫尔斯顿铸币厅大街50号，邮编：TR13 8EL

去英国最古老的啤酒厂

喝一杯经典的肯特艾尔

谢佛得尼阿姆是英国最古老的啤酒厂，但他们不确定自己有多大年纪……

谢佛得尼阿姆之所以被誉为"英国最古老的啤酒厂"，是因为几个世纪以来，这家啤酒厂一直都在肯特郡法弗舍姆的原厂址。直到2010年左右，啤酒厂本以为他们的历史可以追溯到1698年，但是他们的酿酒历史学家和档案管理员至少可以追溯到15世纪早期。当参观酒厂的某些地方时，你会感觉自己仿佛走在几个世纪前的小巷里，走在千上万的工人穿过的小路上。啤酒厂的建筑非常古老，有一些引人注目的彩色玻璃窗（尽管是现代的），但酿酒设备都是最新的，主要生产两种啤酒：一是传统的木桶啤酒，二是拉格和精酿啤酒。

旅行结束后，你可以喝一些谢佛得尼阿姆的啤酒，品尝一下肯特艾尔。因为这款酒，酒厂获得了地理标志保护（PGI），成为全世界少数获得这一标志的啤酒厂之一。肯特艾尔是用肯特的井水酿造的，它的干和苦味来自肯特啤酒花以及东肯特戈尔丁的干啤酒花，酒精含量低，麦芽含量高。超级火力（Spitfire）是旗舰品牌，拥有真正的肯特艾尔的味道。你可以在法弗舍姆的老集镇待上几个小时，那里有一些优秀的老酒馆。如果可以的话，你可以在九月过去，那时这里会举办每年一次的啤酒花节（见第82页）。

> **详情**
>
> **名称：** 谢佛得尼阿姆酒厂
>
> **方式：** 从伦敦的圣潘克拉斯坐火车直达肯特郡的法弗舍姆，需要65分钟（详情请访问www.shepherdneame.co.uk）
>
> **地址：** 肯特郡法弗舍姆镇卡特大街17号法弗舍姆酒厂，邮编：ME13 7AX

两星期肯特绿啤酒花啤酒

英格兰的啤酒花园

20世纪20年代至60年代，每逢夏末，成千上万的伦敦东区人（大部分是妇女和儿童）便会前往肯特的霍普农场参加一年一度的采摘。在夏末的阳光下挣点外快，度过一个辛苦的假期。

自16世纪，被称为英格兰花园的肯特郡便开始种植啤酒花。英格兰的啤酒花种植中，肯特郡一直占有相当大的份额，像戈尔丁和富格尔等农民还用自己的名字命名了一些啤酒花。

1878年，肯特郡啤酒花的种植面积达到顶峰，随后便开始下降，但是随着如今啤酒厂的复苏，啤酒花的种植又开始兴起。每年九月，肯特郡都会生产自己的绿啤酒花啤酒，直接从农场摘下新鲜的啤酒花，立刻酿造。这是庆祝肯特优越的地位置以及啤酒花的好方式。两周后，肯特全郡的酒吧就会集体举办一场"两星期肯特绿啤酒花"节，到时候所有的啤酒都会在坎特伯雷举行的美酒美食节上展示（每年同一日期举行）。

绿色啤酒花啤酒是唯一真正的季节性酿造啤酒，因为它们只可能在一年中的几个星期内饮用，而且最好是在离啤酒花农场非常近的地区饮用。肯特是体验这种一年酿造一次的啤酒的最佳地点。其中值得注意的是盖兹啤酒厂（Gadds Brewery）的绿啤酒花啤酒，这是一种淡色艾尔，使用了大量的东肯特戈尔丁啤酒花来增加其浓烈的、青草味的、辛辣的香味。

肯特郡自16世纪起便开始种植啤酒花。

详情

名称： 两星期肯特绿啤酒花啤酒

方式： 登录www.kentgreenhopbeer.com，获取日期、酒厂、啤酒以及饮酒地的相关信息。肯特的许多城镇都有直通伦敦的火车

地址： 基本都在伦敦东肯特郡

在萨尼特的小酒馆内喝酒

小酒馆，大氛围

2005年，马丁希利尔在肯特郡赫恩村开了一家花店，这家店之前是肉店。他还在坎特伯雷附近开了一家酒瓶店，他在花丛后面放了几瓶啤酒，这样就可以继续销售真正的瓶装艾尔，但事情进展得并不顺利。值得庆幸的是，《2003年许可证法》不久后就实施了，这使得任何建筑都能更容易地获得销售啤酒的许可证——即便是一家小小的肉店，如今已经倒闭变成了花店（我可以毫不夸张地说：这是英国最小的酒吧之一）。

最初的想法是买几桶艾尔和苹果酒放在一旁，然后倒给喝酒的人。没有酒馆酒窖，没有啤酒生产线，也没有昂贵的厨房，简直就是酒吧的最简配，或者说它最开始就是这样的。于是，小酒馆诞生了。后来变成了一种现象，在英国有300多家小酒馆开业，其中许多都是由非酒吧场所改造而成的。小酒馆里的啤酒供应很快，所以都很新鲜，而且经常更换供应多种不同的啤酒，所以对于想喝各种好啤酒的人来说，小酒馆是个不错的选择（通常也相当便宜……）。小酒馆的开放时间通常是固定的，一般午餐时间会开放几个小时，晚上的时间则稍微长一些。还有些只在傍晚时开放，周末则会多几个小时，从中午就开放。

如今，小酒馆已经遍布全英国，建议你前往东肯特郡和萨尼特，那里是小酒馆的聚集地。该地区现在已经设立了几个巴士旅行团，你可以参观一些小酒馆，或者乘坐当地的火车和公共汽车四处旅行。屠夫的武器（Butcher's Arms，赫恩湾赫恩街29A号，邮编：CT6 7HL）很适合作为旅行的起点，你会惊讶于它的迷你——并不是因为它是第一个建立的或是可以作为别人效仿的模板，而是因为它从多方面重新定义了小酒馆。圣彼得的艾尔庭院（The Yard of Ale，布罗德斯泰斯教堂街61号，邮编：CT10 2TU）是一个由马厩改建成的酒吧，鹅卵石地面和干草包能让你想起它的过去。在这里，狗就像当地的名人一样受欢迎，切片干酪是很不错的零食。附近是四根蜡烛酒馆（Four Candles，布罗德斯泰斯索厄尔街1号，邮编：CT10 2AT），现场有一个微型的啤酒厂。39步（The Thirty-Nine Steps，布罗德斯泰泰尔街5号，邮编：CT10 1LR）是一家很受欢迎的酒吧，以前是宠物店，大约有39步长，所有的啤酒都放在后部的玻璃窗后。费兹（Fez，马盖特商业街40号，邮编：CT9 1DS）是一个复古而随性的怪地方，困扰你的可能是选哪个座位，而不是喝哪种啤酒。几步远以外就是克利夫顿维尔的酒吧间（The Tap Room in Cliftonville，马盖特诺斯顿大街4号，邮编：CT9 2NR），里面有弧形的木头吧台和带垫子的凳子，是一个坐下来享受精选艾尔的好地方。

详情

名称： 萨尼特的小酒馆

方式： 登录 www.micropubassociation.co.uk，了解小酒馆的清单及所在地

地址： 英格兰东肯特郡

当地小贴士：法弗舍姆啤酒花节

一年一度的丰收时节，位于肯特郡啤酒花园中心的法弗舍姆就会举行全镇范围内的啤酒花节。那时，小镇便成了一片绿色的海洋，到处都是啤酒花，人们穿着绣有啤酒花图案的衣服，头上戴着啤酒花花环。节日期间有游行队伍，还有莫里斯舞者，现场还有只在这个活动中才能听到的迷人音乐，都是用古怪的英语演唱的。啤酒花节上有很多当地的木桶艾尔，活动组织者之一的谢佛得尼阿姆酒厂（见第80页）也会将自家使用当地啤酒花酿造的啤酒带到现场。

萨拉休斯的黑宝石淡啤酒

老塔啤酒厂的经典黑啤酒

位于灯塔酒店的萨拉休斯是西米德兰兹一家经典塔式酒馆啤酒厂，从很多方面来看，都是一个难得的好去处。

灯塔酒店（顺便说一下，这并不是真正的酒店）建于1851年左右，在1852年迎来了它的第一个房东。酒馆大约建于19世纪60年代，但是故事最重要的部分发生在1920年和1921年。酒馆维多利亚风格的室内装修保留了下来，如今已被翻新。那几年，原先的业主将酒吧出售，莎拉·休斯用她丈夫在矿难中死亡后得到的抚恤金买下了酒馆。莎拉开始自己酿造啤酒，并研发了一种黑宝石淡啤酒的配方——这是一种传统的当地风格啤酒，浓烈而甜美。她酿了30年的酒，于1951年去世。之后酒厂也一直保持着活力，直到1957年，酿酒罐才被清空。然而，这家酒馆一直为休斯家族所有。1987年，莎拉的孙子约翰·休斯发现了莎拉留下来的黑宝石淡啤酒配方，才使得酒厂重获生机。

如今，萨拉休斯的酒厂和酒馆都由约翰·休斯的侄子西蒙·梅西经营。这是一个传统的经典塔式啤酒厂：屋顶是谷粉箱，将麦芽滴到下面的糖浆桶里，糖汁再流入20世纪30年代的开口铜罐中（这一点非常罕见）。下面的地板上放着啤酒花浸取槽，用来冷却啤酒，发酵罐和包装区则在一楼。活盖门在地面和屋顶间来回，麦芽袋随之上下移动，酿酒师则无需在陡峭狭窄的楼梯间行走。如今，这样的酒馆啤酒厂已不多见。

接着，让我们回到酒馆，一起看看酒吧内部。从前门进入走廊，左手边是包间，右手边是酒吧间。酒吧里还有一间吸烟室（当然现在是不允许吸烟的），后面还有新增加的明亮的室外温房。一切的中心是一个封闭的酒吧，可以直接服务走廊、包间和吸烟室。酒吧还有一个少见的功能——"势利屏幕"。里面有个小窗户，一般人的腰部位置，你可以通过它点菜和接收啤酒，这意味着工作人员和饮酒者互相看不到对方。酒馆里的所有房间都是适合喝酒的好地方。木质的内饰、燃烧的火堆、老式的窗帘、复古的墙纸、破旧的板凳座位，人们在酒馆里谈笑风生，这一切让你感觉回到了几十年前。酒馆的主打食物是夹着简单馅料的圆面包（面包卷）。

他们一年酿造三种啤酒，而且通常是季节性酿造。一种是淡色琥珀，一款酒精度为4.0%的工休苦啤。一种是"惊喜"，一款酒精度为5.0%的传统西米德兰兹苦啤，它由玛丽斯奥特麦芽和戈尔丁啤酒花酿制而成，入口很甜，余味是啤酒花漫长的苦味——这是酒馆最畅销的啤酒。酒馆一直以来最畅销也最著名的啤酒是酒精度为6.0%的黑宝石淡啤酒。黑宝石的麦芽味很重，近似于奶油、干果、香草、蛋糕、巧克力、李子、坚果、樱桃……每一口都会给你新鲜感。黑宝石以甜味为主，一口下去舒适又满足，仿佛脑海中炸开了一朵烟花，这种感觉是别的IPA绝对没有的，但是它仍然保留了一个利落的结尾，让你喝完几品脱后还想再来几口。这种味觉的体验并不常见，对我而言，在当今的精酿啤酒中，黑宝石是我尝了能"哇"地一声惊叹出来的一款。只有当喝到一些了不起的东西时，我才会这么做。黑宝石让我对啤酒有了不同的想法。

总结一下为什么灯塔酒店和黑宝石淡啤酒是你的必游之选：独特的酒吧内饰（每个区域都适合喝上一品脱），迷人的塔式啤酒厂，悠久的历时，世界上最好的黑啤之一——这款啤酒让你回味从前，如今依然味道极佳。

详情

名称： 灯塔酒店和萨拉休斯酒厂萨尼特的小酒馆

方式： 这家酒吧每天中午开始营业，但下午会关门几个小时。要参观啤酒厂，请提前打电话或留言，他们会尽量安排参观。参观都是免费的，但是不要忘记给带路的人小费（详情请访问www.sarahhughesbrewery.co.uk）

地址： 达德利比尔斯顿街129号，邮编：DY3 1JE

参观特伦特河畔伯顿

在库珀酒馆喝生巴斯

在19世纪，特伦特河畔伯顿（Burton-upon-Trent）是世界上最大的酿酒城市，用镇上的硬水酿造的艾尔十分清淡且苦涩。

时至今日，传奇的伯顿酿酒商，如巴斯（Bass）、奥尔索普（Allsopp's）和库伯工业（Ind Coope），都已经消失了，只剩下马斯顿（Marston）延续着这座城市的酿酒历史（你可以参观马斯顿，见第85页）。然而，从许多方面来说，伯顿仍然是一座伟大的酿酒城市，因为镇中心还保留着卡琳（Carling）和康胜（Coors）酒厂巨大的酿酒设施，它们直插云霄，十分壮观。

在这些大型酿酒设施的荫蔽下，啤酒深深扎根于伯顿市的发展历史中，这里的街道和购物中心的名字，如库珀广场（Cooper's Square），曾经占据小镇的巨大古老建筑，许多老酒馆（无论是仍在营业的还是已经关门的），还有国家酿酒中心和博物馆，以及一些新的小型啤酒厂。这些都使伯顿成为一个值得一游的地方，即使只是通过这些来想象一下19世纪末伯顿的样子。

我在伯顿最喜欢的酒吧是库珀酒馆（Coopers Tavern）。在这里畅饮，就好像回到了伯顿的鼎盛时期。进入这家酒馆，左边是一个安静的空间，里面有一个壁炉，而右边的主酒吧则感觉更像是一个有人居住的休息室，墙上挂着一些旧照片——这些照片显示出啤酒在这个小镇历史上的独特地位。继续往前走，你会来到英国所有酒吧中最不寻常的取餐区之一，因为这里所有的啤酒都放在后面，而且只站得下两个人。酒吧由焦耳啤酒厂（Joule's Brewery）经营，他们的淡色艾尔是一款经典的英国老式淡色啤酒，味道干涩，带有饼干味和浓郁的啤酒花香。还有一些现代艾尔，它们的味道总是很完美。但你应该先喝一品脱经典的伯顿艾尔和生巴斯，由马斯顿酒厂酿造，直接从酒桶里倒出即可饮用。

找个位子坐下来，想象一下当伯顿还处于酿酒鼎盛时期时，这个地方是怎样的光景。这间酒馆曾是巴斯啤酒厂（Bass Brewery）的酒吧，它是通往过去的传送门，是一个以多种方式在历史中畅饮的地方。在伯顿，有些酒吧不仅仅是酒吧这么简单。

威尔士亲王，后来的爱德华六世，于1888年参观库伯工业和奥尔索普酒厂的插图。

详情

名称： 库珀酒馆

方式： 详情请访问www.cooperstavern.co.uk

地址： 特伦特河畔伯顿市克罗斯街43号，邮编：DE14 1EG

伯顿联盟系统

以及"酿造教堂"

马斯顿称其联盟室（Union Room）为"酿造教堂（Cathedral of Brewing）"，它是这个著名的古老酿酒小镇上仅存的伯顿联盟系统（Burton Union System）的发源地，对于所有的啤酒厂和啤酒爱好者来说，这里是必到之地。

特伦特河畔的伯顿盛产淡色艾尔。这款著名的啤酒每一滴都至少要经过几次橡木桶酿造过程，包括发酵、成熟、供应。在19世纪，伯顿联盟广泛应用于酒的发酵，当时伯顿还是一个相当大的酿酒城市。伯顿联盟是一个巧妙的系统，但是最终被现代酿造方法和设备所取代。除了马斯顿酒厂，伯顿的所有酿酒商都关闭了他们的联盟，而马斯顿酒厂则继续使用联盟来酿造伯顿淡色艾尔。令人感到奇怪的是，2016年这款酒更名为琥珀艾尔。

伯顿联盟系统起初是分离酵母和啤酒的一种方法，但也能产生良好的发酵效果，从而酿造出风味绝佳且优质纯净的淡色艾尔。它有一个双层铁框架，底层并列排有大型橡木桶，上层则是一个大槽。在开放式储罐中进行初步发酵后，啤酒被送入橡木桶继续发酵。当碳酸化作用达到顶峰时，酵母和啤酒会从桶顶冒出，通过天鹅颈管聚集到上层的槽中。之后，啤酒返回到下面的桶中，酵母要么被抽出用于下一次酿造，要么被运到附近的酸制酵母工厂，这样一来酵母和啤酒就分离开了。发酵完成后，啤酒被移入不同的容器中进一步成熟。

联盟室旁边是一家持续工作的制桶工场，有一名全职制桶工不断修理和维护橡木桶，这种额外的工作是联盟系统被淘汰的原因之一。

马斯顿的"纯正血统"是唯一一款仍在使用伯顿联盟系统酿造的啤酒。酵母通过桶和槽发挥作用的酿造方式赋予纯正血统一种独特的味道，那是一种柔软的核果香和辛辣的英国啤酒花香，还带有一些烤淡色麦芽味。这是一款经典的英国淡色艾尔，是最后一款仍在这座城市酿造的经典伯顿艾尔，依然是一款非常好的啤酒。我希望这个极好的酿造系统不会因为现代化的升级而被淘汰，因为它是伯顿辉煌啤酒历史的最后一环，也是一个奇迹。

正在运作中的伯顿联盟系统。

详情

名称： 马斯顿啤酒厂

方式： 在周一到周六的马斯顿酒厂之旅中，你将看到伯顿联盟系统，并品尝三种啤酒（详情请访问www.marstonsbrewery.co.uk）

地址： 特伦特河畔伯顿肖伯纳尔路马斯顿啤酒厂，邮编：DE14 2BG

勾选英国著名的酒吧清单

英国有5万多个酒吧,所以很难区分哪些是优质的,哪些是糟糕的,大家可以关注下面这些较为著名的或不同寻常的酒吧。

想要在最古老的酒吧喝酒吗?祝您能找到那个真正的最古老的酒吧。当然,还是有一些备选项的。斗鸡老酒店(Ye Olde Fighting Cocks,圣奥尔本斯AL3 4HE,米尔大道16号庄园)的历史可以追溯到8世纪,那时才刚有酒吧或旅馆出现,据说现在这个建筑物的一部分来自11世纪。耶奥尔德耶路撒冷之旅(Ye Olde Trip to Jerusalem,诺丁汉NG1 6AD,酒厂大院1号)的历史可追溯到1189年,道路建在诺丁汉城堡下的岩石中,尽管这个酒吧只能追溯到17世纪,但啤酒可能是12世纪的哦。据记载旧渡船酒吧(The Old Ferryboat,剑桥郡PE27 4TG,霍利韦尔阵线)的历史可追溯到12世纪。斯凯里德旅馆(The Skirrid Inn,阿伯加文尼NP7 8DH,克鲁科尼·利亚纳格尔),作为威尔士最古老的酒店,可追溯到1110年。当您在布雷肯国家公园漫步很长一段时间后,欢迎停下来到店里看一看。

世界上最小的酒吧呢?凭借约3.7米×2.1米(12英尺×7英尺)的迷你规模,坚果壳酒吧(The Netshell,布里圣埃德蒙IP33 1BJ,特拉弗斯路17号)获得了这个头衔。但是肯特郡的小王子酒吧(The Little Prince,玛吉特CT9 1ES,集市路20号老肯特屋)似乎更小一点,为约3.7米×2米(11英尺×61/2英尺),只能容下6个客人。

歪歪楼酒吧(The Crooked House,达德利DY3 4DA,科皮斯山希姆利路位于西米德兰兹,因其倾斜严重,一侧比另一侧低1米而得名。对于第一次到访的人来说,它可能会让人迷失方向,所以要小心。

想要在僻静的地方来一杯?位于苏格兰西部的老佛爷酒吧(The Old Forge,马来格PH41 4PL,因弗里诺伊达特)是英国大陆上最偏远的酒吧。没有路可走,所以你要么步行约29公里(18英里),皮划艇约11公里(7英里)穿过尼维斯湖,要么等待一条没有固定时刻表的渡船。另一个著名的酒吧是谭山酒馆(Tan Hill Inn,里士满DL11 6ED,长堤路),这是为约克郡宾宁斯的步行者量身打造的酒吧,也是英国海拔最高的酒吧,海拔约525米(1722英尺)。

纽卡斯尔附近的马斯登石窟酒吧(The Marsden Grotto,南希尔兹NE34 7BS,海岸路)是一个山洞酒吧,过去曾是走私者的藏身处。它建在海滩上,一部分经挖凿嵌入悬崖壁中,如果你不喜欢爬台阶,可以乘坐大型电梯。

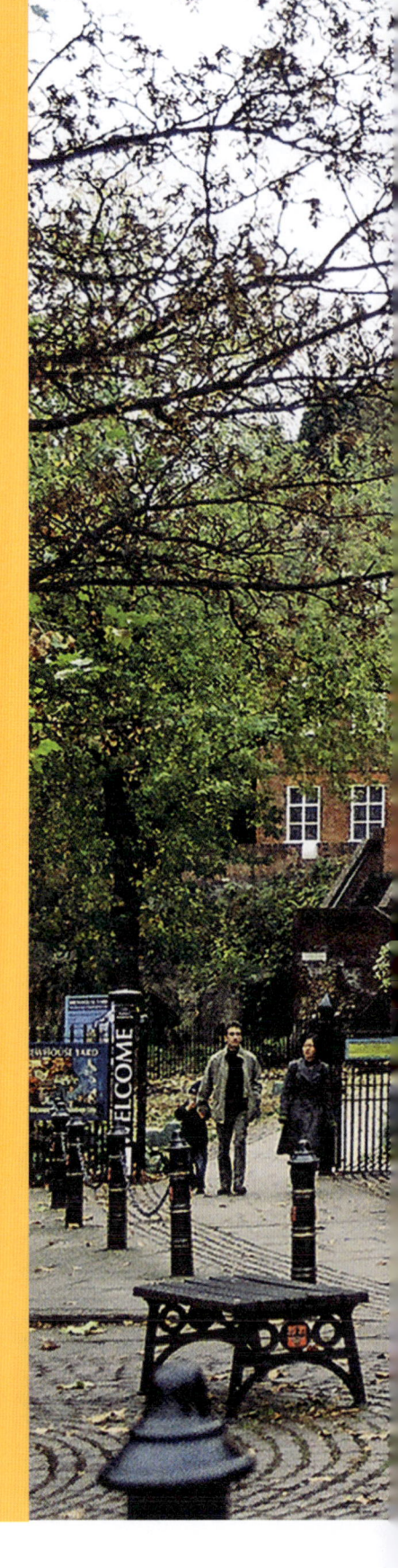

耶奥尔德耶路撒冷之旅的历史可追溯到1189年。

第二章 英国和爱尔兰

黑色乡村啤酒街

体验传统的西米德兰兹苦味和淡味艾尔

我们常说："谁想在达德利周围喝酒？"这句话对充满好奇心的啤酒旅行者来说并不那么吸引人，但你应该把达德利看作一个有趣的啤酒供应口袋，专门酿造西米德兰兹苦味和淡味艾尔，这些啤酒会出现在一些传统酒吧。

这次旅行的中心应该是灯塔酒店，可以尝尝它的莎拉休斯深色淡味啤酒（见第83页），但这附近有很多酒吧，无论是跳上公共汽车，叫出租车，还是步行（30分钟即可），都很容易到达。

巴瑟姆啤酒厂（Bathams Brewery）的苦味艾尔是当地的啤酒传说之一，每当那些知情的人听到它的名字，他们的眼睛便会瞬间发光。但这也是一种很多人从未听说过的啤酒，要想品尝它，最好的地方是葡萄酒吧（The Vine pub）。这个酒吧更为人所知的称号是牛和膀胱（The Bull and Bladder，这里最初是一个屠宰场），附属于一个啤酒厂（西米德兰兹郡 DY5 2TN，布里尔利山德尔福路德尔福啤酒厂，网址为 www.bathams.co.uk）。

走进去，右边有一个小小的吧台，左边有一个舒适的休息室，后面还有更大的空间。这是一个典型的老而原始、受人喜爱的酒吧，有壁炉、木制座位、旧照片、啤酒厂纪念品、破旧的地毯、喜欢漫谈的当地人和友好的氛围。淡味艾尔呈明亮的红棕色，具有诱人的麦芽香气，甜美的焦糖和淡淡的果香充分交融，你一口气能喝一品脱。苦味艾尔也一样，融合了很多香味，具有与淡味艾尔类似的浓厚甜麦芽香气。酒体呈金色，十分顺滑，大概是一些水果味、胡椒味的啤酒花发挥了作用，颜色很浅却很均匀。这些都是这个特定地区的啤酒的特征，这意味着它们与其他地区的啤酒相比更甜一些。

尼瑟顿的老天鹅旅馆（The Old Swan Inn，达德利 DY2 9PY，哈勒索路 85—89号）是马帕多啤酒的家乡，该啤酒以多丽丝·帕多命名，她1931年与丈夫一起经营酒馆。该酒吧以历史悠久而闻名，酿造始于19世纪60年代，一直持续到1993年。酒吧于2000年关闭，但在第二年，它又和啤酒厂一起重新开张了。

从酒吧最古老的前吧台开始（有两个入口，建议从右边的入口进），可以看到皇家红的吧台和带图案的天花板，上面有一只古老的白天鹅，还有一排手工啤酒供取用。老天鹅原浆（The Old Swan Original）是一种有较少斑点的浅色淡味艾尔，酒精度3.5%，颜色和酒体都很通透。甜麦芽使酒的中味更多了一些咀嚼感，又带着淡淡的果香。能喝到这种罕见的啤酒是极好的。黑天鹅是3.9度的深色淡味艾尔，带着奶油和巧克力香的一丝丝甜味，加上一些茶单宁的苦涩和来自酵母的果香气。波特（Entire）是一种传统的特苦啤，4.4度，具有波特酒的特点，如浅色麦芽的细滑和清甜，又不失干苦，达到了良好的平衡。

霍尔顿（Holden）的"纯黑国家"啤酒可在他们自己的酒吧喝到，包括公园酒店旁边的啤酒厂（达德利 DY1 4LW，伍德塞顿乔治街，网址为 www.holdensbrewery.co.UK）。从1915年霍尔顿家族买下这个酒吧和邻近的啤酒厂后，就开始生产这款啤酒了。刚开始，他们酿造的是深色浓厚的淡味艾尔，大概类似于后期莎拉·休斯家酿造的酒。

现如今，这家酒吧有点缺乏人们经常会提到的那种氛围和旧感觉（电视上放着运动节目，测试机闪烁着光），但这是一个尝试霍尔顿啤酒的好地方，当然也包括黑色国家淡味啤酒（Black Country Mild）。这种一款酒精度3.7%的红棕色艾尔，尝起来像甜茶配烟草（我的笔记和记忆告诉我，写这段的时候我已经喝了六品脱了："这味道尝起来就像20世纪80年代窗帘的味道，一点也不是现代的味道。"），我想这实际上表达了对这款酒的一种夸赞。他们家的苦味啤呈亮金色，酒精度3.9%；带有麦芽甜，几乎没有苦味，富含水果香，泡泡糖酯发挥作用后，口感相对干燥和清爽。这个酒吧提供的填饱肚子的餐食也很棒。

西米德兰兹的啤酒尝起来十分具有当地特色，都具有相似的英国麦芽厚度，苦味浅，甜味明显，这种光滑细腻的奶油般的口感，在英国其他地方都尝不到。除了啤酒，这个酒吧更值得一品的就是它的氛围，它的许多故事，以及它在当地历史上的地位。

老天鹅酒店在英国遗产名录中占有一席之地,部分原因是它独特的珐琅天花板。

邦多布斯：
英国最好的啤酒和美食餐馆

印度街头美食和精酿啤酒

咖喱和拉格是一种经典的英国食物和啤酒组合，但是你很少能看到印度美食搭配精酿啤酒。位于德里灵顿（布拉德福德和利兹之间）的印度餐馆普拉沙德的老板玛雅·派特和啤酒商马尔科·胡萨克（位于布拉德福德的麻雀酒吧的老板）意识到了这一点，于是他们共同创办了我心目中英国最好的啤酒和美食餐馆——邦多布斯。

他们的想法很简单：一种印度街头素食（即使是最忠实的肉食爱好者也不会错过它），用上等食材精心烹调，价格实惠，再搭配上很棒的啤酒。啤酒和美食的组合并不固定，也没有菜单，你可以自由搭配。

印度素食汉堡是我最爱的美食之一。这是一种加了香料的油炸土豆馅饼，里面夹着鱿鱼酥饼和红绿酸辣酱。一口下去，令人满足地喟叹：再没有比这更好的蔬菜汉堡了。这里所有的食物都很好吃，所以你只要随便点几盘，然后和朋友们分享就行了。

餐馆供应的啤酒是"孟买的微笑"，这是一款由北僧酿酒公司（Northern Monk Brew Co.）酿造的比利时白啤。这款酒用姜、香菜籽和豆蔻制成，与菜肴中的香料相呼应，为食物增添了清新的气息。如果你在利兹的邦多布斯吃饭，一定要去参观北僧餐厅（利兹市马歇尔磨坊老亚麻店，邮编：LS11 9YJ），它其实是酒厂的酒吧间。从邦多布斯餐馆步行10分钟就到了。

邦多布斯的第一家餐厅在利兹，另一家在曼彻斯特，两家都很不错。在我2018年初撰写本书时，利物浦的一家分店刚刚宣布开业，不久之后还将有两家分店开业。

详情

名称： 邦多布斯

方式： 登录www.bundobust.com查看他们的餐厅和菜单

地址： 曼彻斯特店：曼彻斯特市皮卡迪利61号，邮编：M1 2AQ；利兹店：西约克郡利兹市密尔希尔6号，邮编：LS1 5DQ

邦多布斯食物非常好，因此得到了著名的米其林指南的认可。

周日的烧烤大餐
加上一品脱木桶艾尔

英国酒吧美食体验的精髓

什么是英国啤酒和美食的精髓？这是我一直想回答的问题。它必须以酒吧为中心，所以咖喱屋的拉格不能算在内。它必须是全国性的，而非像西米德兰兹郡的奶酪圆面包（面包卷）搭配淡啤酒或是爱尔兰炖肉搭配黑啤这种地区的特色。炸鱼和薯条也许可以算一种，但这些是从薯条店买来的，在纸袋里就可以吃完（不过也可以搭配一瓶当地的淡色艾尔在海滩享用）。农夫午餐现在也已经过时了，人们可能更愿意吃一个苏格兰鸡蛋或当地的干酪切板。所以，周日午餐——一顿烧烤大餐搭配一品脱木桶艾尔绝对是当之无愧的英式啤酒和美食精髓。

几乎每一家好酒吧都会提供周日限定烧烤（字面意思：只在周日提供，而且通常从12:00～15:00）。你可以选择肉类（鸡肉、牛肉、猪肉和羊肉，或素食替代肉）、烤土豆、各种蔬菜、浓肉汁，可能还有馅料或约克郡布丁。英国人每周都要吃烧烤，如果自己不想做，那么酒吧便是一个好去处。在酒吧吃烧烤时，一品脱的木桶艾尔是不二之选，最好是光滑的、带有烤谷物和淬火苦味的干燥的苦啤。

五种啤酒和美食搭配

馅饼土豆泥搭配波特啤酒： 圆润丰富的波特啤酒最适合搭配馅饼。吃完慢烤出的肉和肉汁，正需要麦芽解腻。

炸鱼薯条搭配淡色艾尔： 我说过炸鱼薯条应该在海滩上吃，但是许多酒吧都会做这个经典菜。一杯鲜亮的淡色艾尔，带着啤酒花的芳香和干涩的苦味，冲淡了炸鱼的浓烈。

印度辣烤鸡块搭配金色艾尔： 咖喱已经成为受欢迎的酒吧美食，辣烤鸡块也成为英国人喜爱的美食。正适合搭配一杯柔和甜美的金色艾尔。

芝士汉堡搭配IPA： 现在每个酒吧都有汉堡，你可以要一杯水果味的IPA，这种搭配可以增加啤酒的鲜味和烤麦芽的甜味。

苏格兰蛋搭配最佳苦啤： 苏格兰蛋是一种常见的酒吧小吃，配有酸辣酱或芥末。我总会点一杯上好的苦啤，卡蒂啤酒花和耐嚼的麦芽搭配鸡蛋和肉刚好合适。

卡斯特福德的交点酒馆

木桶啤酒之家

在使用玻璃瓶或钢桶之前，所有的啤酒都在木桶中熟化和存放。木制酒桶必须由手工制作和修理，所以被淘汰并不奇怪。这些木桶昂贵又沉重，并且很难清洁，而不锈钢材质的都更容易清理，但容易并不一定意味着更好。位于西约克郡卡斯特福德的交点酒馆，是世界上唯一一家只提供木桶艾尔的酒馆。

这家酒吧拥有180个木桶，有些之前用于存放葡萄酒或威士忌，有些有80~100年的历史。这些酒桶的材质和大小不一，由酒馆送至酒厂，装满酒后再被送回酒馆。这家酒吧并不用木桶来熟化啤酒，而是用木桶代替钢桶来盛装啤酒。

30年来，英国人一直习惯于从木桶中取用啤酒，而交点酒馆让我们看到木桶啤酒是如何焕发新貌的，木桶啤酒明显比钢桶啤酒更醇厚、柔和、令人回味。

交点酒馆不走寻常之路，酒馆主人的愿景是能够一直致力于他们真正相信的东西，也为我们创造了非凡的体验。

在交点酒馆喝上一品脱，你就能真正理解木桶艾尔。

详情

名称： 交点酒馆

方式： 详情请访问www.thejunctionpubcastleford.com

地址： 约克郡卡斯特福德镇卡尔顿街109号，邮编：WF10 1EE

在云水酒厂

品尝最好最新的双倍IPA

正如我在 2018 年初所写的那样，曼彻斯特的云水酒厂是英国最令人兴奋的啤酒厂。他们把啤酒厂办成了一个有趣的酒吧间，走进去，你就会被啤酒罐包围，能看到最新鲜的啤酒。

云水酒厂（Cloudwater Brew Co.）创办于 2015 年 2 月，一支充满气势的复仇者风格的酿酒超级团队把酒厂发展得越来越强大。这是一个目标坚定的酒厂，但最吸引我的地方是他们愿意学习、改进，并与饮酒者分享自己的发展历程，这使得他们的啤酒的美味被最大化了。

双倍 IPA 是酒厂成功的转折点。这款果汁味浓郁的双倍 IPA 不同于当时英国本地酿造的任何一种啤酒。随着它的问世，酒厂公布了这款酒更多的信息，并进一步对它进行改造，使配方更加科学，将风格拆散又重新组合，不断对酿造工艺和最终的味道进行改善。云水酒厂的目标总在不断变化，在别人意识到这一点之前，他们就已经击中靶心了。

酒厂不仅酿造酒花啤酒，包括工休 IPA、IPA 和双倍 IPA，还有一个不断延展的桶陈酿计划和一些巨大的木桶。此外，酒厂还在研究现代季节性啤酒酿造的一般方法，包括如何适应季节和灵感的变化。

云水酒厂值得全世界的关注。

详情

名称： 云水酒厂

方式： 从曼彻斯特的皮卡迪利车站出发，步行10分钟便可到达酒厂。酒吧间的开放时间可能会延长或改变，因此请提前查看网站 www.cloudwaterbrew.co

地址： 曼彻斯特皮卡迪利贸易区 7—8单元，邮编：M1 2NP

英国最受赞誉的精酿酒厂。

在大理石拱门旅馆享用大理石品脱

经典老酒馆里的现代优质啤酒

曼彻斯特是英国啤酒之旅必去的一站，大理石拱门旅馆也值得一去。因为它是英国最好的酒馆之一，供应英国最好的啤酒，其中大部分啤酒都是在几百米外的酒厂酿造的。

酒吧本身就是值得关注的，即使从外面看它像一个不起眼的街角酒吧。它建于1888年，曾是维多利亚时代的金酒酒吧。去酒吧点上一杯啤酒，最好是大理石酒厂的啤酒（我建议从"品脱啤酒"开始），接着花点时间好好看看周围。

请注意，地面铺着华丽的瓷砖。你会发现地面并不平整，朝着吧台不断向下倾斜。地面上有一个棕色半圆形的印记，这是之前的吧台留下的痕迹，如今已经移到了现在的位置。你要从哪扇门进来呢？酒馆有两扇门：一个正门，一个侧门。没人确切知道为什么会有两扇门，但有人认为上面的一扇是为有钱的客人准备的，酒吧中间被一个窗帘或者是玻璃墙隔开，中间门旁边的墙上有一个小洞，刚好佐证了这一想法。抬头看看天花板，如今的瓷砖是赭色的，但没有人知道在没有二手烟污染的几十年之前，瓷砖是什么颜色的。还有一件事要注意：从20世纪50年代开始，一直到70年代，酒馆内包括地板在内的所有东西都被遮住了。直到新主人接手并开始调查时，才发现其背后的宏伟。

欣赏完美妙的环境后，请专注于啤酒。大理石啤酒厂于1997年12月在这家酒吧的后面开业。当时酒馆的老板是简，后来她的丈夫万斯接管，并在后面留出了空间，据推测，他们打算建立一个啤酒厂或卡拉OK厅。幸运的是，简讨厌卡拉OK，于是创办了啤酒厂。直到2011年，他们才将酒厂从酒吧后面搬离了一小段距离（顺便说一句，酒厂旧的酿酒设备来自黑杰克酒厂，这个酒厂也在酒吧后面）。大理石酒厂酿出了很多好酒，包括"品脱"，一款酒精度为3.9%的啤酒花淡色工休艾尔，热情奔放，拥有美妙的果味和桃子味，还有突出的淬火般的苦味。对我而言，在大理石拱门旅馆享用品脱啤酒是一个不可多得的啤酒体验。曼彻斯特苦啤麦芽味更浓，芳香更淡，苦味更重，虽有些老派，却仍旧很现代化。拉格达是酒厂的一款IPA，使用大量的啤酒花酿造，仍然保持着英国麦芽的平

衡感。你也可以看看桶装啤酒的生产线，你会发现各种稀有啤酒，如皇家黑啤、木桶陈酿啤酒以及优质的拉格。

如果这些还不够的话，不如看看它的厨房。如果你饿了，这里有各种经典的酒吧食物，还有22种奶酪，可以自制干酪切板（你肯定会做的）。

大理石拱门旅馆是一个供应各种优质啤酒的好酒馆。室内装修精美，你可以愉快地坐着喝啤酒，享受周围的环境。

这里的大理石品脱啤酒比任何一个地方的都要好喝，绝对不容错过！

详情

名称： 大理石拱门旅馆

方式： 详情请访问www.marblebeers.com

地址： 曼彻斯特罗奇代尔路73号，邮编：M4 4HY

曼切斯特独立啤酒会议

英国最大的精酿啤酒盛典

你想在一个地方尝遍英国最好的啤酒吗？那就去参加曼切斯特独立啤酒会议吧（简称印地曼）。

曼切斯特独立啤酒会议于每年10月举行，即使撇开曼彻斯特维多利亚时代古老浴场这一优越的地理位置不谈，这也是一次壮观的啤酒盛会。它改写了英国啤酒节的规则：不再是简单陈列着几十个凹痕累累的酒桶，也不是在散发着臭屁和馅饼味道的房间里挤满老人和莫里斯舞者。这是一个注重品质的啤酒盛会，你不仅能够尝到各式各样的优质啤酒，还能结识这些啤酒的酿酒师，因为给你倒啤酒的正是他们。

这里有有趣的啤酒讲座，有美食，还有不同的空间供人探索；这里有来自欧洲和美国的啤酒，还有所有经典的英国啤酒，这是最友好、最有趣、最迷人的啤酒节之一。

详情

名称： 曼切斯特独立啤酒会议

方式： 啤酒节每年十月举行（详情请访问 www.indymanbeercon.co.uk）

地址： 曼彻斯特的Chorlton-on-Medlock地区哈瑟萨格路维多利浴场，邮编：M13 0FE

当地小贴士：曼彻斯特的"皮卡迪利啤酒英里"

伦敦有一个伯蒙德西啤酒英里（见第78页），而曼彻斯特则有一个皮卡迪利啤酒英里，这是皮卡迪利车站东面啤酒商的聚集地。这里有云水啤酒厂、轨道啤酒厂（Track）、科尔顿啤酒厂（Chorlton）、新时代啤酒厂（Beer Nouveau）以及卡本史密斯啤酒厂（Carbon Smith）可能还有其他一些啤酒厂开张的速度快到我来不及写！在周末，通常会有几家啤酒店开张，这意味着你可以在不同的酒厂之间来回穿梭，品尝到一系列非常有趣的啤酒：科尔顿啤酒花酸啤非常不错；轨道的酒花淡色艾尔，特别是索诺玛值得一尝；而新时代啤酒也很有意思，因为他们对20世纪古老的啤酒配方进行了改良。如果你星期六在曼彻斯特，可以去看看哪家酒厂开了门。

在布里斯托尔串啤酒吧

西南部的顶级啤酒城

如果你在国王街,那么只需走大约50步就能到达三家很棒的酒馆,然后你就会感叹布里斯托尔真是一个辉煌的啤酒城。但这里只是布里斯托尔啤酒之旅的开始。

布里斯托尔之所以能成为啤酒城,是因为这里有许多优秀的当地啤酒厂,如摩尔啤酒公司(Moor Beer Co.)、迷失与着陆(Lost and Grounded)、鹿头啤酒公司(The Wild Beer Co.)、左撇子巨兽(Left Handed Giant)、布里斯托尔啤酒工厂(Bristol Beer Factory)、鞭策与真相(Wiper and True)等。另外,如果你想尝试一些特别(以及真正的布里斯托尔味道)的啤酒,这里也有很多不错的本地苹果酒。

你可以在一些酒厂里面品酒。摩尔啤酒公司(布里斯托尔戴斯路,邮编:BS2 0QS)距离布里斯托尔的坦普尔米德斯车站仅几步之遥,酿造了一些非常棒的啤酒花淡啤酒,你可以在简易的酒吧间里品尝到。左撇子巨兽(布里斯托尔韦德赫斯特工业园8单元和9单元,邮编:BS2 0JE)就在摩尔的附近,营业时间很短,但是有许多啤酒可供取用,你可以试试"双人舞"或是其他的淡色艾尔,这些基本上都不错。在去迷失与着陆(布里斯托尔惠特比路91号,邮编:BS4 4AR)之前,你需要先咨询一下是否营业了,因为这是英国最好的新啤酒厂之一,其凯勒皮尔森和一种名为"与权杖狂奔"的特殊拉格都值得品尝。

回到城里,可以直接去国王街。街上的"小酒吧"(Small Bar,布里斯托尔国王街31号,邮编:BS1 4DZ),又称左撇子巨兽,里面大约有30个大木桶和小酒桶,其中还包括许多有趣的珍品。这里提供超过一品脱的啤酒,只鼓励你每次品尝1/3、1/2或是2/3品脱。如果你只想吃三明治、汉堡或热狗,这里的食物也不错。小酒吧对面是韦利酒吧(Volley),或是著名的皇家海军志愿者酒吧(Royal Navy Volunteer,布里斯托尔国王街17—18号,邮编:BS1 4EF),啤酒清单很丰富,包括许多当地的啤酒,以及一些不错的木桶啤酒,当然好吃的更多。然后,沿着这条路就能走到啤酒商场(The Beer Emporium,布里斯托尔国王街15号,邮编:BS1 4EF),这是一个地下的古堡酒吧,里面不仅有英国啤酒,还有其他国家的啤酒。再步行10分钟,就可以到鹿头啤酒公司(布里斯托尔古尔渡口台阶瓦平码头,邮编:BS1 5WE),这里也有一家酒吧,里面的啤酒和美食都很不错。

你还可以去大麦草(The Barley Mow,布里斯托尔巴顿路39号,邮编:BS2 0LF,与摩尔以及左撇子巨兽在同一区域)品尝布里斯托尔啤酒厂的啤酒,当然那里的牛奶黑啤也不容错过。最后,可别忘了苹果酒,你身处一个苹果的国度,一定要试试当地绝佳的苹果酒。你可以前往苹果酒吧(The Apple,布里斯托尔威尔士后面,邮编:BS1 4SB),品尝苹果酒市中心的"一艘驳船"。

布里斯托尔的酒吧最令人称赞的一点是对本地产品的重视,这意味着,无论你去哪里,都能喝到许多当地酿造的啤酒。

鹿头啤酒公司的啤酒龙头,同时混合了难闻的酸啤和新鲜的酒花啤酒。

英国伦敦啤酒节

在英国最大的啤酒盛会上品尝900瓶啤酒

真麦酒运动组织（CAMRA）开办的英国伦敦啤酒节于每年8月在伦敦举行，这是一场木桶艾尔的盛会，5天内可提供约900瓶啤酒，是全世界必去的啤酒节之一。

就和世界上几乎所有盛大的啤酒节一样，英国伦敦啤酒节的热度立刻席卷全球。当然，你是来喝啤酒的，但是从哪里开始呢？哪里有最好的啤酒？这个啤酒节是怎么一回事呢？！我参加过这个节日太多次了，但还是不能给你提供许多有用的建议，只能建议你先转两圈，弄清楚洗手间和食物在哪里，点几瓶你想喝的啤酒（这个啤酒节的规模太大了，一圈下来你可能要喝两杯啤酒），然后要做的就是享受这个盛典吧。

英国伦敦啤酒节的焦点是木桶艾尔，整个场地内大约有数十家大酒吧，会提供各种啤酒，还有一些是自带酒吧的地区性酒厂（尤其要注意富勒和圣奥斯泰尔）。酒吧通常是按照地理位置分的（说实话，还是让还多人摸不着头脑），这里的啤酒品种很多，风格也多样，从经典的最佳苦啤到IPA，再到烈性的黑啤酒，几乎应有尽有。可以说，世界上不会再有比这里的英国啤酒种类更全的地方了。

这些啤酒都是由真麦酒运动组织的成员从各地精心挑选的，他们通常倾向于选择传统的和风格已经成熟的啤酒，但是你会在那里发现许多英国顶级木桶艾尔的酿造商。节日期间，会宣布英国啤酒的冠军，你很快就能看到展台上站了一支庞大的队伍。你可以喝1品脱、半品脱，或1/3品脱，每次少喝一点，这样你就能尝试到各种不同的啤酒。在这里，你可以尝到许多没有喝过的啤酒，也可以重新品尝一些你最爱的啤酒。

除了英国木桶艾尔，这里还有大量的苹果酒和梨子酒，以及几家专门供应国际啤酒的酒吧，这些啤酒主要来自美国和欧洲，你还能在那里发现一些珍稀的美食（虽然美国的木桶啤酒并不多见）。美食方面，有果馅饼和肉馅饼，成堆的脆猪皮片，还有来自世界各地的美食（但我总是坚持吃馅饼，因为它们很好吃，巴尔蒂咖喱鸡最美味！）。如果你星期四去，会看到人们戴着各种滑稽的头饰，因为那天是帽子日。

若你想尝到最新鲜、最好喝的啤酒，最好早些去。但是，和其他类似的活动一样，参加啤酒节的乐趣在于探索，偶尔也要喝喝坏啤酒，听听人们掉落杯子时的欢呼声，再跟其他啤酒爱好者聊聊天。英国伦敦啤酒节的规模很大，也很有趣，有很多非常棒的英国啤酒。

详情

名称：英国伦敦啤酒节

方式：通常8月举行，为期5天（详情请访问www.gbbf.org.uk）

地址：伦敦市哈默史密斯路奥林匹亚，邮编：W14 8UX

当地小贴士：双倍的快乐

如果你正在参加英国伦敦啤酒节，那有必要了解到"伦敦啤酒城"的活动也正在举行，有为期一周的啤酒活动可以参加。去之前，你可以登录www.londonbeercity.com，了解酒厂旅行、啤酒龙头、啤酒讲座、啤酒和晚餐等信息。

去威尔士喝啤酒必做的五件事

你会有一个威尔士的时间

1. 在加的夫一边看橄榄球比赛，一边喝布莱恩啤酒。布莱恩在城市的主要体育馆开了一个木桶艾尔酒吧，你可以在那里享用加的夫当地啤酒。可以尝尝布莱恩的经典威尔士艾尔SA，这是一款光滑的麦芽味淡色艾尔，带有啤酒花的淡淡辛辣味。其他产品还有SA金艾尔，这款酒使用雅基玛酒花，充分激出啤酒花的活力。深色淡味啤酒也不错，口感顺滑，带有坚果和巧克力的味道。到了比赛的那天，这座城市就变成一个大集会，人们不是在看比赛，就是在酒吧喝酒。

2. 小叛逆酿酒公司的总部在纽波特，距加的夫大约24公里（15英里）。这是一家现代化的英国酿酒公司，生产各种优质啤酒，包括曾在2015年获得英国啤酒冠军的威尔士琥珀艾尔涂鸦、优质的美国啤酒花淡色艾尔手榴弹、棉花糖味的波特小胖熊，以及大量的季节性酿造和限量发行的啤酒。酒厂里设有酒吧间，在加的夫还有一间酒吧，里面有20多种可供取用的啤酒，还有一些木桶啤酒。去威尔士最好的现代酒厂试试吧（详情请访问www.tinyrebel.co.uk）。

3. 去威尔士高地铁路节怎么样？每年5月，这场"铁路艾尔节"都会在迪纳斯火车站（威尔士西北部斯诺多尼亚国家公园边缘的卡纳尔丰附近）的货棚周围举行，里面大约有100瓶啤酒和苹果酒可以选择。在外面的铁轨上，有专门的蒸汽火车开往附近的其他城镇，那里的酒吧也参与到这个节日中。这意味着，你可以拿上一杯啤酒，然后跳上火车去下一家酒吧。蒸汽火车、斯诺登尼亚风光、现场音乐和当地优质啤酒的结合，让人觉得很有趣（详情请访问www.rail-ale.com）。

4. 海依村是一个位于英格兰和威尔士边界的小镇，以拥有许多二手书店和古董书店而闻名。这里是周末休息的好去处，你可以逛逛镇上的书店和酒吧，如基尔维茨酒店（Kilverts Inn，里面有很多种威尔士艾尔）、老黑狮（The Old Black Lion）、蓝野猪（Blue Boar）和三通（Three Tuns）。每年五月还有一个海依节，庆祝各种形式的写作和故事演讲（详情请访问www.hay-on-wye.co.uk）。

5. 来威尔士不完全为了啤酒，或早或晚，都要在早晨吃上一顿丰盛的威尔士早餐。早餐包括经典的熏肉和鸡蛋，还增加了蛤蜊和莱佛面包（一种由海藻制成的民族美食）。或者也可以尝尝这里的啤酒小吃，如威尔士干酪，这可能是世界上最美味的烤面包奶酪，它将奶酪和啤酒融化在一起，厚厚地铺在吐司上，然后烘烤（烧烤）直到奶酪起泡。当然，如果再配上1品脱传统的威尔士艾尔，就更完美了。

如果你喜欢二手书店和啤酒，海依村很适合你，基尔维茨是镇中心必去的酒吧。

在加的夫串酒吧

像其他的首府一样，加的夫汇集了传统酒吧和令人兴奋的现代酒吧。以鲁默酒馆（Rummer Tavern，加的夫杜克街14号，邮编：CF10 1AY）为起点是个不错的选择，这是一个有300年历史的市中心酒吧，可能是加的夫最古老的饮酒场所，在城堡的对面。酒馆内供应汉克考的HB啤酒，这款啤酒由汉考克啤酒厂酿造，汉考克原先是威尔士最大的啤酒厂，后来被布莱恩酒厂收购。鲁默酒馆内还提供多达6种的其他酒厂酿制的威尔士艾尔。山羊少校（Goat Major，加的夫商业街，邮编：CF10 1PU）是城堡附近另一家由布莱恩酒厂经营的老酒馆，可以尝尝他们家的啤酒，如果你饿了，这里还有各种各样的馅饼。位于体育场旁的城市武器（City Arms，加的夫码头街10—12号，邮编：CF10 1EA）也是由布莱恩酒厂经营的酒吧，但这家酒吧只专注于各种啤酒，包括传统艾尔和木桶艾尔。一条街之外就是小叛徒啤酒公司（Tiny Rebel，加的夫西门大街25号，邮编：CF10 1DD），供应大量的、优质的自酿啤酒，以及其他酒厂的精酿啤酒。加的夫的美食有汉堡、比萨和炸薯条。这里的酒吧街最好的地方是，无论你从哪一家开始，一次步行的最远距离都在300米左右。要记得，威尔士人干杯时会欢呼：莱希德达！（发音类似"Yekky Dar"）

比赛时城市武器的氛围热烈到不可思议。

第二章 英国和爱尔兰

迪肯·布罗迪酒馆位于爱丁堡的皇家英里大道，你可以在享用美酒的同时，欣赏山上城堡的景色，探索老城悠久的街道。

在爱丁堡串酒吧

在世界一流的啤酒城喝啤酒

爱丁堡真的很棒。这里有蜿蜒曲折的街道、哥特式的大教堂、联合国教科文组织的老城以及雄伟的城堡，你可以在市中心散步。另外，这里还有啤酒以及一连串令人印象深刻的酒吧。因此，爱丁堡是一个值得一去的城市。

鲍吧（Bow Bar，爱丁堡威斯特鲍80号，邮编：EH1 2HH）是必去的一站。这家酒吧位于爱丁堡最完美的街道上，楼上有一个露台，内部装饰华丽，但有些狭窄，墙上挂着一些古老的纪念品。这里供应各种威士忌以及精选啤酒，如法恩艾尔和陨落啤酒。你可以留意一下"木桶喷泉"，这是一种传统的老式铜制"高喷泉"（fount 发音同 font）。它们更像是小桶，而非橡木桶，只要一开龙头，啤酒就会流出来。过去，一般通过手臂的力量让啤酒流出来，而这里则是由水引擎产生的气压推出的（如今水引擎已经被电动压缩机取代）。当你在城市里喝酒的时候，偶尔会看见这样的喷泉，所以请留意一下。

健壮的臂膀（Athletic Arms）的另一个名字掘墓人（Diggers，爱丁堡转角公园露台1—3号，邮编：EH11 2JX）更为人所知，因为酒吧位于两块墓地之间，并且掘墓人一般都会过来喝酒。酒吧靠近红心队的（Hearts'）足球馆，所以如果你想安静地喝上一杯啤酒，再看看迷人的老房子，就不要在比赛日去。酒吧曾因供应"麦克尤恩的80先令"而出名（80先令，也被称为苏格兰烈性艾尔），但如今麦克尤恩的80先令已经被酒吧自己酿造的80先令所取代，这款上面贴着"自酿烈性艾尔"的啤酒由斯图尔特酒厂酿造。这是一种传统的苏格兰艾尔酒，呈栗色和麦芽味，但不甜，有茶叶和烤麦芽的香味，口感细腻，让人欲罢不能。在爱丁堡，你得喝一杯80先令。

在修道院酒吧（Cloisters Bar，爱丁堡布鲁姆街26号，邮编：EH3 9JH）能品尝一系列高品质的木桶啤酒和一些有趣的小桶啤酒，其中木桶啤酒一般来自奥克尼郡的斯旺尼或附近的阿莱克米啤酒厂（Alechemy Brewing）。这家酒吧位于一座古老的牧师住宅内，是品尝保存得最好的纯正艾尔的必去之地。修道院酒吧的同一条街上，还有一家"悬挂的蝙蝠"，这是爱丁堡最顶级的精酿啤酒店之一，店内有大量的小桶啤酒，用2/3品脱的玻璃杯盛放，店内的厨房还会做一些烧烤美食。另一个顶级的精酿啤酒店是霍利罗德9A（The Holyrood 9A，爱丁堡霍利罗德路9A号，邮编：EH8 8AE），供应的啤酒来自苏格兰的热门酿酒商，如暴风雨酿酒公司（Tempest Brewing Co.）和克罗默蒂酿酒公司（Cromarty Brewing Co.）。店里的汉堡也不错。

牛津酒吧（The Oxford Bar，爱丁堡青年街8号，邮编：EH2 4JB）是为文学爱好者（或酒吧爱好者）开设的酒吧，是伊恩·兰金所写（Ian Rankin）探长雷布思系列丛书中的酒吧的原型。你可以先光顾摆着几桶木桶艾尔的小服务区，然后去后吧台找一个简单舒适的房间，安静喝上一天。这就是作家们喜欢这里的原因。喝一杯德鲁查尔斯IPA（不必争论这是否合适）。这是一款当地酿造的啤酒，光滑，带有麦芽的甜味和少许的谷粒，其香气和味道与从附近的啤酒厂吹到爱丁堡大街上的麦芽甜味相似。

好酒吧还有不少，比如长期订单（The Standing Order，爱丁堡乔治街62—66号，邮编：EH2 2LR），是一间令人印象深刻的威瑟斯本酒吧（见第73页），由旧银行改造而来，似洞穴一般，店里有各式各样的苏格兰啤酒。再如迪肯·布罗迪的酒馆（Deacon Brodie's Tavern，爱丁堡草地市场435，邮编：EH1 2NT）是根据《化身博士》中布罗迪在草地市场被绞死的情节而命名的，坐落在老城区的繁华之地。还有蓝色火焰（Blue Blazer，爱丁堡斯皮塔尔街2号，邮编：EH3 9DX），是一家迷人的老酒馆，里面供应一系列保存良好的苏格兰艾尔。总而言之，爱丁堡是个好地方，更是喝酒的好地方。

当地小贴士：点一个"一半半品脱"（A HAUF AN' A HAUF）

这是半品脱的啤酒和一小杯苏格兰威士忌，用一杯烈酒搭配你的啤酒，或是用一杯啤酒扑灭威士忌的火焰。多年前人们认为，啤酒和威士忌的结合既能解渴，又能让人更快地喝醉。如今，这一组合已经成为酒吧的必点之选，你可以点一杯麦芽味的苏格兰80先令配上口感顺滑的混合威士忌，当然也可以在此基础上稍作改进。扫一眼啤酒龙头，再看看吧台后那一排的威士忌，想想怎样搭配出最佳的"一半半品脱"。

特拉奎尔宅

仍然用18世纪的设备酿造啤酒

900年前，特拉奎尔宅曾是国王和王后的狩猎小屋，是苏格兰最古老的有人居住的房子。这座房子自1491年以来一直属于斯图尔特家族，凯瑟琳·麦克斯韦·斯图尔特是特拉奎尔的第21位女主人，她和家人住在这里，并热情地讲述着这所房子的故事，尤其是酿酒方面的事情。

几个世纪前，许多私人大宅里都设有私人啤酒厂。特拉奎尔的厨房一直被用来酿酒，直到1694年，才新增加了一所真正的啤酒厂。如今，这所房子里仍然保存着1736年制作的容量为200加仑（7.7桶）的铜罐，以及用俄罗斯梅梅尔橡木制成的发酵容器。就英国国内而言，那时特拉奎尔啤酒厂的规模已经相当大了，但是流传下来的文字表明，那时酒厂只酿造浓烈的黑啤以及佐餐啤酒，且仅供宅子内以及庄园的工作人员饮用，总共有三四十人，其中一些工作人员的工资还是用啤酒抵付的。

19世纪初，特拉奎尔宅不再酿酒。新的啤酒税加上商业啤酒厂规模的不断扩大，意味着这家私人啤酒厂已没有存在的理由，房子边上的老酿酒房也变成了一间垃圾房。但不仅仅是垃圾房，旧啤酒厂里堆积如山的东西已经封闭了150年，即使在酿酒时代到来之后，住在里面的贵族也根本不知道房子里甚至有一家啤酒厂。直到1964年，莱尔德家族的第20代子孙彼得·麦克斯韦尔·斯图尔特（凯瑟琳的父亲）在准备将特拉奎尔宅对公众开放时，才发现了酒厂。他从垃圾堆里挖出了一堆不得了的东西，有旧铜罐、橡木发酵罐、原始的糖化锅、一个冷却盘，以及所有的酿造设备，这无疑是世界上保存得最完好的啤酒厂。

彼得本可以把它们清理干净，然后放在展示架上，但在商业伙伴的建议下，他决定不这么做，而是准备重新用它们来酿造啤酒。他与贝尔黑文啤酒厂的桑迪·亨特合作，重启这套设备，并开发出一种传统的、浓烈的苏格兰艾尔的配方，也就是当年酒厂酿造的那种。1965年，第一批用18世纪初的设备酿造的瓶装啤酒发售。

他们一直使用旧的糖化锅及铜罐酿造啤酒，直到20世纪90年代，才在隔壁又开设了一个新的啤酒厂，并新增了两个传统的加拿大橡木桶（俄罗斯和加拿大橡木酿造的啤酒在味道上没有明显的区别）。如今，它仍然是一家老派的啤酒厂。酿酒师弗兰克·史密斯告诉我，酒厂只有一个按钮可以打开或关闭水泵，而温度控制则需要打开窗户或打开加热器。令人惊奇的是，他们偶尔还继续使用18世纪的铜罐进行特殊酿造。

酒厂使用来自庄园的天然软泉水、英国麦芽和东肯特戈尔丁啤酒花酿造啤酒。啤酒在橡木桶中发酵（房间里的气味令人难以置信，有葡萄干、皮革、炖李子和陈木的味道），然后移入更大的调节罐中，停留6～8周。啤酒在工厂外装瓶和进行巴氏杀菌，然后再返回啤酒厂（从1965年第一次酿造开始就一直这样做）。

特拉奎尔宅艾尔是酒厂酿造的经典啤酒，与300年前酒厂酿造的啤酒非常相似，被认为是定义苏格兰艾尔风格的指南。这款酒是红棕色的，酒精度为7.2%，有浓郁的葡萄干味、烤麦芽面包和香草味，但是苦味并不淡。庄园的风味，即土壤和木头的味道，盖住了麦芽的甜味。

特拉奎尔二世艾尔（Jacobite Ale）的灵感来自一个古老的配方，使用了芫荽籽酿造。这款酒的酒精度为8.0%，呈深褐色，有焦糖、可乐和浓郁的深色麦芽味，其中还混合着辛辣的气味，一些甘草、芫荽和干橡木的味道几乎似药味，有点像苦啤或不甜的基础啤酒，也有些类似于威士忌。

熊艾尔是一款酒精度为5.0%的琥珀褐色苦啤，带有浓烈的烤麦芽和东肯特戈尔丁啤酒花的花香和泥土味。这款酒的名字取自宅子里的熊门，它建于1739年，在长车道的尽头。1745年，邦尼王子查理造反后，第五位伯爵关闭了熊门，并承诺在斯图亚特家族重返王位之前大门将一直关闭。从那以后，"临时马车道"就一直在使用。

与许多以历史为噱头进行虚假营销的酒厂不同，特拉奎尔宅艾尔让人在玻璃杯中尝到了历史的味道。

2015 年，特拉奎尔宅举行了酒厂成立 50 周年庆祝仪式，这一点在近十年中只有少数几家啤酒厂能做到。这家酒厂非常值得参观，尤其是那些旧的橡木发酵罐。它们是啤酒世界最珍贵的奇观之一，能够酿造出真正经典的苏格兰艾尔，一种具有历史味道的啤酒。

详情

名称： 特拉奎尔宅

方式： 特拉奎尔宅4月1日至10月底对游客开放。你可以参观房子、花园和迷宫，还可以参观啤酒厂。在啤酒厂上方的老麦芽店里有一家礼品店，你可以选择在店里品尝啤酒，也可以买一瓶带走。商店里还有很多关于啤酒厂的旧资料。如果您想过夜，也可以预定房间（详情请访问www.traquair.co.uk）

地址： 皮耶斯郡内莱顿特拉奎尔宅，邮编：EH44 6PW

第二章　英国和爱尔兰

参观酿酒狗HQ和狗龙头

从初出茅庐的新人到啤酒界的超级巨星

酿酒狗是英国精酿啤酒厂中最成功的一个。詹姆斯·瓦特（James Watt）与他的朋友马丁·迪基（Martin Dickie）在2007年创办了酿酒狗酒厂，并在短短10多年内取得了令人瞩目的成就，如雇佣了700名员工；在阿伯丁郡和俄亥俄州哥伦布都设有啤酒厂；还有一个蒸馏酒厂，拥有大量的陈酿木桶酿造酸啤酒；制作了一部电视连续剧；通过"朋克族认股"的众筹计划吸引了数万名投资者，总共筹集了数百万英镑；在世界各地拥有超过40家酒吧；两人甚至被女王授予大英帝国勋章。太不可思议了。

你可以参观他们的啤酒厂以及在埃隆的狗龙头酒吧间，距离阿伯丁大约27公里（17英里，有直达的公共巴士）。酒厂对外开放，这样你就可以看到酿酒的全过程，从啤酒厂到蒸馏酒厂，再到仓库、包装和办公室，最后去酒吧。回顾2007年在一个偏僻渔村里的冰仓，然后再去看看这座辉煌灿烂的新啤酒厂，这真是太棒了。就建筑而言，没有其他英国精酿酒厂比得上酿酒狗。无论你喜不喜欢酿酒狗，因为很多人都不喜欢酿酒狗，但只要你看到这家酒厂，都会留下深刻的印象。

你可以尝尝酒厂的王牌啤酒——朋克IPA。这款酒的灵感来源于美国精酿啤酒，是英国最早生产的同类产品之一。在喝完朋克之后，再看看还有什么特别的啤酒，因为酒厂总会换上一轮新品。如果你待在阿伯丁，那里有一家非常好的酿酒狗酒吧，你可以品尝更多的他们家的啤酒。我最喜欢的是埃尔维斯果汁，是一款加了葡萄柚的IPA，以及黑心喷射机，是一款甘美的牛奶黑啤。正如酒厂巨大的霓虹灯牌写的那样，瓦特和迪基喜欢啤酒花，过着梦想的生活。

详情

名称： 酿酒狗酒厂和狗龙头酒吧之旅

方式： 对外开放时间为周一至周三18:00，周四至周五16:00和18:00，周六至周日12:00、14:00和16:00。请提前48小时登录www.brewdog.com预订

地址： 阿伯丁郡埃隆巴尔马卡西工业区，邮编：AB41 8BX

酿酒狗酒厂的两位创始人就是这句标语的化身。

品尝海威斯顿的威士忌木桶陈酿啤酒

苏格兰啤酒和威士忌的完美结合

海威斯顿奥拉，发音为"Ola-Doo"（盖尔语的意思是"黑油"），是第一个与苏格兰威士相结合的苏格兰啤酒，创造了一系列威士忌木桶陈酿啤酒。

海威斯顿奥拉于2008年首次发售，这款酒采用海威斯顿生产的美味的深色柔软的老机油的配方，将酒精度从6.0%提高到10.5%，然后将其放置在一家位于奥克尼群岛的高端蒸馏酒厂——高原骑士的旧威士忌木桶中陈酿几个月。

海威斯顿奥拉系列共有五个版本，根据高原骑士酒厂中木桶存放威士忌时间的长短，可以分为海威斯顿奥拉12、16、18、30和40。偶尔也会发售一些限量版的特殊批次来检测不同木桶陈酿出的产品。

毫无疑问，海威斯顿奥拉30和40是非常罕见的版本，它们也是你能找到的最复杂且有趣的桶陈酿啤酒。这两个版本的啤酒并没有黏稠的甜味，而是浓郁的、深色的、木质的、辛辣中带有烟味的、丝滑的、发人深省的、迷人的炉边啤酒。海威斯顿奥拉12、16和18更为常见，它们同样出色和有趣，将浓郁的巧克力味啤酒和上好的威士忌混合在一起，有种温暖的、波本威士忌般的深度，加入咖啡、泥炭烟、橡木香草和深色干果，每个时期都显示出不同的复杂性。这是完美的苏格兰组合，共同创造了一种非同寻常的饮料——最好能将啤酒和相应的威士忌放在一边，看看这两种酒的哪些特性在互相传递。

海威斯顿和高原骑士开创了苏格兰威士忌木桶陈酿的先河，并且在这方面一直处于领先的地位。

追逐啤酒和威士忌

终极苏格兰饮酒之旅

喜欢喝啤酒的人通常也喜欢喝威士忌，苏格兰为我们提供了很多将这两种酒相结合的机会，尤其是在奥克尼和艾雷这两个著名的岛屿上。

这是岛上难得的晴天，幸运的是岛上有许多酿酒厂可以躲雨。

奥克尼拥有高原骑士和斯卡帕两家蒸馏酒厂，还有斯旺尼和奥克尼这两家优秀的啤酒厂。斯旺尼酿造一些高品质的、现代口味的淡色啤酒和酒花啤酒，新鲜而又充满活力，圆润光滑，带有麦芽味，就和丰富果味的淡色艾尔一样。奥克尼的啤酒更加传统，其著名的黑岛啤酒是一款丰富又热情的麦芽味艾尔，黑岛保护区则是一款强劲的苏格兰威士忌桶陈酿啤酒。

在艾雷岛上，各种威士忌酿酒厂是其主要特色，但是这里能让你暂时摆脱浓烈的泥煤威士忌，而用传统的英国艾尔让你耳目一新，其中许多艾尔都带有淡淡的柑橘味。这些酒厂也生产齐侯门淡色和深色艾尔，他们使用来自齐侯门酿酒厂的麦芽，酿造出的艾尔带有深层的烟熏、泥煤和盐的味道。

在爱尔兰喝健力士

在生产地喝味道更好

健力士毫无疑问会在我的啤酒清单上，而且排在前十。或者说，都柏林是喝酒的必去之地，如果你在都柏林，那么至少要喝一品脱的健力士。

位于圣詹姆斯门的健力士仓库，在啤酒厂的中心，也是爱尔兰游客最多的地方（目的地）。这里有一个自助游，你可以"看到"世界上最大品脱啤酒的七个故事，这座建筑的形状像一个啤酒杯。这次旅行本身就很不错，你可以看到一些啤酒迪士尼、一些老广告、一个礼品店；你会了解到一些历史，一些诸如酿造过程之类的东西。但是，最值得一游的目的地是玻璃建筑顶部的地心引力酒吧（Gravity Bar）。在这里，你可以360°地欣赏都柏林的景色，还可以喝上一品脱新鲜的健力士啤酒。

在地心引力酒吧，不仅可以看到无与伦比的景色，而且可以品尝不错的啤酒，但与在著名的爱尔兰酒吧里感受到的乐趣相比，这种体验毫无灵魂，所以下楼，回到镇上，找几家酒吧，在那里你才能获得真正的健力士体验。

需要知道的是，健力士在爱尔兰的味道确实比其他任何地方都要好。我之前一直认为这是胡说八道，直到我去都柏林喝到了新鲜的健力士。这就是关键词：新鲜。健力士是一种非常精致的啤酒。在爱尔兰饮用，它会散发出意想不到的水果酯香，还有一种顺滑、温和、烘烤的苦味。如果不是新鲜的健力士，可能就相当寡淡，所以重要的是找到一个酒吧，能够提供大量的啤酒和优质的服务。

穆利根斯（Mulligan's，都柏林2区普尔贝格街8号，网址：www.mulligans.ie）是见证都柏林历史的时间胶囊，这是一个用旧木头建造的黑暗的酒吧，简单地坐在那里喝一两杯啤酒，看着世界慢慢变迁，那是一种无形的美妙。长厅（The Long Hall，都柏林2区乔治大街南51号）是一间美丽的维多利亚时代的老酒馆，能够体验在古董店里喝酒的感觉。厚颜无耻的脑袋（Brazen Head，都柏林8区下桥街20号，网址：www.brazenhead.com）是爱尔兰最古老的酒馆（始建于1198年），仅凭这点就值得一去。你可以留下来喝杯啤酒，晚上还可以听现场音乐，享受典型的都柏林酒吧体验。

最好的老酒馆、酒吧和啤酒厂

- 英格兰西米德兰兹灯塔酒店（见第83页）
- 苏格兰皮布尔斯郡特拉奎尔宅（见第102页）
- 爱尔兰都柏林穆利根酒斯
- 捷克共和国布拉格U点（U Fleků）酒厂（见第129页）
- 德国慕尼黑农舍酒馆（见第113页）
- 挪威特罗姆索大厅酒吧（见第156页）
- 纽约曼哈顿麦克索利老啤酒屋（见第18页）
- 伦敦自治市皇家橡树（见第71页）
- 比利时布鲁日弗拉辛赫咖啡馆（见第148页）
- 荷兰阿姆斯特的猴子酒吧（In't Aepjen，见第154页）

详情

名称： 健力士仓库

方式： 登录网站www.guinness-storehouse.com

地址： 都柏林8号尤舍斯岛健力士仓库

4个健力士啤酒龙头。

科克城啤酒街

爱尔兰精酿啤酒的大熔炉

　　科克郡有三家酿酒吧——圣方济各水井（Franciscan Well）、明日之子（Rising Sons）和棉花球（The Cotton Ball），离市中心有些远，但交通便利。还有一家名为肘巷（Elbow Lane）的酿酒餐厅，以及托钵修院（Friary）和比尔豪斯（The Bierhaus）两家特色啤酒酒吧。另外，科克还举办了复活节啤酒节，这是爱尔兰历史上最悠久的精酿啤酒节，圣方济各水井酒吧在弗朗西斯坎威尔举行，此后9月在科克市政厅举行的爱尔兰啤酒节也加入了这一盛会。科克城是一个拥挤的大都市，这里的文化和美食都值得体验，爱尔兰精酿啤酒也不容错过。请注意，我把所有单词押了头韵，但是却没说"好时光"（craic）这个词（作者在形容科克城时，用了许多c开头的单词押头韵，如compact, cosmopolitan, cultural, culinary 和 cool 等）。等下次再去科克城的时候，我应该去布拉尼城堡亲吻那块著名的石头，因为这可能有助于提高我目前欠缺的演讲技巧。

　　注：特别感谢啤酒迷（The Beer Nut）对这篇文章中的帮助（我基本上只是复制粘贴了他给我的邮件，然后进行了一些补充）。阅读他的博客（www.thebeernut.blogspot.co.uk），你可以了解一切关于爱尔兰啤酒的知识。

参观嘎威海湾啤酒厂

喝爱尔兰最好的精酿啤酒

　　前往爱尔兰西部的嘎威海湾，你可以在北大西洋划船，可以在这个可爱的小镇上散步，然后去喝一些当地的优质啤酒。嘎威海湾啤酒厂坐落在临海的奥斯陆酒吧旁，从市中心步行去那里很方便。啤酒棒极了，包括充满活力的阿尔西亚（Althea）酒花工休艾尔、埋葬深海（Buried At Sea）、顺滑的牛奶黑啤，还有最受啤酒迷欢迎的泡沫狂舞（Foam and Fury）双倍IPA。离城镇较近的盐屋（The Salt House），也是个喝啤酒的好地方，里面有多达21个啤酒龙头。如果你去不了嘎威海湾，那么在都柏林市中心，也有一系列的啤酒厂酒吧供你选择，比如酿酒码头（The Brew Dock）和害群之马（The Black Sheep）。若想了解更多信息，请登录 www.galwaybaybrewery.com。

除了主打产品系列，嘎威海湾啤酒厂还有大量的特色啤酒和季节性啤酒供人选择。

都柏林的波特酒馆

喝都柏林最好的黑啤酒

利亚姆·拉哈特（Liam LaHart）和奥利弗·休斯（Oliver Hughes）在1989年做了一个大胆的决定：他们将在都柏林南部的布雷开一家特色啤酒吧，不供应健力士啤酒，而是进口比利时和德国的啤酒。这在当时几乎是不可能的，他们后来发现，当地的酒吧老板已经在赌他们能支撑多久，乐观一点的觉得能撑个一两天。

尽管困难重重，但还是顺利坚持下去了。1996年，他们在都柏林的圣殿酒吧内开了一间酿酒吧，这是爱尔兰的第一家酿酒吧。无论从字面上还是喻义上来说，它都位于圣詹姆斯门的阴影之下（见第106页）。但是，他们并没有放弃黑啤，而是大展身手，对波特和黑啤进行了创新，酿造出三种不同的啤酒——干啤酒、牡蛎啤酒（使用真正的牡蛎）和瓦斯勒四倍黑啤，这三种啤酒的灵感都源于已被遗弃的都柏林啤酒。

这家酿酒吧取得成功后，他们又新开了几间酒吧：一家位于伦敦的考文特花园，另一家位于都柏林，还有一家位于科克市。后来，他们又接手了曼哈顿历史悠久的弗朗西斯酒馆。

这几间酒吧值得花时间和精力去寻找。我过去每次去伦敦都会去考文特花园酒吧，一般都是先从波特酒馆的黑啤喝起，然后喝些其他的冰镇啤酒。尽管现在他们已经不在最初的那间圣殿酒吧内的酿酒吧酿酒，那里仍旧是微酿黑啤的圣地，所以沿着这条小路去拿一杯干波特酒，接着去这座欧洲数一数二的饮酒城中心的喧闹的酒吧内尽情享用吧。

波特酒馆内除了有好酒，还有好听的现场音乐。

详情

名称： 波特酒馆
方式： 详情请访问www.theporterhouse.ie
地址： 都柏林2区议会街6—18号波特酒馆

第三章
欧洲其他国家和地区

德国慕尼黑啤酒节

世界上最大的啤酒盛会

巨大的帐篷里传来一阵低沉的吼叫声,越来越近,也越来越响亮,似海浪一般不断向前推进。人们看向噪声的中心:一个穿着松木绿皮短裤的男人站在长凳上,一只手臂高高举起,英勇地举着他的空啤酒杯,另一只手臂擦着胡子上滴下的啤酒。几分钟后,他坐下来,另一阵欢呼声从帐篷的另一边传来。

这就是德国慕尼黑啤酒节。或者说是这个盛大的节日——世界上最大的啤酒节——中的一幕。我从自己的座位上,可以看到周围有成千上万的人。每个人都在喝琥珀拉格,每个人都在微笑,在大笑,在和别人交谈。这里有音乐、歌唱、椒盐卷饼和烤鸡。我试着去接受这一切,但这个节日实在是太盛大,太夸张,太出乎我的意料了,所以我几乎只是呆呆地盯着周围发生的一切。我迟迟不敢到来,我以为自己并不是特别喜欢这个啤酒节,但是刚刚到达,我就喜欢上了这里。

你可能听说过这样一个故事:在慕尼黑啤酒节还没有开始之前,这里举办的第一个活动是 1810 年 10 月 12 日,为了庆祝巴伐利亚王储路德维希和萨克森—希尔德堡豪森的特蕾莎公主的婚礼。派对实在太精彩了,于是第二年又举行了一次。此后每一年,派对的规模都在发展壮大。一开始,啤酒只在小摊上出售,后来逐渐出现了娱乐活动。1896 年,第一个大型啤酒帐篷开放。后来,为了赶上温暖的 9 月,主办方把日期提前了。

如今,这个啤酒节的规模大到惊人。14 个大型帐篷就像超市,最大的可以容纳 12000 人;帐篷之间的空间很宽敞,人流很拥挤;有一个比许多独立的主题公园还要大的露天广场;还有很多美食、很多啤酒以及很多人,每年大约有 600 万人来参观。

慕尼黑六大啤酒酿造商——奥古斯丁(Augustiner)、哈克—普塑尔(Hacker-Pschorr)、德国皇家(Hofbräu)、卢云堡(Löwenbräu)、宝莱纳(Paulaner)和斯伯腾(Späten),都为啤酒节酿造了一款特制拉格,酒精度都在 5.7%～6.3%,各有特色。每一款都很好喝。我最喜欢的是哈克—普塑尔和奥古斯丁。哈克—普塑尔的颜色最深,味道最苦最浓。奥古斯丁最光滑细腻,麦芽最为焦香、美味,还有值得注意的一点是,这款酒是从 44 加仑(200 升)的木桶里倒出来的。每个帐篷只供应一种啤酒,所以根据你想喝什么来选择帐篷。如果你想要喝不同的啤酒,那就去不同的帐篷。

如果去参加啤酒节,你还需要知道一些额外的事情:啤酒节早上开放,但是到了中午基本就满员了。这里的啤酒一升起售,每杯大约 11 美元。考虑到活动的规模,这里服务的效率和速度是令人难以置信的。一进入帐篷,你面临的挑战就是找个地方坐下。当你坐下来之后,就去和其他人打招呼吧,这是一个友好的节日。啤酒节上还有娱乐活动和过山车,所以要趁还没喝多,赶紧去玩一玩。多吃椒盐脆饼。而且,最理想的是,不要站在长凳上放下你的啤酒。

慕尼黑啤酒节不仅仅是一个啤酒节,它也是世界上最大的饮酒盛会。

详情

名称: 德国慕尼黑啤酒节

方式: 在9月中旬举行,为期16天,平日10:00开放,周末9:00开放(详情请访问www.oktoberfest.de)

地址: 德国慕尼黑特蕾西娅草坪

从啤酒龙头喝奥古斯丁清亮型拉格

慕尼黑经典拉格

关于在慕尼黑的喝酒体验，我可以写下成千上万的文字，但个人认为有五个词是最基本的：drink Augustiner Hell vom fass（意为从啤酒龙头喝奥古斯丁清亮型拉格）。或者更好的方法是：从木桶里喝。

奥古斯丁清亮型拉格是我最喜欢的拉格之一，它的麦芽味强大又克制，啤酒花深深地藏在啤酒里，微微透出苦味却又不明显。这款酒优雅而又平衡，只有经过几十年的酿造才能达到如此完美的状态。这也是经典的德国荷拉斯的味道。

要想真正地了解这款酒，你需要从啤酒龙头中或是在酿造的地方饮用。若是能够从木桶中取用，酒体将会非常柔软，容易入口，同时还增强了优质的德国啤酒花的香气，缓解了啤酒桶带来的微微苦味和碳酸，赋予舒适的圆润口感。一口下去，你会想再来一杯。

慕尼黑有几家奥古斯丁酒吧。从慕尼黑火车站走几步路就能到奥古斯丁的凯勒酒吧（Augustiner Keller，慕尼黑阿努尔斯特拉大街52号，邮编：80335），最适合夏季来。位于市中心的洞穴式的祖姆酒吧（Zum Augustiner，慕尼黑新豪斯大街27号，邮编：80331）则是奥古斯丁另一个必去的酒吧，你可以参观酒吧内的啤酒厅，以及不同的餐厅空间。

慕尼黑是世界上最大的啤酒城之一，这是公认的。同样地，每个啤酒爱好者一生中至少需要去一次慕尼黑，在不同的啤酒厅和啤酒花园里品尝不同的啤酒，如六大慕尼黑啤酒酿造商。我也想尝遍慕尼黑所有的啤酒，但是对我来说，奥古斯丁清亮型拉格是最先也是最想喝的一个。

如果你向啤酒迷打听，他们会告诉你，奥古斯丁清亮型拉格是世界上最好的荷拉斯拉格，这一点毫无争议。

慕尼黑的德国皇家啤酒馆

世界上最著名的酒馆？

　　德国皇家啤酒馆可能是你见过的最大的酒馆。酒馆内的场景就像是每天都在举办慕尼黑啤酒节，人们坐在一排排的长凳上，前面摆着巨大的啤酒杯和巨大的肉盘。或者说，世界各地许许多多以德国为主题的酒吧都在试图重现巴伐利亚啤酒屋的氛围，但是只有德国皇家啤酒馆真正做到了。

　　酒馆里每天都充满着歌声和笑声，这里总是很热闹，而且空间巨大（可容纳5000人左右）。你可以尝试荷拉斯或者黑啤，后者是一款高品质的拉格，大多数人都以为这款酒非常丰富，带有巧克力与烘焙咖啡的苦味，但其实并非这样，它跟容易入口的荷拉斯其实很像，只是比荷拉斯多了一些焦香，更加开胃，酒里深色的麦芽似乎只发挥了上色的作用。这款黑啤很适合搭配香肠，不过德国拉格似乎都这样。

　　德国皇家啤酒馆曾因其在希特勒时代的地位而臭名昭著（希特勒在那里举行过早期纳粹集会，后来也举行过集会），但它也作为杰出的酒馆而出名，因为在传统慕尼黑拉格的竞争中它几乎难逢对手。毕竟若非真正的啤酒屋，没人敢与它竞争。

慕尼黑人对自己的啤酒相当自豪，每周都有成千上万的当地人聚集在德国皇家啤酒馆为慕尼黑的啤酒狂欢。

详情

名称： 皇家啤酒馆

方式： 请登录www.hofbraeuhaus.de查询

地址： 德国慕尼黑卜拉茨尔9号，邮编：80331

第三章　欧洲其他国家和地区

品尝正宗的佐伊格啤酒

在普法尔茨的社区酒厂

在巴伐利亚州的东部，与捷克共和国接壤的普法尔茨，有许多小镇以一种独特的方式结合在一起：每个小镇都有一个社区啤酒厂，但是只有少数的公民拥有酿酒权。这些人在家里或附近开设小酒吧出售自酿啤酒，这种啤酒就是佐伊格（Zoiglbier）。

佐伊格的酿酒传统延续了600年，拥有酿酒权的小镇和公民共享一个啤酒厂，为自己酿造啤酒，或将啤酒卖给其他没有酿酒权的公民。诺伊豪斯（Neuhaus）在1415年获得酿酒权，目前还有6家啤酒厂。埃斯兰（Eslarn）还有一个酿酒商，这是小镇最后一个获得酿酒权的酿酒商，那也是1522年的事情了。此外，法肯伯格（Falkenberg）还有两个酿酒商，米特泰希（Mitterteich）有3个酿酒商，温迪舍申巴赫（Windischeschenbach）有7个酿酒家族。这些酿酒商平日里也有其他的工作，每次使用啤酒厂时，他们便会支付锅炉费，然后出售自酿的啤酒（18盎司/500毫升啤酒约2美元）。你只能在酿酒商经营的小酒吧（Zoigltub'n）中找到真正的佐伊格，因为它们在其他任何地方都没有销路。

这是啤酒界中独一无二的存在，在德国的一方小天地里，这个体系仍然存在并蓬勃发展。啤酒的酿制方法也很独特，除了米特泰希用煤炭加热之外，其他所有的啤酒厂都用木头加热；啤酒配方是世代相传的，酿造时使用当地的大麦和啤酒花；酿制一旦完成，液体就会被转移到大型的开放式冷却盘中，在那里温度会在一夜之间下降，然后啤酒商就会收集这些液体，把它们带回家进行发酵和调节，直到可以上桌。所有的本地人都会有自己的"zoigltermine"，这是一个日历，上面记录着每一家小酒吧在周末的开放时间。

传统的佐伊格啤酒从底部发酵，不用过滤和巴氏杀菌。因为酿造步骤以及每个酿酒商拥有的配方不同，每一款佐伊格啤酒都不尽相同。当然，它们也有相似之处：都是一种浑浊的、黄铜色的啤酒，带有焦香饱满、偶尔有点甜的麦芽味（在德国，该地区的经典拉格便是这种丰富的麦芽味）；酒里含有辛辣的、带有青草味的啤酒花，可能很温和，也可能非常苦；酒中通常带有发酵后的粗糙感，还有一丝果味，甚至是奶油味。佐伊格不仅是一种啤酒，还是一种社群体验，一种只能在这五个小镇中获得的体验。

在温迪舍申巴赫和诺伊豪斯这两个邻镇度过的夜晚，是我一生中最有趣的饮酒夜之一。温迪舍申巴赫的两家小酒吧全年开放，分别是奥博尔普法兹尔酒店（Oberpfälzer Hof，主街1号，邮编：92670）和白天鹅（Zum Weißen Schwanen，喷泉街4号，邮编：56338），这是饮用佐伊格啤酒的最佳地点。我们也去了诺伊豪斯的林格–佐伊格（Lingl-Zoigl，伯斯特劳斯街1号，邮编：92670），啤酒并不好喝，但是那里热闹又温暖，人们非常热情。回到温迪舍申巴赫后，我们走过市中心的一座黄色建筑——社区啤酒厂，然后到了费德施耐德（Fiedlschneider，斯塔德普拉茨街15号，邮编：92670），这是一个舒适的小酒吧，里面挤满了人。这里的啤酒很棒，服务也很友好，小吃也很美味，我们一直在跟周围的人交谈。每个人进进出出时，便会同整个房间的人打招呼，向每个人说你好和再见。这不同于以往我去过的任何一个酒吧，这使佐伊格的啤酒体验如此美妙。佐伊格是一种社区饮料，延续了几个世纪以来的传统，是可以与他人分享的，每一种口味都独一无二。你这一生至少要喝一次佐伊格。

如需了解详情，请登录佐伊格官方网站 www.zoiglbier.de。

详情

名称： 佐伊格啤酒——巴伐利亚州普法尔茨特有的一种底部发酵的啤酒

方式： 纽伦堡机场是普法尔茨最近的机场，请找到啤酒标志（见右图）

地址： 去德国参观埃斯兰、法肯伯格、米特泰希、诺伊豪斯和温迪舍申巴赫这几个小镇

标志的意思是"来自社区啤酒厂的正宗佐伊格"

寻找啤酒标志

据说，打开家门出售啤酒的传统源于人们想要处理家里过剩的啤酒。在德国的普法尔茨，人们会在家门口放一个啤酒标志（或bierzeigel），通常是一把扫帚或刷子，以表明家里有啤酒可卖。在当地方言中，zeigel读作zoigl，这便是啤酒名字的由来。如今的啤酒标志是传统酿酒商的六角星标志，只有经过授权的佐伊格啤酒厂和酒吧可以使用它，所以只要找到"Echter Zoigl vom Kommunbrauer"这个标志，便证明你来对地方了。

慕尼黑烈性啤酒节

迷你的慕尼黑啤酒节后劲十足

很少能有一种醉酒超过"慕尼黑啤酒节之醉"。慕尼黑啤酒节让人达到了醉酒的顶峰，似乎没有一个地方能跟慕尼黑啤酒节的帐篷相比，那可能是因为你还没见过"慕尼黑烈性啤酒节之醉"。

慕尼黑啤酒节拉格的酒精含量为6%，而慕尼黑烈性啤酒节的双料博克的酒精含量高达8%。这是一个烈性啤酒的盛会，一般在城市的啤酒馆中举行，圣灰星期三开饮，到耶稣受难日结束。这些啤酒与僧侣有一定的联系，他们在四月斋戒期间喝啤酒来使身体获得额外的糖分和热量（任何一个计算热量的人都应该知道，一杯被称作"液体面包"的啤酒可能含有超过600卡路里的热量）。保拉纳萨尔瓦特（Paulaner's Salvator）是最初成名的，所以很适合作为入门啤酒。但是要小心，这些啤酒真的很烈，几升就足以把酒量最好的人撂倒。

详情

名称：慕尼黑烈性啤酒节
方式：圣灰星期三开饮，耶稣受难日结束
地址：德国慕尼黑的啤酒馆

第三章 欧洲其他国家和地区

福希海姆安娜节

全世界最大的啤酒花园

要酿出好拉格，需要低温。多年前，在上弗兰科尼亚的福希海姆，一个几乎正好位于班伯格和纽伦堡之间的小镇，酿酒商们在附近的软砂岩山上挖地窖来陈酿啤酒，这意味着他们要在镇上酿造啤酒，然后把啤酒放在地窖里陈酿，最后带回镇上去出售。但是有一天，有人意识到酒窖里的啤酒是凉的，但是到了镇上就失去了凉爽的感觉，这就没意义了。于是，他们决定到山上去，到地窖周围阴凉的花园里喝酒。他们可能也没有料到，几个世纪后人们仍然在这个现在被称为"世界上最大的啤酒花园"里喝酒。

如今，凯勒瓦尔德有 24 个酒窖，相距不超过 250 米。大多数酒窖的历史可以追溯到 18 世纪，但最古老的建于 1609 年。这些地窖如今仍然存在，但是吸引人们去喝酒的是地面以上的区域。一些啤酒花园和酒吧全年营业，里面供应当地的啤酒（尽管冬天供应的啤酒要少得多）。然而，每年 7 月 26 日，所有的啤酒花园和酒吧都会为福希海姆安娜节而开放，为期 10~11 天，参观人次达 60 万（事实上，福希海姆安娜节有 32000 个席位，这个数字与福尔海姆的人口数量刚好相同）。

福希海姆安娜节是一场盛大的民间节日，每个酒吧都会供应一种安娜节啤酒，这是一种强烈的淡色艾尔，与慕尼黑啤酒节上的拉格相似。节日里有音乐，有美食，还有很多趣事，所有这一切都发生在这个独特的环境中，这个俯瞰福希海姆的小山之上，周围环绕着树木，遍布的啤酒窖似一张大网将它笼罩其中。你可以把它想象成一个小型的慕尼黑啤酒节，这绝对是世界上最好的啤酒节之一。

但是不要只为了安娜节去福希海姆，当地还有四个啤酒厂，分别是格雷夫（Greif）、赫本丹兹（Hebendanz）、艾克霍恩（Eichhorn）和内德（Neder）。这些酒厂都有餐馆或酒吧，尽管开放时间有点不寻常（有时 14:00 便开始关门，有的甚至周末也关门）。凯勒瓦尔德常年开放，尤其是在夏天，但最好先确认开放时间。另一个有趣的事实是，在福希海姆，可以说去酒窖喝啤酒，因为这些酒窖都在城镇之外的山上。当然，这也意味着必须步行上山才能到酒窖。

这些啤酒厂生产各种各样的啤酒，但是通常啤酒龙头中只供应一种。格雷夫一般供应一种明亮的金色荷拉斯，内德供应富含麦芽和辛辣的啤酒花的出口型淡色艾尔。这些啤酒通常比慕尼黑啤酒有更丰满的麦芽味，更像面包味，颜色更偏琥珀色，味道更苦，这便是弗兰科尼亚啤酒的特点。

为什么取名为安娜节呢？因为这个名字取自耶稣的祖母，圣安娜。圣安娜教堂在福希海姆附近，7 月 26 日是圣安娜节，人们会去教堂朝圣，途中会在福希海姆停下来喝一些啤酒。1840 年举办了第一届安娜节。如果想了解更多关于安娜节的信息，请登录 www.Annafest-forchheim.de。

一些关于弗兰科尼亚啤酒的知识

- 这里的啤酒厂经常用"krug"（石头杯）盛放啤酒。但是如果你看不到还剩多少啤酒，那么酒吧工作人员怎么知道你是否还需要再来一杯呢？

- 如果你有一个带金属盖的石头杯，那么打开盖子意味着你想要再来一杯啤酒；如果把盖子盖上，那么酒保就会知道你还在喝酒。

- 如果你没有盖子，那么当你还想要一杯啤酒时，你需要把空酒杯放在一边。如果你想要一杯淡啤酒，差不多是你离开时喝的啤酒的一半，那么你需要试着通过杯子的把手保持杯子的平衡。

- 如果你准备离开，那么请将啤酒垫放在杯子上。

除了以啤酒闻名外，福希海姆也有许多历史瑰宝，几座建筑甚至可以追溯到14世纪或者更久之前。

第三章　欧洲其他国家和地区

班贝格的施伦克尔酒馆

最漂亮的啤酒小镇上的烟熏啤酒

班伯格是一个值得游览的啤酒城。毫无疑问,这里是啤酒迷们最爱的德国旅游胜地之一。班伯格是个小地方,以其漂亮的古老市政厅、联合国教科文组织名录中心、环绕的七座山(每座山上都有一座教堂)、宁静的河流和大教堂而闻名。这里的啤酒也很吸引人,包括至少九家啤酒厂,以及著名的烟熏啤酒。

几个世纪以前,大麦被火一烤便会变成深色,同时产生一种烧焦的、烟熏的味道。后来,啤酒商找到了生产淡色啤酒以及消除烟味的方法,这种味道在啤酒中基本上就消失不见了,但是一些班伯格的啤酒商仍然使用这种老方法生产烟熏拉格。班伯格被视为烟熏啤酒的故乡和中心。

施伦克尔酒馆是喝烟熏啤酒的好地方。酒馆由海勒布鲁姆(Heller-Bräu Trum)经营,但是每个人都知道他的酒厂、啤酒还有酒馆的名字叫施伦克尔。走进酒馆,就像靠近了一堆篝火,入目便是木头、火焰、烟和熏肉。周围也都是木头,深色的木梁、木拱门、木制啤酒桶、烤肉和熏肉。

先从酒厂的王牌产品三月啤酒(Märzen)开始喝起。这是一种深紫褐色的啤酒,上面有一层厚厚的泡沫。扑鼻的第一股气味便是烟味,有点像烟熏火腿和木头余烬的气味。酒体丰富而顺滑,带有浓郁的烟熏味道,既有甜味,又有一种清香的感觉。这款酒令人惊奇,而且非常强劲,也许它不一定符合每个人的口味,但是你最好点上第二杯以防万一。一定要搭配食物一起享用,因为这是最适合搭配食物的啤酒之一,它能激发出食物的鲜味,特别是对于香肠和牛排等肉类。

班伯格还有一个特酿啤酒厂(Brauerei Spezial,班伯格皇家大道10号,邮编:96052),这是另一家烟熏啤酒酿造商,和施伦克尔一样,拥有自己麦芽房。特酿啤酒厂的烟熏三月啤酒在颜色和烟味上都比施伦克尔的要淡,温和舒适,干爽可口,烟味更加甜美诱人。相较之下,我更喜欢特酿啤酒厂的烟熏啤酒,更容易入口,且味道更简单。他们自酿的烟熏拉格可从啤酒龙头取用。

当喝完第二杯烟熏啤酒时,你可能不会再注意到啤酒中的烟熏味了。相反,你会感觉到整个世界现在都是烟雾缭绕,所有的东西闻起来都有令人陶醉的烤肉香味和滚滚浓烟味。很少有啤酒的体验是如此令人回味,很少有啤酒城镇参观起来如此美好。

施伦克尔酒馆的外观。

详情

名称: 施伦克尔酒馆

方式: 纽伦堡机场是离班伯格最近的机场,从纽伦堡的中心车站乘火车到班伯格不到50分钟,或者也可以从慕尼黑坐两个小时的火车。酒馆营业时间为9:30~23:30,中午开始供应热菜(详情请登录www.thejunctionpubcastleford.com)

地址: 德国班伯格多米尼加6号,邮编:96049

班伯格标志性的老市政厅。

班伯格：终极啤酒城

班伯格的市中心有9家啤酒厂（或者说8~11家啤酒厂，这取决于你怎么算）。虽然这里最著名的是烟熏啤酒，但是其他啤酒的种类也不少。

世界上最著名的啤酒制造商中有两家在班伯格，分别是伯格马尔泽雷（Bamberger Mälzerei）和维耶曼（Weyermann's）。这个城市离德国的啤酒花种植区很近。卡斯珀·舒尔茨（Kasper Schulz）是第十代家族企业，创始人起初是一个铜匠，如今企业旗下有一些世界顶级的啤酒厂。班伯格真是个啤酒之城。

对我来说，正是麦芽让班伯格的啤酒与众不同，弗兰科尼亚的啤酒也是这样。抛开烟熏啤酒不谈，班伯格的淡色拉格也比慕尼黑的颜色更偏琥珀色。它们拥有更加圆润、丰富的麦芽味，相比荷拉斯更加浓郁，玛尔布酱（Mahr's Bräu's）的虚无（Ungespundet）就是一个很好的例子。这是一款充满焦香和甜味麦芽的啤酒，味道丰富又令人耳目一新。班伯格的啤酒花也是重点，的确，一些班伯格啤酒因其啤酒花的特性而引人注目，包括基斯曼（Keesman's）的君士皮尔森，这是一款苦得出奇的啤酒。但除此之外，麦芽仍是啤酒的核心。

第三章 欧洲其他国家和地区

参观世界上最古老的啤酒厂

喝经典的德国小麦啤酒

自725年以来，在慕尼黑以北40公里（25英里）的弗赖辛的圣斯蒂芬山上就有一座修道院。虽然啤酒可能是1040年以前在那里生产的，但就在这一年，维森正式获得了商业啤酒酿造权，这使其可以宣称自己是世界上最古老的持续经营的啤酒厂。

酒厂一路走来并不容易：总共被彻底烧毁了四次；被三次瘟疫、几次饥荒和战争，甚至一次大地震几近摧毁；另外，1803年修道院的世俗化也带来了不少问题。但是，酒厂在每一次的灾难中重建、前行并继续酿造啤酒。实际上，酒厂已经停止酿造无数次，所以其他历史与它相当的酿酒商认为维森的酿酒史不是连续的。

世界上最重要的酿酒学校设在慕尼黑工业大学，与维森酒厂共享校园，这意味着世界上许多合格的酿酒师就是从这家酒厂学到的酿酒技能。今天，你可以参观迷人的校园，在绿树成荫的草地上漫步，还可以看到山顶上那座雄伟的黄色的啤酒厂。另外，你还可以去餐厅喝杯啤酒，同时品尝德国美食。

尽管酿酒的历史很长，但维森绝对是一家现代化的啤酒厂，也是德国小麦啤（Hefeweizen）最重要的酿造商。其小麦白啤（Hefe Weissbier）便是其中的经典，啤酒呈浅金色，浑浊迷人，上面有一层厚厚的白色泡沫，其独特的酵母带给人香蕉、香草和奶油般的味道，酒精度5.4%，余味干净清爽。

你最好早点到，点上一杯啤酒，配一些巴伐利亚白香肠，再配上椒盐脆饼和芥末。

去世界上最古老（也许存在争议）的啤酒厂，喝一杯世界上最著名的啤酒。

详情

名称：维森啤酒厂

方式：每天10:00开门，详情请登录www.weihenstephaner.de

地址：德国弗赖辛旧学院2号，邮编：85354

"世界上最古老的啤酒厂"的头衔还有其他竞争者吗？

弗赖辛以北80公里（50英里）处的凯尔海姆，坐落着韦尔登堡修道院，这是多瑙河弯道上的一座如画般美丽的修道院（顺便说一句，凯尔海姆还有施耐德酒厂，这是除了维森之外的另一家重要的德国小麦啤的酿造商）。自620年以来，凯尔海姆就有一个本笃会修道院，从1050年起就一直在修道院里持续进行商业化的啤酒酿造（这可能使其成为世界上最古老的修道院酿酒商）。修道院有一个餐厅和一个啤酒花园，你可以在那里喝到阿萨姆—博克，这是一种浓郁的琥珀色啤酒，麦芽味充满口腔，还有甜甜的焦香，回味悠长。

阳光明媚时，在柏林的户外喝啤酒，这种体验无与伦比。

在柏林喝精酿啤酒

德国首都的啤酒之旅

柏林没有巴伐利亚烈性啤酒节的喧嚣。相反，你可以在柏林享用最好的德国啤酒和食物，也可以参观一个有趣而又自由的城市。精酿啤酒已经改变了饮酒环境，使柏林成为德国最先进和多样化的啤酒目的地。在这个伟大的啤酒城，你可以试试以下的酒吧和酿酒吧。

参观九号市场大厅（Markthalle IX，柏林铁路42—43号，邮编：10997），享受海顿彼德啤酒（HeidenPeters）和美味的街头小吃。这里的啤酒种类经常变化，但是你可以选择一些很棒的啤酒。在去之前，要先确认一下有限的开放时间。附近的单脚跳（Hopfenreich）是城里最好的精酿啤酒吧之一，周边还有个汉堡大师（Burgermeister），这是一家非常好的汉堡连锁店，位于柏林地铁高架路轨下一个改装过的公共厕所里。

参观巨石啤酒厂（Stone Brewing World Bristro Gardens，柏林马里恩公园23号，邮编：12107）。这个酿酒和饮酒的场地位于柏林南部，大到令人难以置信，里面甚至还有一些美丽的花园。圣地亚哥的巨石啤酒厂（见第49页）在这里酿造所有著名的加利福利亚啤酒，还酿制一些当地的特色啤酒。你会发现来自其他地区的一些高品质啤酒，以及一份带有少许德国腔调的美式菜单。每天都可以参观，但是去之前还是要确认一下时间。

在这个城市的许多酿酒吧里，都可以尝到传统的荷拉斯、黑啤酒、小麦啤和皮尔森，或者你可以找到最新的饮酒潮流。我一直很喜欢埃申酒厂（Eschenbräu，柏林高速公路67号，邮编：13353）的直饮拉格；附近的流浪汉酒厂（Vagabund）在一套小设备上酿制高度数的酒花啤酒，酒吧间很有意思，啤酒龙头里也有其他啤酒可以取用；弗里德里希斯海因的街头啤酒（Straßenbräu，柏林新巴恩霍夫斯塔30号，邮编：10245）的酒吧间只用砖头和黑板堆砌，但是供应大量的啤酒，非常繁忙；还可以去布雷贝克（BrewBaker's，柏林希金斯大街9-13号，邮编：10553），品尝一系列的柏林德式小麦啤酒（尽管没有酒吧间）。

这是一场灿烂的旅行，特别是在阳光明媚的日子里，因为阳光的柏林是无与伦比的。你可以花1欧元从街角的商店买一瓶世界级的啤酒，然后在街上喝。这种感觉特别潇洒，特别是当你在温暖的天气里坐到公园里乘凉的时候（因为在柏林白天也可以喝酒）。

品尝德国各地区的啤酒

这是拉格爱好者的梦想

在写这本书的时候，我始终有个愿望，就是在每种啤酒的产地尝试这种风格的啤酒。要做到这一点，就要更深入地了解这些啤酒的经典口味，了解当地人是如何享用它们的，了解它们在当地的影响力，然后尝试理解它们在世界其他地方的地位。由于北欧拥有悠久的酿酒历史，大部分的传统啤酒都可以在那里品尝到。

德国特别值得一游，因为不同地区的啤酒差异很大：北方的拉格脆、淡、苦、单薄而干燥；而在上弗兰科尼亚，琥珀拉格麦芽味丰富，中段圆润；在慕尼黑附近，荷拉斯拉格光滑、粘稠、优雅而带有焦香；而黑啤拉格光滑，麦芽更深，但味道肯定不像黑啤或咖啡，尤其是与德国北部中心更干燥的黑啤不同。

此外，德国还有一些特色啤酒，如班伯格的烟熏啤酒、莱比锡和柏林的酸小麦啤酒、偶尔可以喝到的弗兰科尼亚红色拉格或棕色拉格，以及普法尔茨社区酒厂酿造的佐伊格啤酒（见第114页），还有来自科隆的科隆啤酒（Kölsch）和杜塞尔多夫的德式老啤酒（Altbier），这两个城市分别位于德国北莱茵威斯特伐利亚州以及德国西部。环游整个德国，在各地品尝当地各种各样的传统啤酒。

德国酿酒界的一小部分啤酒品种。

科隆的科隆啤酒和
杜塞尔多夫的德式老啤酒

当地啤酒风格和独特的当地竞争

杜塞尔多夫的特色是德式老啤酒。这种酒使用烘焙过的深色麦芽酿造，一般非常苦和干。这种酒的名字源自这个地区酿造的传统啤酒风格和坚持自己传统啤酒风格的决心，因为目前拉格在德国大受欢迎。

在大教堂城市科隆 40 公里（25 英里）之外，你就能找到科隆啤酒，这是一种金光闪闪的、清爽的、拥有精致酒花的啤酒。虽然这种酒看起来像拉格，但它其实是艾尔。和德式老啤酒一样，科隆啤酒是当地人对占领啤酒市场的拉格做出的反击，他们坚持自己前发酵的风格。

在杜塞尔多夫，一小杯棕色的德式老啤酒足以。去科隆，那就只喝金色的科隆啤酒。没有任何地方同这两个相邻的城市一样，一种啤酒风格便主宰整个地区。这两个城市的爱恨情仇也建立在他们的啤酒之上的（但是还有更深的原因），所以不要想着试图在科隆喝到德式老啤酒，反之亦然。

享用这些啤酒的乐趣有一部分来自它们的供应方式，啤酒通常装在 7 盎司（200 毫升）的小玻璃杯里，科波勒（köbes）斟满的杯子放在托盘上递给你，在你最后一口喝完后，立刻就会把空杯子收走。两个城市都是这么做的，因此稍显讽刺的是，尽管他们都竭力想突出自己的与众不同，实际上却非常相似。

在杜塞尔多夫喝德式老啤酒，以及在科隆喝科隆啤酒，是啤酒之旅不容错过的两站。这两种啤酒在全世界都很流行，特别是干净、清爽的科隆啤酒，但是在它的家乡享用这种当地人引以为傲的美酒，能够同时深入了解这种啤酒及其产地。另外，这两个城市也非常适合旅行，你可以步行探索它们，可以逛逛各大酒厂和酒吧。

科隆啤酒和德式老啤酒的故事远不止这些。但是，如果你真的决定去参观，那么在科隆，我推荐帕夫根（Päffgen），一种爽口、芬芳的苦味科隆啤酒，这款啤酒是木桶盛放的；而在杜塞尔多夫，我则推荐施吕塞尔（Schlüssel）的德式老啤酒，这款啤酒拥清新的苦味，平衡了焦香、太妃糖和麦芽的泥土味。

"教堂的前身"的科隆啤酒曾遍布科隆街头。

> **当地小贴士：喝酒的好去处**
>
> 在杜塞尔多夫，舒马赫啤酒厂（Brauerei Schumacher）、韦里格（Uerige）啤酒馆以及祖姆施吕塞尔酒厂（Zum Schlüsselbrauhaus）的德式老啤酒都很不错，特别是位于博克街（Bolkerstraße）的施吕塞尔，被当地人称为"世界上最大的酒吧"。在科隆，一定要参观一下教堂的前身（Früh am Dom）、佩夫根酒厂（Päffgen brauhaus）以及布劳斯特勒（Brausteller），这是德国最小、最不寻常的啤酒厂。

第三章 欧洲其他国家和地区

在波兰品尝波罗的海波特

庆祝波罗的海波特节

波特啤酒是最有传奇色彩的，也是最伟大的酒精饮料之一。它起源于伦敦，身影遍及世界各地，包括加勒比海、印度和波罗的海。我们感兴趣的是波罗的海啤酒之旅。

这些寒冷的国家大概是喜欢浓烈的波特啤酒的温暖和丰富，这种啤酒在海上经历了漫长的、缓慢的、寒冷的熟化过程，品质变得更好。波特啤酒起初都是进口的，后来才逐渐在波兰国内酿造。一般而言，都是先进口英国深色艾尔，然后用德国的酿造方式酿出浓烈的深色拉格，通过底部发酵的酵母延长其冷却时间，使之缓慢地熟化。波特啤酒原先是这些国家的主要啤酒，如今也是波兰的国酒。

很长的一段时间内，在波兰，只有大的酿酒商才生产波罗的海波特啤酒，一般都是在生产淡色艾尔时顺带酿造一些。但现在，精酿啤酒商也开始酿造波特，并且不断对它们做出改革、改进，并大力支持，正是因为这些小酿酒商的努力，波罗的海波特才能再次闻名于世。

每年1月，在波兰各地的酒吧，甚至更远地方的酒吧，都会举办"波罗的海波特节"，来庆祝波特啤酒的诞生。该活动于2016年首次举办，到了2017年规模迅速壮大。节日的创意来自马辛·奇米亚尔兹（Marcin Chmielarz）。"波罗的海波特是我们特有的。"马辛曾在华沙的一家世界级酒吧贾比沃基（Jabeerwocky）这样对我说过。他希望每一个波兰啤酒制造商都能生产出一种波罗的海波特啤酒，并能够进一步提升这一波兰国酒的品质。

大多数波兰波罗波特都是拉格，但又不仅是拉格。实际上，马辛认为它们不应该只是拉格。他认为，啤酒的酿造过程和风味更为重要，长时间的低温熟化会使啤酒变得醇厚，在使它变得更有力量的同时，仍然保留一个干净、优雅的余味。

马辛创办波罗的海波特节的目的，是"让人们看到这种啤酒作为波兰风格的重要性"，这是一个伟大的庆祝活动。我去了华沙，喝了许多波罗的海的好啤酒，每一种酒都是不同的，有些更甜，有些更苦，有些酒味很浓，有些有烟味，有些有焦香，但它们都很丰富顺滑，余味却又轻盈得出人意料，这使得它们非常容易入口，这就是拉格最好的一面。

波兰是最适合喝顶级波罗的海波特的地方，如果你想尝试各种波特，一月是最适合的季节。

当寒冷的季节来临，华沙的贾比沃基就是最适合喝波罗的海波特的酒吧。

三种必须品尝的波罗的海波特

高摩伦号帝国波特（Kormoran's Imperium Prunum）品质非凡。这是一种用烟熏李子干（suska sechlońska）酿造的波罗的海波特帝国波特，产自波兰南部的一个小村庄，拥有受保护的地理标志（PGI）。对许多波兰人来说，它有一种舒适而熟悉的味道。这种啤酒有浓烈的烟味和丰富的香气。它的味道复杂得令人难以置信，入口时味道丰富而甜美，就像在熊熊燃烧的炉火旁吃着樱桃脯一样，但是在结束时，却有着与11.0%的酒精度不符的轻盈，这是经过超长时间熟化的结果。这是我喝过的最像葡萄酒的啤酒，口感与马尔贝克相似。稀有程度以及超高的线上评分增加了它的吸引力。

布劳尔·波德戈兹（Browar Podgórz's）的652m n.p.m. 比高摩伦号帝国波特更为常见。它的酒精度是8.0%，比高摩伦号要低，但同样值得关注。事实上，它也许更有价值，因为这是直饮波罗的海波特的完美代表，拥有浓郁的焦糖、牛奶巧克力、摩卡咖啡、干果和深色水果味，而没有常见的帝国黑啤中烘焙咖啡般的苦味。它的味道清淡，但是我很喜欢它的奶油味。对我来说，这是一款典型的容易入口的波罗的海波特，而这正是这一风格的啤酒必备的品质。

日维茨（Żywiec Porter，发音类似于zhiv-ee-ets）值得一试，因为它非常出色，也因为它是最早出现的、最持久的波罗的海波特酒之一。这款波特于1881年首次酿造，酒精度高达9.5%，但是漫长的冷却熟化过程使它变成了一种优雅、清淡、令人耳目一新的啤酒，拥有淡淡的咖啡和顺滑的巧克力味。这款酒很适合作为感受波兰精酿啤酒风格的一个起点。

华沙最好的啤酒酒吧

在华沙，啤酒和酒吧的种类以及质量都让人惊讶，所以它绝对是欧洲值得一游的啤酒城。这座城市之所以很棒，是因为它相当的小，消费也低。而且，这里并没有许多值得一看的景点，所以你可以专注地喝一些好啤酒，享用丰盛的波兰食物（和大多数地方一样，这里的IPA最受关注，但其他的啤酒种类也非常多）。

*贾比沃基（Jabeerwocky，华沙市纽卡斯尔12号，邮编：00-511）拥有17个精挑细选的啤酒龙头，供应的大多是波兰啤酒，旁边明亮的大啤酒板上给出了每个龙头里啤酒的详细信息。你可以点三到四种，如果想多试几个，他们有奇思妙想。店里的员工态度非常好。

*从贾比沃基沿街而下，便能到达胶囊球（Kufle i Kaplse，华沙市纽卡斯尔25号，邮编：00-511）。这是一个只用砖头堆砌的产业空间，沙发和室内的陈设就摆放在后面的高层上。白天，开放式的大前窗使酒吧明亮宽敞；夜晚，沙发和老式的灯具使酒吧舒适宜人。酒吧内有大量的波兰啤酒龙头，装修很酷，氛围很好。

*萨姆·卡夫帝啤酒馆（Same Krafty Multitap，华沙市诺莫米耶斯卡10号，邮编：00-001）坐落在老城区的巴比肯旁，对面是萨姆·卡夫帝的对手（Same Krafty Vis-a-Vis）。萨姆·卡夫帝有一个中央吧台，前面是一个小空间，人们可以在里面吃大比萨饼，还可以从龙头中取用啤酒（当然大多数是波兰啤酒）。对手更像一个直饮啤酒酒吧，啤酒种类繁多，从清爽的淡色艾尔到强劲的波特啤酒应有尽有。这两个酒吧都得去试试，因为里面的啤酒大不一样。

皮尔森·乌奎尔，金色拉格的鼻祖

在皮尔森的酒厂地窖里不加过滤地饮用

皮尔森·乌奎尔是金色拉格的鼻祖，于1842年在布拉格向西90公里（56英里）的捷克城的皮尔森首次酿造。这可能是有史以来最伟大的，也是最重要的啤酒。你去参观酒厂时，可以直接从地下酒窖中巨大的木桶里喝未经过滤的啤酒，这绝对是世界上最重要的十大啤酒体验之一，而且我可能还会把它摆在首位。

皮尔森的故事始于1838年。那时候，在皮尔森有250人拥有酿酒权，他们使用一个公共的啤酒厂，然后自己饮用或是出售啤酒（类似佐伊格啤酒，见第114页）。但是，大部分的啤酒都不能入口，当地的酒馆老板已经厌倦了劣质啤酒，也担心更加便宜美味的巴伐利亚深色拉格进口得越来越多。于是，有一天，36桶令人作呕的深色艾尔被倾倒进城市的排水沟里。

这是啤酒万年历史上最重要的时刻之一，因为人们迅速展开了讨论，决定为小镇建立一个属于皮尔森人的大型啤酒厂，这个酒厂可以生产价格低廉的优质啤酒，这是从小规模公共酿造向工业化酿造的早期转变。皮尔森人雇佣了一个年轻的建筑师马丁·斯特尔策，让他去巴伐利亚了解那里的酒厂，而一个叫约瑟夫·格罗尔的巴伐利亚人则成为了皮尔森的酿酒师。酒厂建立的过程，斯特尔策、格罗尔和皮尔森人的决策，以及当地独特的地理特征，三者共同创造了世界上第一款金色拉格，这才是故事最有趣的地方。

他们把啤酒厂建在松软的砂岩上，所以能够在啤酒厂下面挖深地窖，这样啤酒可以在酒窖寒冷的温度下储存在大木桶里（要酿出好啤酒，低温是必须的）。这里有天然的软化水源，几乎不含矿物质，非常适合酿造陈酿啤酒。他们从巴伐利亚州收到了一批很好的拉格酵母，不过这可能要归功于格罗尔。他们得到了当地的捷克啤酒花，这些啤酒花的芳香度很高。而且，最重要的是，他们采用了一种新的制麦方式来生产淡色麦芽而非深色麦芽，这种方法由英国首创，如今已慢慢传遍德国和奥地利。

简单地说，软水、淡麦芽、芳香的啤酒花、干净的拉格酵母、寒冷的酒窖，以及对巴伐利亚啤酒酿造技术的了解，所有这些因素的结合才创造出了世界上第一款金色拉格。1842年10月5日，约瑟夫·格罗尔在皮尔森新的市民啤酒厂酿造出了第一批金色拉格。1842年11月11日，这些酒可以喝了，并立即在镇上取得了成功。

如今，我们对金色拉格都已经习以为常，因为这种风格的啤酒已经在世界各地被模仿，但是175年前，这是一个行业的决定性时刻，金色拉格让整个欧洲和美国的啤酒迅速发生了变化。到了19世纪末，淡色和琥珀色拉格便已闻名于世。

最棒的是酒厂保留了它的传统，继续像格罗尔那样酿造啤酒，这意味着皮尔森啤酒酿造方式仍然是原始的。例如，当其他的大多数啤酒厂使用铁锅时，这里仍然使用铜壶。这些铜壶是用木头烧火加热，通过产生一个热点，使麦芽变成焦糖化，在酿制过程中经过三次煎煮，这一品质会被不断放大。酒厂会从糖化桶中取出一部分麦芽汁和谷物，并其迅速煮沸，再将取出的部分放回桶中。酒厂使用捷克的萨兹酒花，每39单位的苦味的啤酒，都需要加入大量的这种微妙的、芳香的啤酒花。他们拥有一个时间表，记录着啤酒从酿造到可以饮用的时间（大约五个星期）。酒厂仍然雇佣了一队箍桶匠来制作和修理木桶，尽管如今的皮尔森啤酒的酿造可能更多的使用钢铁而非木桶。

如果你只能从本书的啤酒之旅中选择一个,那必定要去皮尔森。

　　如果你去参观酒厂,最后一定要去酒厂的地窖。在巅峰时期,城市底下的酒窖大约有 9 公里(5.5 英里)长,从开始酿酒到饮用之前的这段时间,一切都在酒窖里进行。为了将历史保存下来,酒厂仍旧在酒窖中的大木桶里发酵和熟化啤酒。站在冰冷潮湿的地窖里,深入地下,被历史和装满啤酒的旧木桶包围,你能真实地感受到 19 世纪的啤酒的样子。酒窖中未经过滤的乌奎尔皮尔森啤酒略有些浑浊,上面有一层白色泡沫,蕴含着萨兹酒花所有美妙的芳香。这款酒的酒体光滑丰富,但却非常苦涩而又清新。这款酒与约瑟夫·格罗尔 1842 年呈现给皮尔森人民的那款最为接近。

　　正是这样的背景和故事,才让乌奎尔皮尔森啤酒厂变得如此特别,成千上万的人在地下工作,而数百万人则喝着他们酿造的最原始的金色拉格——那款改变啤酒世界的酒。这是一种特别的啤酒,在一个神圣的地点酿造,是我的啤酒清单上的终极之选。

详情

名称: 乌奎尔皮尔森啤酒厂

方式: 全天有90分钟的游览时间。皮尔森距离布拉格中央火车站90分钟车程。如果你想要更多未经过滤的啤酒,皮尔森的纳帕努(Parkánu)全年供应(详情请登录www.prazdrojvisit.cz)

地址: 捷克共和国皮尔森乌普拉兹德罗耶7号,邮编:30497

品尝半黑啤酒

捷克的半深色拉格

没有一个国家的淡色拉格比得上捷克的，你需要去尝试各种各样的啤酒，才能了解什么才是真正的淡色捷克拉格。圆润的麦芽，一些焦糖的味道，酒花的苦、麦芽的甜味与萨兹啤酒花的香味达到了平衡。

这些啤酒并不像德国著名的荷拉斯或者皮尔森（尽管捷克的淡色拉格与上弗兰科尼亚的麦芽拉格确实有相似之处）。尽管捷克的淡色拉格最为出名，但是在我看来，你还要尝试一下另一种风格的啤酒——半黑啤酒。这种"半深色的啤酒"为捷克所特有，呈琥珀色，有太妃糖和烤麦芽味，还有一点烤坚果的味道，更多的是萨兹啤酒花的花香、辛辣、柠檬核和青草的芳香。我最喜欢的是布拉格斯特拉霍夫修道院啤酒厂（Klásterní Pivovar Strahov brewery）酿造的半黑拉格，麦芽的味道非常顺滑，啤酒花有着捷克式的苦味和甜味的平衡。

详情

名称： 斯特拉霍夫修道院啤酒厂

方式： 详情请登录www.klasterni-pivovar.cz

地址： 捷克共和国布拉格[1]斯特拉霍夫庭院301/10，邮编：11800

值得一寻的四大捷克拉格

捷克共和国是我最喜欢的地方之一，我总能在那里喝到最好的拉格。在我看来，那里的啤酒最为有趣和令人兴奋。你需要坐下来喝上半升（16盎司的杯子）啤酒，当然最好是连续喝几杯，因为仅仅一口，你不可能感受到它们的精妙，只有多喝几杯，才能真正理解其中滋味。

* 由奈帝克（Únětické）有10°和12°两款啤酒，前者经过过滤，而后者没有，但两种都很不错。我更喜欢10°，因为不仅拥有捷克金色拉格的经典口味，酒体也更轻。

* 布莱夫诺夫斯克的本尼迪克特淡色拉格（Benedict Břevnovský Benedict Světlý Ležák）有着浓密的白色泡沫，青草味、辛辣的萨兹啤酒花的芳香和苦味，再用一些更甜的麦芽来平衡这些啤酒花。

* 维诺赫拉德斯卡（Vinohradská）的11°和12°都在布拉格维诺赫拉德区酿造。这两款拉格入口饱满，然后是令人耳目一新的苦味和干爽。他们家的半深色拉格和IPA也很不错。

* 戴尔希克（Dalešické）的11°酒体比其他啤酒轻，但仍有经典的厚泡沫和奶油味。啤酒花有一种舒适的柠檬味和辛辣的味道。

Pivo，意思是啤酒，是你唯一需要认识的捷克词汇。

参观布拉格的U点酒厂
一个拥有500年历史的啤酒厂

品尝世界上最好的深色拉格

一大杯近乎黑啤的深色拉格重重地砸在你面前的桌子上,上面盖着一层厚厚的奶油冻泡沫,服务员拿着铅笔在啤酒垫上勾划(帮助你记下你喝了多少啤酒)。这就是U点酿制的唯一的啤酒,这家布拉格酒吧自1499年就开始酿造啤酒,这个啤酒太好了,你很快就会忘记还有其他啤酒存在。

这种啤酒叫作弗莱科夫斯克拉格13°(Flekovský Ležák 13°),你不必担心叫不出名字,在U点,只要你说出"pivo"(或者beer),你得到的就只会是这种酒。酒中除了有黑面包、可可、干果和可乐的味道外,还非常平衡,甜美圆润的口感足够取悦你,接着干爽的苦味让你禁不住想要更多。这是一款经典的捷克深色拉格,但是它与慕尼黑的黑啤又大不相同,它的味道在其他地方绝对难寻。

这家餐厅规模巨大,非比寻常。到处都是饮酒的好去处,包括宽敞的饭厅,还有一个绿树成荫的大花园,以及一些隐蔽的小房间。这里供应传统的捷克美食,完全可以填饱你的肚子。服务员会端着一盘盘深色拉格和几杯当地烈酒(不要喝这些酒)。餐厅里还有一位音乐家,可能会拿着手风琴。如果你足够幸运,会闻到啤酒酿造的味道,那是一种美妙的面包味,令人陶醉的深色麦芽和捷克啤酒花的芳香。

在这家酒吧,你只能喝这种啤酒,他们每天供应大约2000杯。这是世界上最好的深色拉格之一,也是绝佳的捷克饮酒体验。

详情

名称: U点酒厂

方式: 详情请登录www.en.ufleku.cz

地址: 捷克共和国布拉格科莱门科瓦(Křemencova)1651/11,邮编:11000

酒吧里只供应U点啤酒,但这是最好的深色拉格之一,所以即便只有这一种,便也足够了。

第三章 欧洲其他国家和地区

啤酒水疗

真正地坐在温暖的啤酒浴里

当听到如此突然的指令："去那里，脱掉衣服，等候"，我满腹疑问。她递给我一条小毛巾，然后离开了更衣室。

我不知道该不该穿泳裤，但还是冒险把短裤和其他衣服一道放在了包里。然后，我就开始等。就在那时，我开始质疑自己的行为。我喜欢啤酒，旅行是为了尽可能多地喝啤酒，体验不同的文化，通过最喜欢的啤酒棱镜来观察世界，但是我愿意坐在啤酒浴里吗？

一个小时后，我得到了一个响亮的回答："是的。"没错，我真的愿意坐在啤酒浴里——一个温暖的深色拉格啤酒浴，里面加入了啤酒花、酿造酵母和药草碎末。在洗澡的时候，他们甚至给了我一杯自制的、未过滤的啤酒。

这个啤酒浴对健康有好处，正如你所知：你的心率会缓慢上升，促进血液循环；你的皮肤毛孔被打开，会流汗排出"不健康的物质"；啤酒花和药草，加上轻微的碳酸化作用，正在帮你去角质；啤酒酵母提供 B 族维生素；你喝的啤酒对消化系统有好处。也许这听上去像胡说八道，也许就是在胡说八道，但是很有趣。

20 分钟后，你从啤酒浴中出来，他们告诉你不要洗澡（别担心，啤酒并不黏人），要让液体的净化效果渗入即将变得超级柔软的皮肤。然后，他们让你在一个昏暗、安静的房间里放松片刻，让你轻轻地进入一个啤酒味的梦乡。

捷克共和国周围有许多啤酒温泉。我在乔多瓦尔（Chodovar）体验了一次，这家酒厂在捷克的西部有一个水疗中心、餐厅和酒店。离布拉格更近的是伯纳德啤酒水疗中心（Bernard Beer Spa），在你洗澡的时候，它会无限量地提供啤酒。详情请访问 www.pivnilaznebernard.cz/en。

详情

名称： 乔多瓦尔啤酒水疗

方式： 乔多瓦尔位于布拉格以西160公里（100英里）处，途经皮尔森，那里普尔科米斯特尔啤酒厂也有一家啤酒水疗中心，以及一家酒店。如果你喜欢的话，可以带上朋友一起去（详情请登录www.chodovar.cz）

地址： 捷克共和国乔多瓦尔普兰，Pivovarská 107，邮编：34813

值得一寻的四大捷克精酿啤酒

捷克啤酒商比任何人都懂得如何保持啤酒的平衡。捷克啤酒的成功源于生产出的高品质淡色拉格，以及在麦芽和酒花中取得的平衡，成功地将捷克啤酒的经典特质转化为现代精酿啤酒的风格，比如淡色艾尔和IPA。这里列出的四家啤酒厂都能生产各种风格的优秀啤酒。

*玛图斯卡（Matuška）是捷克精酿啤酒中的明星，阿波罗银河（Apollo Galaxy）就是一个完美的代表，奔放的麦芽与同样奔放、多汁的果味啤酒花相遇，这一切都是如此的美妙。

*渡鸦（Raven）的奶油波特在皮尔森酿造，可以从城镇广场外的弗朗西斯（Francis）啤酒酒吧的龙头中取用。它丝滑、甘美、顺滑，是世界上最好的啤酒之一。

*日则喀啤酒（Pivovar Zhůřak）由美国人酿造，产地在皮尔森以南25公里（15.5英里）处。他们有各种风格的啤酒，其中黑啤和IPA最为突出。这是皮尔森的弗朗西斯啤酒酒吧里能找到的另一种好酒。

*法肯白痴IPA（Falkon Idiot IPA）拥有柔软光滑的金色酒体，带有松木、青草和柑橘的味道，热情又强烈，将美国啤酒花的特质诠释得淋漓尽致。

在维也纳品尝维也纳拉格

比你想象的要难……

感谢安东·德雷尔为我们提供维也纳拉格。这次，我与慕尼黑的加布里埃尔·塞德迈尔（见第 162 页）同行，参观了欧洲的多家啤酒厂，它们各自展示了不同的麦芽和酿造技术，生产出颜色更淡的麦芽，都以自己家乡的城市来命名这些麦芽，酿造出了丰富的琥珀啤酒，与经典的深色拉格有些不同。

德雷尔的啤酒很成功，人们很快就对更浅的拉格产生了兴趣。我们可以将这一点与皮尔森金色拉格的诞生联系起来，与 19 世纪美国移民酿酒商酿造的啤酒联系在一起。今天的精酿啤酒商仍在酿造这种啤酒。更出人意料的一点是，这与墨西哥对琥珀拉格的品味也有关联。

今天，如果我们对饮酒者或酿酒商说"维也纳拉格"，那么他们期待的一般是一种有着琥珀色、烤面包和坚果味的酒体，收尾的干燥、干净的啤酒，酒精度大约在 5.0% 以内。

但如果真去了维也纳，几乎找不到"维也纳拉格"。随着啤酒历史的变迁，维也纳拉格的风格和口味都随着时尚和文化的改变而发生了变化。如今，它已经发展为三月啤酒（Märzen，与慕尼黑啤酒节有一些联系，尽管它是由奥地利啤酒厂而非德国啤酒厂酿造），这种风格在本质上非常相似。你可以在维也纳找到三月啤酒，这是许多啤酒厂的主打啤酒。事实上，这些啤酒已经变成维也纳啤酒，或者说维亚纳拉格（从语义上来说，的确如此）。

最好的做法是，我们可以自己定义维也纳拉格，比如奥塔克林（Ottakringer）的维也纳之源（Wiener Original），它使用维也纳麦芽和萨兹啤酒花，用一个超过 100 年历史的配方酿造。还有霍夫斯特滕的花岗岩（Hoffstetten's Granitbock），它虽不叫维也纳拉格，但实际上是一种琥珀色的拉格，有着焦糖麦芽的甜味，还有很深的苦味。

你可以在萨尔姆啤酒厂（Salm Bräu brewery）尝到最高品质的三月啤酒，感受经典的维也纳风格拉格。这款酒中的麦芽带来了丰富光滑的口感，还有烤坚果的味道，酒中的贵族啤酒花有着独特的深度和复杂感，酒精度超过 5.0%，味道非常强劲。

精酿啤酒界认为，陈酿啤酒不太可能是老式啤酒的味道，这是一种现代风格的诠释，类似布鲁克林拉格或是五大湖爱略特尼斯拉格。在维亚纳和维也纳拉格或是三月啤酒，就是要找到一种优雅、但仍有着浓郁麦芽味的啤酒，这就是维也纳拉格最为特别的一点。但是，别指望能在维也纳能找到许多可以称作维亚纳拉格的啤酒。

酿酒师正在倒一杯维也纳啤酒。如果你发现一家酒吧出售这种风格的啤酒，一定要留下来，因为这可能是你唯一有机会在它的家乡尝到这种越来越罕见的拉格。

第三章　欧洲其他国家和地区

参观皮奥佐的巴拉丁酒厂

进入意大利酒酿啤酒先锋的世界

巴拉丁的世界始于 1986 年意大利的皮奥佐，当时泰奥·穆索（Teo Musso）在改造过的旧旅馆里开了一家巴拉丁酒馆（Le Baladin 是一个古老的的法语单词，意思是"讲故事的人"）。酒馆中 200 种不同的啤酒，被认为是意大利精酿啤酒运动的催化剂之一。

1996 年，更重要的事情发生了：泰奥开了一家啤酒厂，也就是意大利第一家酿酒间。泰奥在比利时酒厂的工作经验，加上来自拉布瑟里耶瓦斯酒厂（La Brasserieá Vapeur）的金·路易斯·迪茨（Jean-Luis Dits）的帮助（从行动到想法上），泰奥用旧的牛奶桶建造了啤酒厂，并在酒吧里酿造了一种金色和琥珀色的啤酒，一款名为极品的修道院啤酒随后问世，这种啤酒被装在定制的葡萄酒瓶里（对于一个新的啤酒厂来说，这种包装颇为奢侈）。

泰奥的想法是向意大利人介绍一种新的啤酒思维方式，并将其与食物联系起来。意大利是一个非常爱喝酒的国家。事实上，啤酒厂的开张是对葡萄酒的一种宣战。泰奥在早年便坚持成为意大利精酿啤酒的代言人。此后，他又建立了一个小的巴拉丁帝国，包括最初的酒吧、一家餐厅和一家酒店，还有一个桶陈酿空间（在老啤酒厂里，那里以前是一个大型鸡舍）。如今，露天的巴拉丁吧遍布意大利各地，还有一个与之相连的餐饮连锁店（Eataly）。如今的拉格酒厂规模巨大（牛奶桶很久以前就清空了），它是一个"农业啤酒厂"，与种植者密切合作，以获取当地的原料。酒厂还有一个新的农舍空间，泰奥称之为开放花园。花园的空间巨大，包括一个啤酒公园和一个 17 世纪的农舍，如今它正在被重新改造成 300 多年前的样貌。当然，啤酒才是重中之重，酒厂有超过 30 种啤酒，从辛辣、干燥的啤酒到更丰富的麦芽啤酒，再到一些时髦的果味啤酒以及桶陈酿啤酒，几乎应有尽有。

参观皮奥佐的巴拉丁酒厂，就像进入了一个光怪陆离的世界。与众不同的是，里面有以马戏团为主题的巴拉丁酒馆，有提供土耳其浴的五间房的酒店，还有供应高品质啤酒和美食的巴拉丁之家（Casa Baladin）餐厅，在那里你可以吃一道菜，喝一杯啤酒，享用一顿六道菜的晚餐。那里还有开放式花园和啤酒厂，这是一个不同于其他啤酒厂的空间，它再次改变了意大利啤酒，并对其重新进行了定义。泰奥·穆索是意大利最伟大的啤酒叛逆者和创新者，并在巴拉丁帝国里迈着自己的步伐不断开拓创新。

欲了解关于巴拉丁帝国的信息，请登录 www.baladin.it。

泰奥·穆索帝国的所有的尝试都是以其在啤酒世界中独特的视觉创意为基础。

在意大利啤酒厂品尝帝普皮尔斯

意大利皮尔森之家

在《世界最好的啤酒》一书中，我环游全球寻找最伟大的啤酒和故事，但是我的脑中一直留有空地，直到我找到它，位于米兰北部卢拉戈马里诺内（Lurago Marinone）的意大利啤酒厂——卢拉格马里诺。阿戈斯蒂诺·阿里里（Agostino Arioli）于1996年创办了这家啤酒厂，使之成为意大利最古老的精酿啤酒厂，并且酿造出了第一瓶意大利当地风格的啤酒——意大利皮尔森。这种酒的灵感来自清爽、干燥、苦涩的德国皮尔森积发（Jever），不同的是意大利的皮尔森使用味道更重的干啤酒花。意大利啤酒厂酿出了帝普皮尔斯，这是一款必尝的皮尔森。

详情

名称： 意大利啤酒厂的酒馆/餐厅
方式： 详情请登录www.birrificio.it
地址： 意大利卢拉戈马里诺内（CO）卡斯特罗大道51号，邮编：22070

世界拉格目标清单

- 意大利卢拉戈马里诺内意大利啤酒厂的帝普皮尔斯
- 德国慕尼黑的奥古斯丁清亮型拉格（见第112页）
- 德国班伯格的玛尔布鲁皮尔森（见第119页）
- 捷克共和国皮尔森的乌奎尔皮尔森（见第126页）
- 捷克共和国布拉格斯特拉霍夫修道院啤酒厂的半暗啤酒（见第128页）
- 美国帕索罗布尔斯的凡士通沃克啤酒（见第57页）
- 美国丹佛的啤酒屋清亮型拉格（见第44页）
- 新西兰达尼丁的爱默生皮尔森（见第191页）

最好在意大利啤酒厂的酒馆里喝帝普皮尔斯，在附近的新设施建成之前，就是在那里酿造啤酒的。啤酒装在又高又薄的金色啤酒杯里，上面有一层厚厚的白色泡沫，当中含有所有令人惊叹的啤酒花香气，如柑橘皮、青草和花朵。酒体很轻，只有一点麦芽的味道，但它的强度足以留住酒花的所有味道，让啤酒的余味苦涩又清新。

帝普皮尔斯是一种令人难以置信的啤酒，也是意大利啤酒厂酿造的众多令人惊叹的啤酒之一。德利娅（Delia）是一款酒花浓郁，但更轻盈的意大利皮尔森。比博克（Bibock）是一款绝佳的麦芽博克啤酒，兼具苦涩和芳香。酒厂里还有许多优质的IPA，以及各种果味啤酒和酸啤。酒吧还供应与啤酒搭配的美食。

在最纯正的意大利啤酒厂品尝最经典的意大利风格啤酒，是啤酒的朝圣之旅中绝不可错过的一站。我之所以把这家啤酒厂放在啤酒之旅的最后一站，是因为我觉得它会是最好的一站。果然，我没有失望。

每年5月，这家啤酒厂还会举办皮尔森节（Pils Pride），这是一场庆祝意大利皮尔森的活动。我还没有去过，所以它仍在我的啤酒清单之上。

世界上最好的啤酒之一

罗马精酿啤酒

去贝妮代塔大街感受快乐吧

作为啤酒清单上的城市之一，对罗马这个城市上写几百个字是很容易的。那里的风景、历史、食物，大家都了解。我们都知道，也都应该去过或者想去这个非凡的地方。罗马是一个喝啤酒的好地方，这里有很多很棒的酒吧，但是如果你只能去两个地方，那就必须去特拉斯提弗列的贝妮代塔大街。因为在那里，你会发现位于街道25号的马切锡耶特—努提（Ma Che Siete Venuti a Fa）、23号的比尔和发德（Bir & Fud）相对而立。马切锡耶特—文努提（Ma Che Siete Venuti a Fa，它的意思是"你到底在这里干什么？"）的墙上有足球纪念品和围巾，所以它被称为"足球酒吧"。这是一家以高品质啤酒而闻名的小酒吧，在这里你会发现最棒的意大利啤酒，同时还有很多来自比利时和德国的啤酒。在炎热的夜晚，人们会在外面阴凉的街道上洒上啤酒。你可以从酒店名中决定去哪里吃饭，正如店名大致的含义，就像在比尔和发德（Bir & Fud），你会吃到美味的食物并品尝好喝的啤酒。他们有美味的比萨饼和许多精酿啤酒，我们都喜欢比萨饼和啤酒。

特拉斯提弗列周围还有许多美丽的建筑，但它的酒吧品质独树一帜，无可媲美。

详情

名称： 意大利啤酒厂的酒馆/餐厅

方式： 欲了解马切锡耶特—文努提（Ma Che Siete Venuti a Fa），请登录www.fbotballpub.com；若想了解比尔和发德（Bir & Fud），请登录www.birandfud.it

地址： 意大利罗马特拉斯提弗列贝妮代塔大街

第三章 欧洲其他国家和地区

追寻里尔的卫士啤酒

法国古老的农家啤酒风格

夏末，穿过法国北部，进入比利时，麦田已经收割完毕，野酒花正开得茂盛。农场工人们已经结束了漫长的工作日，气温开始下降，最适合酿造"农家啤酒"的时机到了。

几个月前，正值7月的酷暑，农民们在地里忙得不可开交，天气太热，无法进行彻底的发酵，也没有新鲜的粮食，也还不是采摘啤酒花的时候。因此，通过必要性、收成和天气的综合作用，季节性酿造得以确立，比利时"塞松"的词源也是由此而来。

在法国和比利时，人们在初秋酿造啤酒，并在冬季使啤酒发酵成熟。卫士啤酒的意思是"储存用啤酒"。这两个地方的啤酒酒精含量都相对较低，而且会有大量的啤酒花来防止变质。发酵可能来自混合的野生酵母和细菌，这意味着啤酒不可避免地会有一种独特的酸味，混合着干爽的余味，在春夏来临时，这些啤酒对农场工人来说，是一种比水更有营养的提神醒脑饮料。

如果你认为法国的啤酒文化底蕴不能与其他国家相比，那么来到里尔，你的观念将会发生改变。

这种农场酿制的农民必备啤酒，随着时间的推移已经发生了巨大的变化，有了新的身份，并被其背景故事浪漫化（我很怀疑200年前塞松啤酒能有什么浪漫之处——它粗糙但令人精力充沛，能解渴）。从农场酿造到商业酿造，这些啤酒都发生了变化。目前，酒精度和苦味都下降了6%，展现出酵母的果味和香味。这种啤酒可以追溯到20世纪40年代和50年代（详见第143页杜邦啤酒馆）。同样地，法国版本的啤酒和塞松啤酒在相似的时间变得醇厚，并发展成为更丰富、更有麦芽香味、更浓的啤酒。卫士啤酒随着时间的推移变得醇厚而成熟，陈酿过程中增加的并不是塞松的干性，而是麦芽的丰满度。许多啤酒都有粗糙的乡村风味，那是因为麦芽、啤酒花和酵母的混合比例不均衡。

尽管法国从来没有一种非常流行或影响深远的啤酒风格，但是一些啤酒厂坚持生产当地啤酒，用法国大麦酿造，呈现出三种不同的颜色（金色、琥珀色和棕色），并使用法国、德国或比利时啤酒花和各种酵母菌株。现在，卫士啤酒仍然是法国送给啤酒界的礼物。传统的啤酒还有圣西尔维斯特、卡斯特兰、杜伊克和乔莱特。

酿造了三个月的圣西尔维斯特酒有淡麦芽的甜味、水果味、菠萝般的香气、一些微妙的香料味，以及一种只有在这种风格的啤酒中才能找到的丰富的味道（它像三角杯一样浓郁，且更丰满，但没有酵母散发出的芳香）。杜伊克餐厅的詹兰·安布里（Jenlain Ambree）是焦糖色的，有一些烤面包和坚果味的麦芽味，也有果园的果香味，再加上酒体的圆润度和酸度的变化。如果这种啤酒酿造成熟了，那么陈腐的品质就会使它成为更优良的卫士啤酒之一，这也是琥珀版啤酒的一个很好例子。

里尔是探索这种啤酒风格的好地方，因为它靠近比利时和农业区。里尔附近的许多餐馆都提供一些法国啤酒来搭配当地食物。瑞塞尔酒庄（Estaminet't Rijsel，里尔甘德街25号，邮编：59800）有一些用啤酒烹制的菜肴，有现成的北佬（Ch'ti）啤酒以供随意取用，另外还有不错的当地酒瓶可以选择。必去的酒吧是胶囊酒吧（La Capsule，里尔三脚大街25号，邮编：59800）。这是一家手工啤酒吧，有大约28个啤酒龙头，在很多方面是一个教科书般的手工啤酒吧，如光秃秃的砖墙，简单的后吧台，黑板上的啤酒单，年轻的员工和饮酒者，酷音乐。让它与众不同的是法国啤酒系列，包括很多IPA和一些卫士啤酒。巴伐利亚安布雷（La Bavaisienne Ambree）是栗色的。有丰富的麦芽味，但仍然保持着一种紧绷中的轻盈感，里面有坚果味、烤面包味、烤麦芽味、一些灰尘味的啤酒花香气，还有一种很深的苦味。让人感觉它有点土气，没有达到完美的平衡，或者说不受控制，但这些原因在某种程度上又使它更加真实。天使餐厅（Brasserie Lepers' Angelous）有很浓的酵母果味啤酒，其中加入了增强这种果味的香料，这种有果味的、金色的、糊状的麦芽酒体，同时餐厅里还有啤酒花的香味和辛辣的味道。

像大多数传统的啤酒一样，卫士啤酒一直在改进中。它们曾经被酿造成清淡、清爽、干燥的啤酒，在秋天完美的条件下酿造，然后储存到冬天，在第二年的春天和夏天饮用。如今，它们变得更加强壮，富含麦芽，但仍然保留着来自乡村的本色和古老的风味。去里尔吧！这是一个有趣的城市，你可以试着了解卫士啤酒到底是什么样的，然后在世界级的洛杉矶胶囊餐厅里品尝各种法国酿造啤酒。

巴黎四大啤酒酒吧

现在的巴黎也有很好的啤酒，这些地方都值得一游。

- 薄泡沫（La Fine Mousse，巴黎简·艾卡德大道6号，邮编：75011）是一家顶级店铺。在这一个小小的、时髦的、酷酷的酒吧里，有大概20种现代法国啤酒的啤酒龙头。在酒吧对面还有一家餐厅，提供特别的食物和很棒的啤酒的清单。酒吧从17:00开始营业，餐厅从19:00开始营业。考虑一下吧，这样你会对法国精酿啤酒的变迁有一个大概的认识。

- 布朗贝里（Brewberry，巴黎铁罐街11号，邮编：75005）以一家瓶子店起家，然后在对面开了一家酒吧。这里有24个啤酒龙头，其中有许多有趣的物件。这里周三17:00开始营业，周末16:00开始营业。

- 超级英雄（Le Supercain，巴黎波德里克街3号，邮编：75018）是一家有趣的小酒吧，位于城市的北边，店的酒都是经过严格选择的，里面还有一个大大的法国酒类清单。这里17:00开始营业。

- 里昂快车（L'Express de Lyon，巴黎里昂街1号，邮编：75012）是里昂街附近的一家老派咖啡馆，从外观上看可能很普通，里面有15个啤酒龙头，大部分是法国和比利时的啤酒，还有一些从很远的地方寻来的奇怪的小玩意儿。这里8:00开始营业。

在修道院品尝奥瓦尔维特酒

世界上最受推崇的啤酒之一

世界上大约有十几家修道院啤酒厂，喝遍每一家的啤酒绝对应该列在你的啤酒清单上。更好的办法是参观所有开放的修道院，在酿造的地方品尝那些啤酒。然而，这些修道院并不完全像当地的精酿啤酒厂。我希望它们是黑暗的、教堂式的、充满崇敬和安静的地方，但它们其实是明亮的咖啡馆，并且可能属于任何一个国家公园，虽然与我所期望的不相一致，但它们仍然是世界啤酒地图上必不可少的一站。

在比利时，你可以参观阿克塞尔（Achel）、奇梅（Chimay）、奥瓦尔（Orval）、韦斯特马利（Westmalle，这是一家独立的餐厅，在修道院车道的尽头）和西佛莱特伦修道院（Westvleteren，见第139页），唯一一家没有营业的是罗斯福（Rochefort）。除了西佛莱特伦修道院，所有店都有生啤酒，而且都卖瓶装啤酒和一些简单的食物。这些都是游览的好地方，但不要期望有天堂般的啤酒体验。其中唯一的例外是奥瓦尔（Orval）。

奥瓦尔是最漂亮的修道院，有一个很好的参观庭院和一个小博物馆，如果你想参观的话，你应该在那里走走。他们的咖啡馆叫致守护天使（À l'Ange Gardien）。它很明亮，有点像消过毒的那样，就像其他修道院的咖啡馆一样，但是他们提供生啤酒奥瓦尔维特酒（Orval Vert, "Orval Green"），这是世界上唯一可以喝这种啤酒的地方。

普通的奥瓦尔啤酒的酒精度约为6.2%，呈琥珀色，喝完后会有很深的苦味和芳香，并且每瓶都会撒上野生酵母，使啤酒在瓶内进行二次发酵。这会使啤酒变干，并散发出一些独特的、扑鼻的、泥土的香味，这些香味会随着时间的推移而改变。这是一种独特的啤酒，是许多啤酒爱好者的最爱，每个人都可以根据自己喜欢的酒的年份进行偏好选择（咖啡馆提供陈酒和新酒）。

奥瓦尔维特酒是一款酒精度4.5%的纯生啤酒，但没有添加啤酒酵母，这意味着它是一种苦涩的琥珀啤酒，有点像一种古老的英国IPA，苦涩而强烈，但它的花香酒花和果味的酯酶酵母的芳香很吸引人，比其他所有的瓶装啤酒更柔和、更丰满。如果你喜欢奥瓦尔，那么推荐你一定要尝一尝这种啤酒，并且点一些修道院生产的奶酪。

还有一种更难品尝到的奥瓦尔啤酒——小的奥瓦尔酒。这是普通奥瓦尔酒的低度版本，基本上是稀释过的，这是供僧侣们喝的。这种酒不对外出售，只有住在修道院的人才能品尝到。这是世界上最稀有的啤酒之一，它绝对应该在你的酒类清单上。

品尝奥瓦尔酒是一种美妙的啤酒体验。

详情

名称： 奥尔瓦尔修道院

方式： 详情请登录www.orval.be

地址： 比利时维莱尔德旺奥瓦尔B-6832奥瓦尔路1号

西弗莱特伦12号

世界上最好的啤酒？

2005年，出现了征集名称的活动，并出现在 Ratebeer.com 网页上。一种浓烈的黑啤酒，它被简单地称为"12"，是由特拉普主义僧侣在西弗莱特伦的圣西克斯图斯修道院酿造的，并一跃成为世界上最好的啤酒。十年后，它仍然处于榜首。但这真的是最好的啤酒吗？

西弗莱特伦12号是比利时风味的四料啤酒。它是一种深褐色的啤酒，有着非常深的深色水果、李子、葡萄干、无花果、朗姆酒浸泡过的樱桃、甜茶、杏仁、茶面包、油酥蛋糕和一些芳香的香料。在最初的碳酸化作用下，酒体是柔软的，它的优点在于最初令人愉悦的甜味和入口的柔顺程度，这是其他啤酒无法比拟的。这也是一种由僧侣酿造的啤酒，非常稀少并且很难购买，如果你想买一箱，那么你需要在规定的时间内打电话给修道院，然后在另一个规定的时间内到达并取走。这一切都增加了它的吸引力。

修道院有一个咖啡馆——德维雷德（In de Vrede），并且有一个在现场出售六瓶装啤酒的商店，但你永远不知道当你到达那里的时候，那六瓶是什么啤酒。你也可以坐下来品尝修道院啤酒厂生产的三种啤酒：金发、8和12。这种金发啤酒是比利时最好的金发啤酒之一（它是水果味的，有酵母酯、烤麦芽、香草、辛辣的啤酒花，是一种世界级的啤酒）。8号啤酒是一种极好的双料啤酒，拥有丰富的麦芽和稠密的干果。但金发啤酒和8号啤酒都在12号啤酒的巨大阴影之中。

咖啡馆是喝西弗莱特伦啤酒的好去处，但这是一次奇妙的体验。这些很棒的啤酒是无仪式感地端上来的，它们只是被迅速地倒进你的杯子里，然后摆在你面前。咖啡馆又大又亮，而且敞开着，但是我想在黑暗的小酒吧里喝啤酒。另外，虽然你可以点一些世界上最特别的啤酒，但食物的选择性很小，只包括一些世界上最普通的烤三明治（虽然当你喝金发啤酒的时候，你应该点修道院的奶酪，因为这是完美的食物搭配）。在最近的一次参观中，12号啤酒是我品尝过的最好的一种，配得上它那高贵的地位。但是金发啤酒同样有这样的等级。当你去德维雷德，一路喝着啤酒，到了第三瓶、第四瓶或第五瓶时，你会非常高兴，可能并不觉得西弗莱特伦12号啤酒是世界上最好的啤酒。

详情

名称： 德维雷德

方式： 在去之前，确认营业时间，因为一年都不一样（详情请登录www.indevrede.be）

地址： 比利时弗雷滕黑暗大街13号，邮编：8640

当地小贴士：向东走

如果你在西弗莱特伦，向东去奥斯莱维特伦以及鸵鸟啤酒厂（Struise，奥斯特维特伦50号，邮编：8640）卡斯泰尔斯特拉特（Kasteelstraat，网站：www.struise.com）。他们创造了许多混合啤酒，但最出名的是浓烈的帝国黑啤，像黑阿尔伯特和帆船窖藏，尝起来有点像比利时的四料啤酒。旧学校啤酒厂或者说"在校舍里"每周六14:00～18:00对公众开放营业。你需要相应地调整参观东、西莱特伦的时间。

参观三家经典的比利时啤酒厂

为了更好地理解三种经典的比利时啤酒

在喝得酩酊大醉之前,你是无法正确理解一种啤酒的。这意味着你得花些时间认真地喝啤酒,了解它,了解它从满杯到空杯、从第三杯到第四杯时的变化。

同样,你不可能完全理解一种啤酒,甚至是你最喜欢的啤酒,直到你看到它的产地,了解它的特殊之处,了解它的一些秘密。例如,我从来都不知道塞松杜邦啤酒中的甜味来自何处,直到我走进啤酒厂,看到一束火焰直冲铜罐底部,制造出一个热点和一些焦糖味。看到那火,我立刻就明白了。

所以当我开始写这本书时,我知道我必须去三家啤酒厂,它们生产我喜欢的啤酒(还有让我曾经喝得很醉的啤酒)。以下是我在参观罗登巴赫(Rodenbach)、督威摩盖特(Duvel Moortgat)和杜邦酒馆(Brasserie Dupont)时的发现。

来罗登巴赫,一定要拍一张类似的照片。

罗登巴赫啤酒厂

为了啤酒界的葡萄酒

如果你参观了很多啤酒厂，你就会习惯于看到一排排银罐，看起来像是翻过来的鱼雷。很少有人会特别关注这些，这使任何一家啤酒厂的酒窖部分变得相当相似（这就是为什么人们倾向于拍摄更多的软管照片，然后是调节罐……），这正是为什么一些有趣的啤酒厂参观会包括那些具有老化的、巨大的桶或不寻常的酒窖，如皮尔森·厄尔奎尔（Pilsner Urquell）、坎蒂略（Cantillon）、邪恶的野草游乐场和罗登巴赫。

罗登巴赫里有294个木制橡木桶，从2640加仑（12000升）到惊人的14300加仑（65000升）。这里最大的家具比我住的公寓还大。有一个1836年的大桶，最老的还在使用的桶大约有120年的历史，最小的一个木桶大约60年。这些桶里发生着神奇的事情。

罗登巴赫是一种混合发酵的红棕色啤酒，是为数不多的保持着老啤酒风格的品牌之一。味道是酸的，但它总是酸的。它也是一种混合啤酒，将陈酒和新酒混合在一起，创造出一种完美的平衡，结合甜味、酸度和单宁酸，把这几种味道看作是一个三角形，在它们的中间有平衡。平衡的关键是pH，在最大饮用量和最大消化率时保持相对一致（pH大约为3.5，与葡萄酒在同一范围内，无酸啤酒的pH在4.2左右）。事实上，啤酒混合的起源之一被认为是为了达到这个最佳pH。

酿造过程中使用了有色麦芽和一些玉米，并经过了煎煮捣碎。酒厂使用当地的比利时啤酒花，尚未达到味觉的要求主要用于维持泡沫和啤酒的一般稳定性。酵母是一种混合培养物，包括一些野生酵母和细菌，经过一个温暖的发酵过程。一旦完成，就会有两种情况发生：要么是作为新酒被用来混合（而且看不到任何木材），要么是被放进那些巨大的木制容器中，可以放置长达四年。啤酒会朝着不同的方向进化，每一个容器都有自己的特点，有些会变酸，有些会有醋酸味，有些会有果味，还有一些会更特别。一瓶罗登巴赫酒是由罐里的新鲜啤酒和橡木桶的陈酿啤酒混合而成的。

标准的罗登巴赫啤酒是75%的年轻啤酒和25%的陈酿啤酒混合而成，这意味着你喝到的是一种更甜、果味更浓的啤酒，只有一点酸味以及一些令人愉悦的焦糖、樱桃和苹果的口味，它有着年轻化的水果味，但缺乏时间沉淀带来的复杂性。特级啤酒是一种更有趣的啤酒，由1/3的新酒和2/3的陈酒混合而成，酸甜平衡，有木本的单宁酸味，果味丰富，果酸味像苹果一样，还有一些香脂的味道。他们也会瓶装陈酿葡萄酒，只需一杯酒（加上少量的年轻啤酒以达到完美的平衡），你可能会直接从桶里尝到酒的味道。这种酒在不同的桶里有很大的不同，但总体上质量不够好，在我看来，它们需要新酒的甜度才能酿成完美的啤酒。

罗登巴赫是啤酒界的葡萄酒，酸度更接近于勃艮第酒，而不是棕色艾尔，同时是一种与食物搭配的极好的啤酒。这种味道是一种特质，是啤酒厂特意保存下来的，使我们今天仍然可以看到和体验到。酒窖里摆满了数百个大木桶，这是啤酒界罕见的景观之一，它能让你哑口无言，没有一个大银罐能够产生同样大的影响。

详情

名称： 罗登巴赫啤酒厂

方式： 参观和游览是需要预约的。详情请登录罗登巴赫的网站（www.rodenbach.be）

地址： 比利时鲁瑟拉勒斯潘杰大街133号，邮编：8800

罗登巴赫，啤酒界的葡萄酒。

督威摩盖特

为了美味无比的金色艾尔

1958年，布鲁塞尔以北24公里（15英里）的布林东克（Breendonk）的摩盖特（Moortgat）啤酒厂，研制出一种新啤酒的配方。这种干涩的金色艾尔是"啤酒界的真正魔鬼"，所以被称为督威，在布拉班提安（Brabantian）中意思为"魔鬼"。如今，它是比利时国内最著名、最受喜爱的啤酒之一。

督威摩盖特是一家家族啤酒厂，也是比利时第三大啤酒厂，自1871年以来便一直坚守在一个小村庄里。它们目前也在迅速扩张，还并购了其他啤酒厂，包括美国的火石行者啤酒厂（Firestone Walker）、山林路啤酒厂（Boulevard）和奥米冈啤酒厂（Ommegang），以及比利时的舒弗啤酒厂（La Chouffe）、白熊啤酒厂（Vedett）和特可宁啤酒厂（De Konink）。在家族的管理下，他们有很多不同的品牌。

啤酒厂定期开放参观，这个参观过程非常有趣而且详细，它会告诉你啤酒的历史，当然主要是督威啤酒的历史。每年大约有25000人来参观，你可以看到大大的、干净的啤酒厂，然后在巨大的罐区里走动，其中一些罐像五层楼的房子那么高，能装100万瓶的啤酒。你知道的，在罗登巴赫入口，我曾说银罐不太有趣。但督威是例外。一个巨大的水箱里装着一百万瓶督威，这是一件值得你去看和思考的事情，如果你能在一周内喝完一整箱啤酒，那么你需要800年才能把这个罐喝完。

督威的酿造值得关注，因为这是一个90天的过程。在第一天，啤酒被酿造出来。经过1周的初次发酵，然后在大罐中发酵3周。这时开始装瓶，在经过2周的温热熟化后（期间会发生明亮的碳化作用），再进行冷熟化6周，以进一步增强它良好的起泡性。它一出售便能直接饮用，口感更加新鲜。对我来说，督威在众多啤酒中脱颖而出的原因在于它对于轻柔度和强烈度的混合，它是彩虹般的金色，对于酒精度为8.5%的啤酒来说，它非常干且精瘦，这令人喝起来毫不费力（在酿造过程中加入的糖有助于最终的稀释）。啤酒中也有很多啤酒花，32°的国际苦味指数（IBU）来自芳香型啤酒花（冥河金和萨兹啤酒花），这使得它带有一种强烈的啤酒花的味道和复杂性，提升了辛辣果味，与酵母发出的香蕉、梨和胡椒的芳香相得益彰，所有这些与快速碳化作用一起，保证了啤酒的新鲜。

在旅行结束后，你将到达督威啤酒仓库，它轻巧而现代，但同时也有啤酒本身一样的经典感。它时尚又干净，并且装饰有老啤酒厂的纪念品，加上许多摩盖特家族啤酒（包括舒弗啤酒和山林路啤酒厂）。酒吧在旅游结束后开放，此外还有额外的开放时间，但最好在网站上核实一下。

2017年初，这家啤酒厂首次将督威啤酒纳入酒单，用了两年时间，才开发出一种可以直接供应这种高碳酸化啤酒的方法。理论上说这种啤酒可以一直生产供应，因为这种供应方法是非常好的。如果你在督威啤酒仓库，那么也可以看看督威三花啤酒，这是一种酒精度为9.5%的加强版啤酒，在最后的过程中加入了大量的西楚啤酒花，具有那种双倍IPA梦寐以求的轻松、美味的饮用能力。

我认为督威啤酒是世界上最好的啤酒之一，它当然是我的最爱之一，而且我的冰箱里一直都会有它。看看它是在哪里酿造的，了解酿造它的过程，只会让我更加喜欢这种啤酒，每次我打开一瓶督威啤酒，都会让我对它的力量、灵巧和轻盈的结合感到敬畏。这种啤酒似乎有一种持续不断的新鲜感，因为无论喝多少瓶，我总能注意到一些新的和有趣的东西。

杜维尔的复古标志。

详情

名称： 督威摩盖特啤酒厂

方式： 除星期天外，每天都有啤酒厂参观行程。他们提供了三种不同的选择，其中一种是品尝奶酪。请提前在线预订（详情请登录www.duvel.com）

地址： 比利时皮尔斯布林多克小镇58号，邮编：2870

杜邦酒馆

农家啤酒厂和塞松专家

杜邦塞松被认为是定义啤酒风格的教科书啤酒。这是一种几乎不可比较的啤酒，是其他啤酒商不敢复制的啤酒，也是很多饮酒者包括我自己最爱的啤酒之一。杜邦酒馆（Brasserie Dupont）坐落于1759年始用的农家建筑中，1844年在这座建筑中又增加了一座啤酒厂。最初，像这个地区的其他农家啤酒厂一样，他们只在冬季使用当时可用的任何原料来酿造啤酒。这些啤酒是在木头里酿造成熟的，酒精含量低，干燥，有酸味或者特别的味道，这意味着这种啤酒能够让农场工人感到清爽提神，但不至于让他们醉倒在田里。目前，杜邦啤酒的灵感来源于老啤酒，仍然有芳香的苦味、干涩感和惊人的酵母感，不过现在酿造出来的啤酒更浓，因为配方在20世纪四五十年代发生了变化。

啤酒厂和啤酒工艺是现代与传统的完美结合，杜邦啤酒厂希望将传统与新技术并驾齐驱。例如，他们最新的啤酒酿造厂仍然保留着20世纪20年代的烧铜（字面意思是一个巨大的火焰从喷射器中喷出），这样就形成了一个热点和发生焦糖化反应，你可以在啤酒中品尝到这种感觉。酵母也是非常重要的，来自20世纪50年代，具有酚类和高品质的果味，必须妥善保管。酒厂有不寻常的浅方形发酵罐，只填充到1英尺深的地方，这意味着施加在啤酒上的压力更小，从而创造了更多的果味。酵母在二次发酵中也会产生影响，所以啤酒被装瓶，然后在一个温暖的房间里放上六个星期。在那里，26液体盎司（750毫升）的瓶子被放在一边，以创造更大的酵母覆盖范围，使酵母可以扩散到整个啤酒区域，而不仅仅是在小基地（这些大瓶子你可以购买，如果你愿意的话）。

杜邦塞松是我特别想喝以及希望了解更多的啤酒。在1990年，酒厂一年中只酿造几次，但现在它非常流行，这要归功于美国工艺酿造的关注。自20世纪40年代塞松没那么受欢迎以来，啤酒厂就一直按照现行配方酿造，新配方将酒精度提高到6.5%，自此以后就一直保持不变（如果你想尝尝老款塞松啤酒，那就试试Biolégère啤酒，酒精度3.5%，非常干燥、苦涩、清爽提神）。

杜邦塞松啤酒在玻璃里是金黄色的。最初，一种深深的苦味，葡萄柚般的简洁感以及一种浓郁的圆形麦芽味道会出来，但随后就会消失。然后有一种深啤酒花的味道，辛辣的酵母以其酚类和果味从中间穿过。这是一种复杂而诱人的啤酒，混合了苦味、甜味、辛辣和干燥，正是这些品质把它打造成世界上最伟大、最丰富多样的食品啤酒之一（说到食物，啤酒厂也在现场制作奶酪，而且非常美味）。

在当地，啤酒厂以莫奈金啤酒（Moinette）而闻名，它本质上是一种使用相同成分和工艺而酿造的更强烈的塞松，只是为了吸引更多的人群，是在塞松不受欢迎的时期推出的。同样值得一提的是，瓶装啤酒随着时间变化不断改进，在这段时间内会产生更多的酵母芳香化合物，使啤酒变得更加干，售出时距离生产一年左右是较理想的。

今天的塞松和它作为一种真正的农家啤酒时的样子不同，当时的它是一种清淡清爽的啤酒。新塞松如今成为杜邦酒馆的精典，鉴于啤酒不再需要作为季节性产品，这种转变仅仅反映了啤酒世界的不断变化。你真的应该去杜邦酒馆看看，参观非常棒，啤酒厂很吸引人，特别是传统和现代技术的交织都呈现在原始的农场建筑内。这种啤酒是世界上能找到的最好的啤酒之一。

黄金标准的塞松啤酒正在被倒入杯中。

详情

名称： 杜邦酒馆

方式： 每个月的第一个星期六可以参观，有法语、荷兰语或者英语讲解。15欧元的费用包括整个旅行、三次品酒和可以带走的六瓶装啤酒。现场有一家商店出售啤酒和商品，周一至周六9:00～18:00开放。可以查看网址www.brasserie-dupont.com了解更多信息

地址： 比利时图尔佩巴塞大街5号，邮编：7904

格罗特多尔斯特

世界上最大的拉比克酒吧

如果你喜欢比利时果啤、贵兹啤酒（Gueuze），以及它们的果味朋友——樱桃啤酒和覆盆子啤酒，那么格罗特多尔斯特，或者说是"保证可以抗击巨大的干渴"，是必去的酒吧，因为这里有世界上最好的酸啤酒。

使格罗特多尔斯特酒店变得更特别，更难以捉摸，或无与伦比的原因是，它每周只开放3.5小时，而且是每个星期天的10:00～13:30。从外表来看，这是一个不起眼的混凝土立方体，但一踏进里面，人们的聊天和令人兴奋的气氛就让它鲜活起来。这是一个咖啡厅风格的小酒吧，头上有木梁，脚下是破旧的花纹瓷砖。在弯曲的木制吧台后面，你会看到闪闪发光的钻石，以及大量品牌玻璃器皿。这里有40多个座位，而且几乎没有站立的空间，所以要早点到达，因为一旦你看到菜单，你会想待满三个半小时。

一进门，大约有七杯生拉比克啤酒，这是一种未发酵的、未混合的新酒。早上就喝一杯吧。服务的人会消失在门后，可能他们进入了一个充满灰尘的、放有美味老啤酒的、神奇的地窖里（我真希望我现在就能去看看），带着你的杯子或瓶子回来。至于酒瓶，清单是巨大的，有贵兹啤酒，有果味拉比克或贵兹啤酒（为了方便，他们用颜色对菜单上的水果啤酒进行了编码），有13液体盎司（375毫升）和26液体盎司（750毫升）的瓶子。还有很多复古酒可供选择，你会发现许多十多年前的啤酒，有些是20世纪90年代或更早的，酒瓶被送到桌上时，标签已经褪色和损坏，另外，似乎还有无限量供应的西弗莱特伦酒（见第139页），一些饮酒者喜欢喝一些不酸的东西换换口味。但令人震惊的是自此以后你可能会想喝所有的东西。如果还不够完美的话，这里也有很好的奶酪。

这家酒吧位于布鲁塞尔以西约20公里（12英里），但很容易到达：从邻近火车站的酒店，跳上128路公交车大概30分钟下车，然后步行5分钟。在散步的时候，你仍然不会想象到会发生什么，因为你只是路过房屋和树木，并且那里非常安静。当看到教堂的高塔时，你就知道快到了。但你还是不会相信进去后看到的，因为在这个沉睡的小镇上，一个星期天的早晨，会有几十个人坐在里面分享令人惊叹的啤酒。

这是一生难得的啤酒体验。和一群人一起去，这样你就可以分享大瓶的啤酒了。尽可能多带点钱（这里只收现金，而且你可能会想买30欧元以上的瓶子）。早上10点到达，也许是更早一点，喝下不可思议的拉比克啤酒，挑选你再也看不到的古董酒瓶，并知道你身处世界上最伟大、最独特、最辉煌的啤酒酒吧之一。他们会确保你的口渴得到满足，尽管你仍然想回去买更多。

详情

名称：世界上最大的拉比克酒吧

方式：只在周日10:00～13:30营业（详情请查看www.dorst.be）

地址：比利时莱尼克贝顿大街45号，邮编：1750

世界上最棒的啤酒酒吧

- 格罗特多尔斯特酒吧
- 布鲁塞尔莫德拉比克酒吧(Moeder Lambic，见第150页)
- 布鲁日布鲁格斯熊酒吧('t Brugs Beertje，见第148页)
- 斯德哥尔摩阿克库拉特酒吧(Akkurat，见第159页)
- 哥本哈根美奇乐酒吧(见第81页)
- 丹佛落岩酒屋(见第44页)
- 佛蒙特州沃特伯里布莱克巴克酒吧(见第15页)
- 胡志明市比克拉夫特酒吧(BiaCraft，见第196页)

格罗特多尔斯特里面的空拉比克啤酒瓶展示。

第三章 欧洲其他国家和地区

在帕杰坦伦品尝拉比克啤酒

自然发酵的啤酒

拉比克啤酒、贵兹啤酒和其他独特的酸味啤酒吸引了一些最忠实的饮酒者，这些特别的老啤酒风格激发了一些不寻常的和特殊的啤酒活动，吸引了来自世界各地的啤酒爱好者。

拉比克啤酒是在布鲁塞尔南部和西部的一个小地区酿造的，这个地区被称为帕杰坦伦。所有的拉比克啤酒基本上都是用同样的方法酿造的：将小麦和大麦混合，然后加入少量的陈酿啤酒花，是要发挥陈酿啤酒花的抗菌性能，而不是为了味道或苦味。然后，在一天的酿造结束时，将液体放在大的冷却盘中过夜，这样可以从空气和周围的墙壁上吸引不同的酵母和细菌。这种啤酒"自然发酵"，然后在木桶或大容器中陈酿长达三四年。水果也可以添加到木桶中，以制作樱桃、覆盆子或其他水果酒，包括草莓、桃子或黑醋栗。所有这些口味在比利时随处可见。

虽然工艺相似，但每个啤酒厂都有不同的酵母和细菌小型培养基，加上不同的桶来存放这些酵母（每桶啤酒的成熟度也不同）。这意味着每个啤酒厂生产的东西都有一点不同，然后通过在一系列桶中混合的过程使其更加完美。

拉比克啤酒是基础产品。它来自同一酿造桶或同一批次，是未充气的，混合了甜味和酸味，还有一些特别的酵母香味，比啤酒家族中的任何东西都更让人想起农家苹果酒。拉比克啤酒并不常见。贵兹啤酒是拉比克啤酒厂的主要产品，这是一种混合啤酒，混合了甜的新拉比克啤酒和特别的、酸性的陈拉比克啤酒，达到完美和平衡，当啤酒混合在一个密封的木塞瓶中时，继续发酵并产生活泼的、像香槟一样的碳酸。在帕杰坦伦，有许多酿酒商，也有一些不酿酒的调酒厂，他们从酿酒商那里购买基础拉比克啤酒，然后在自己的桶里发酵成熟，带有自己桶内的酵母特性，然后混合。

如果你想喝拉比克啤酒，最好是从木桶里倒进一个陶瓷壶里，然后倒进一个厚底的拉比克玻璃啤酒杯里。你通常只能在啤酒厂附近找到这种酒杯，还有一些很棒的酒吧。这是一种传统啤酒的味道，时至今日仍以同样的方式酿造。

啤酒厂和调酒厂的不同

啤酒厂的工序包括从基础酿造到混合和装瓶的所有步骤，而调酒厂则是从啤酒厂那里购买发酵原液，然后在自己的桶里陈酿，再混合生产出新啤酒。以下是部分啤酒厂和调酒厂：

啤酒厂

- 三泉
- 贝乐威（Belle Vue）
- 布恩（Boon）
- 心跳骤停酒馆（Brasserie Mort Subite）
- 康狄龙（Cantillon）
- 德特罗奇（De Troch）
- 希拉尔丁（Girardin）
- 林德曼斯（Lindemans）
- 天牧蔓丝（Timmermans）

调酒厂

- 博克莱德（Bokkereyder）
- 德卡姆（De Cam）
- 蒂尔金酒庄（Gueuzerie Tilquin）
- 乌德比尔塞尔（Oud Beersel）

这三种拉比克啤酒值得一试

- 布恩的拉比克啤酒清爽，酒体平衡，酸度低，质地饱满，是一种微浓的苹果酒，有葡萄般的清新。

- 乌德比尔塞尔的拉比克啤酒像苹果一样，果味浓郁，有着完美的三角平衡，甜味、酸度和单宁酸的干爽都在中间交汇。

- 康狄龙的拉比克啤酒是柠檬味的，浓烈型，有来自木材的单宁酸，有点辛辣，还有点让人舒适的甜味，易于入口。

所有这些啤酒厂也生产特别的贵兹啤酒，微酸而有活力，既有柠檬味又有苹果味，味道浓郁而提神，跳动的二氧化碳让人精神振奋。

参观康狄龙啤酒厂

在啤酒清单上排名前十

实用的东西优先：康狄龙离布鲁塞尔米迪车站很近，步行即到。你可以坐下来喝点啤酒，或者可以参加一个自助游，最后喝一杯拉比克啤酒，再品尝另一种啤酒（然后继续喝下去）。

现在来谈谈浪漫的事情：康狄龙啤酒厂是市中心的一个农庄，可以追溯到几百年前。他们酿造了一些世界上最受尊敬的啤酒。那些啤酒是自然发酵的，所以是酸的。一旦酿制，它们会在一排排旧木桶中陈酿，长达三四年，在这些木桶中漫步是件美妙的事情，就像一座木头教堂（味道也很好）。啤酒厂是无与伦比的，啤酒已令人惊叹，平衡的酸度与复杂的口感完美融合。这是啤酒迷们梦寐以求的地方，它总是不负众望。

更难得的体验是参加每年两次的开放式酿酒日。在其中的一个地方，你可以在啤酒厂里待上一天，跟随整个酿造过程，看到老的啤酒厂还在工作是很了不起的。罕见的才是精华，那就是每隔一年举办一次的活动，这是啤酒和食物的盛会，你将品尝到大约25种稀有的啤酒，每种啤酒都配上一份小吃。活动需要凭票进入，入场时间是错开的。

在康狄龙喝啤酒是这个宇宙里最好的啤酒体验之一。

再来两杯酸味啤酒

Toer de Geuze： 每隔一年在奇数年上开展，大多数比利时拉比克啤酒厂和调酒厂（加上几家酒吧）都为来参加Toer de Geuze的游客敞开大门，庆祝自然发酵。所有参赛场馆之间都有巴士。这是一个难得的机会，能看到一些著名的啤酒厂（网站：www.toerdegeuze.be）。

自然发酵的周末： 展出100多瓶拉比克啤酒，其中包括一些稀有的和古老的产品，自然发酵的周末是酸啤爱好者必须要参观的。在五月的一个周末开办，是一个不寻常但可爱的啤酒节，人们可以在一个安静的地方购买和分享稀有的古老酸啤。

详情

名称： 康狄龙啤酒厂

方式： 除了周三和周日，康狄龙啤酒厂每天10:00~17:00开放（还有公共假期，以防万一，详情请登录www.cantillon.be）。一个自助旅行可能会花费7欧元，你可以从酒吧买酒喝或者带走。

地址： 布鲁塞尔古德大街56号，邮编：1070

布鲁日最好的啤酒体验

在一个美妙的啤酒城度过周末

作为一个最好的、古老的、啤酒城市之一，在布鲁日的鹅卵石街道上漫步度过一个漫长的周末，是一件非常让人陶醉的事情。

这座城市最著名的啤酒吧是布鲁日布鲁格斯熊酒吧（'t Brugs Beertje，布鲁日科摩罗大街5号，邮编：8000）。这家酒吧的意思是"布鲁日的小熊"，30多年来一直是啤酒爱好者的好去处。这是一个迷人而繁忙的小酒吧，有大约300瓶啤酒可供选择。你本来是去喝啤酒，但你可能会因享受气氛留下来。

对于登特海姆（De Garre），第一个挑战就是找到它，第二是找个地方坐下，第三是不醉倒地离开，因为其自酿三料啤酒是一种可怕的啤酒。尽管这里有100多种啤酒，你还是要先点他们家的自酿啤酒。它被装在一个独特的厚柄玻璃杯里，是深金色的，有一层厚厚的白色泡沫，富含麦芽、酵母和啤酒花，酒精度为11%，绝对是这座城市里的必喝啤酒。酒吧的环境和服务方式非常加分，包括一个大玻璃杯和一小碗奶酪方块。地址很简单，登特海姆1号，但又含糊不清，毫无帮助。大致上是从大广场走下来，沿着布里德大街（Briedelstraat）走下去，然后向右看有一条小巷，酒吧就在那里。

弗拉辛赫咖啡馆（Café Vlissinghe，布鲁日布莱克大街2号，邮编：8000）是布鲁日最古老的酒吧，2015年举行了开业500周年庆典，位于城市北部美丽安静的地方，靠近运河，远离人群。冬天有炉子取暖，夏天有个阴凉的花园。啤酒种类不多，但品质很好；食物都是家常菜，有沙拉、三明治和意大利面，欢乐的环境使这家老酒吧变得非常棒。它是一个很简单、很棒的酒吧。

特拉普派（Le Trappiste，布鲁日柯伊伯大街33号，邮编：8000）是一家繁忙、有气氛的地下酒吧，有着独特的封闭式墙壁和一大份啤酒单，其中包括一些可供选择的稀有和美妙的东西，还有一些啤酒和许多瓶子。它是黑暗、舒适和隐藏的，只有闪烁的烛光可供阅读菜单，黑暗的壁龛让你想躲在那里几个小时。

这个著名的啤酒城中心，只有两家啤酒厂，其中一家在2015年底才正式开业。但两者都应该在你的参观名单上。最古老的是哈尔夫马恩酒厂（HalveMaan），意思是"半月"（布鲁日瓦尔丰26号，邮编：8000）。在那里，他们酿制了布鲁日狂人啤酒（喝太多的话，你也会变成一个"布鲁日傻瓜"）、斯特拉大·亨德里克（Straffe Hendrik）三料啤酒和四料啤酒。你可以游览酒厂狭窄的酒厂旧址，上到屋顶上欣赏城市的美景，下至进入废弃的老啤酒厂。在参观结束时，你将得到一瓶未经过滤的布鲁日狂人啤酒。半月酒厂还因在城市地下修建了一条3公里（2英里）的啤酒管道而闻名，这条管道从啤酒厂延伸到一个单独的空调和包装大楼。

镇上的新啤酒厂是勃艮第弗兰德雷斯（Bourgogne des Flandres，布鲁日卡图伊泽林涅大街6号，邮编：8000）。这家酒厂的参观活动设置巧妙至极，周到地考虑到游客的想法，十分迷人，有互动性。同时有一些美好的风格，如玻璃地板上的调节罐和开放式发酵罐。啤酒以一种不寻常的方式生产出来，就像传统的佛兰芒红或棕色。酒厂自酿的"棕牛"（Den Bruinen Os）是一种浓烈的、带甜味的深色啤酒，然后与从蒂默尔曼啤酒厂获得的新拉比克啤酒混合（大约一半一半），创造出了一种有愉快的果味、甜酸樱桃、苹果、李子的啤酒。在啤酒厂餐厅提供的巨大的玉米饼上特别棒。如果你愿意而且天气晴朗，可以坐在后面的运河边。

想了解更多关于城市概况、啤酒、酒吧、餐厅和景点的信息，请登录wwwvisitflanders.be。

登特海姆的魅力在于它的大气和超好喝的啤酒。

中世纪的布鲁日为啤酒和美食爱好者提供了完美的周末假期好去处。

第三章 欧洲其他国家和地区

三家必去的比利时酒吧体验

你必须在安特卫普和布鲁塞尔试试啤酒

在这两个城市里有很多啤酒。比利时有几个城市和一些酒吧真的应该放入你的啤酒桶清单。相信我,你不会失望的。

安特卫普的库米纳托咖啡馆(安特卫普弗雷米奇之夜 32 号,邮编: 2000),古怪、舒适、杂乱,以其无与伦比的陈年啤酒酒窖而闻名。酒吧从一开业就势不可挡。里面到处是和啤酒不相关的纪念品和其他物品,偶尔还会有一些猫,但这些都为这家由夫妻团队经营的酒吧增添了奇特的魅力。一旦你安顿下来,浏览一下啤酒单,你很快就会目瞪口呆,因为这是最吸引人、最迷人、最令人惊叹的啤酒单,能够从这么多古老的啤酒珍品中挑选是一种独特的体验。唯一的问题是,你从哪里开始,什么时候结束。

拥有最多啤酒的狂热咖啡馆(Delirium Café,布鲁塞尔忠实导弹大街 4 号,邮编: 1000)似乎成为布鲁塞尔的一个主要旅游景点,但它是一个拥有 2000 种不同啤酒的旅游景点。我每去一次,它都会变得越来越大,更加忙碌。它也变成了一个街区聚会,在那里你可以在一系列的酒吧中选择,如精酿啤酒的啤酒花阁楼,在修道院酿造的特拉比斯特啤酒和阿贝啤酒,或者仅仅是主要的大型啤酒厂。除了压倒性的大酒瓶清单,选择非常多,到最后你可能连一瓶都不想要。你也可以买两升的啤酒,包括浅粉象啤酒,这家酒吧就是以这种啤酒命名的,但你最好不要这么做。

布鲁塞尔最好的酒吧是拉比克方丹之母(Moeder Lambic Fontainas,布鲁塞尔方丹广场 8 号忠实导弹大街,邮编: 1000),位于火车南站和布鲁塞尔大广场之间,这是世界上最棒的酒吧之一,也是我最喜欢的酒吧之一。丰富的啤酒选择吸引了我,主要是从最好的比利时啤酒酿造商中精选出来的现代啤酒,当然也有经典啤酒,如一些拉比克啤酒和很多你在其他地方找不到的稀有啤酒。我计划在这里待很长时间。

狂热咖啡馆的入口

第三章 欧洲其他国家和地区

这个标志将帮助你弄清楚酒吧的开放时间。

💡 **当地小贴士：关于比利时酒吧营业时间的提示**

营业时间是变化的。每天从午餐时间到就寝时间，只有几个地方会一直营业。酒吧每周至少有一两天关门是很常见的。在1月，很多地方根本不开门，或者减少营业时间。有些地方夏天关门，有些直到晚上才开门，有些只在下午开门，有些在午餐和晚餐之间关门几个小时。最好提前确认一下酒吧什么时候开门（但眼见也不一定为实）。

比利时最好的啤酒烹饪

因为你应该多喝些啤酒

比利时的啤酒厨房比其他任何一个啤酒国家做得都更好。去这些很棒的地方吧，菜单上的每样东西都以啤酒作为配料，如慢炖菜、与牛排搭配的快速酱汁、酸啤炖野味、用啤酒蒸的贻贝、用金发啤酒烤的面包、用深色艾尔搅拌的甜点。这里有一些很棒的地方可以参观。

霍梅尔霍夫（'t Hommelhof，波珀灵厄沃图丰17号，邮编：8978）是瓦图的一家高级餐厅，位于范埃克（Van Eecke）啤酒厂对面的城镇广场上。这里的食物优雅而高端，体贴而有味道，绝对是一种高雅的、特殊的啤酒和食物体验。我推荐两个可以用来搭配啤酒的菜肴。他们供应的是范埃克的酒花啤酒（Hommelbier），一种拥有大量的啤酒花、充满青草味的比利时淡色艾尔，这是刚开始吃饭时用来搭配的理想啤酒。主厨斯蒂芬·考特尼（Stefaan Couttenye）还写了一本关于用比利时啤酒烹饪的书，这本书值得去阅读。

在布鲁日，坎布里纳斯啤酒厂（Bierbrasserie Cambrinus，布鲁日飞利浦托克大街19号，邮编：8000）是一个著名的美食站，供应所有经典的啤酒菜肴，如烩牛（Carbonade）和特拉比斯特（Trappist）奶酪团块，以及一些私房食谱，包括用老棕色艾尔烹饪的鸡肉和蘑菇，以及用双料啤酒烹饪的法式焦糖布丁。

登德尔莱乌（De Heeren van Liedekercke，丹德利昂城堡大街33号，邮编：9470）是世界上排名最高的啤酒餐厅之一。虽然它的啤酒菜单没有其他的啤酒餐厅那么丰富，但是菜品堪称典范，啤酒清单也很出色，包括很多陈年啤酒。每道菜都配有建议的啤酒搭配，如著名的博洛尼亚香肠和马勒乌尔深色艾尔。

三个喷泉（De Drie Fontainen），也称拉比克酿造厂，在布鲁塞尔南部的比尔塞尔（Beerocl）有一家很好的餐厅，专门用自酿啤酒烹饪，有传统的兔肉菜，还有用不同的啤酒以不同方式烹调的贻贝、鸡肉和牛肉。里面的东西都很棒。自酿啤酒和瓶装啤酒供随意取用（布鲁塞尔比尔塞尔赫尔曼泰林克普莱恩街3号，邮编1650）。

在布鲁塞尔市中心的雷斯托比埃餐厅（Restobières，布鲁塞尔狐狸街9号，邮编：1000），这里的每道菜都要用到啤酒，对于任何对啤酒烹饪感兴趣的人来说，这间餐厅都是必不可少的一站。他们既做经典菜式，也有很多自己的特色菜式，包括一些美味的甜点（如能够祝你好运的百香果慕斯）。这是一个舒适的地方，有旧厨房用具和一份很好的啤酒单。在一个以薯条闻名的国家，雷斯托比埃制作了一些你能找到的最好吃的薯条，并配有一种极好的自制芥末蛋黄酱。

努埃特奈杰诺（Nüetnigenough，布鲁塞尔伦巴第街25号，邮编：1000）是另一家名副其实的餐厅，有用奥弗啤酒（Orval）烹饪的白香肠和用覆盆子啤酒（Framboise）烹饪的鸭胸肉之类的菜品。他们有杜邦啤酒馆的皮尔森啤酒和塞松啤酒，还有一些定期轮换的啤酒供客人享用。

在这个充满啤酒和食物的城市，雷斯托比埃提供了最好的啤酒和食物。

薯条和啤酒是完美的搭配,尤其是在雷斯托比埃。

五种完美的比利时啤酒和食物组合

* 法式三明治配比利时金色艾尔:一个烤火腿和奶酪三明治是一个伟大的午餐,再配上一杯比利时金色艾尔,如塞纳河啤酒厂的金色艾尔(对我来说这是一种完美的啤酒:干,苦,有萨兹啤酒花的芳香),是最令人清爽舒适的选择。

* 贻贝薯条配比利时白啤酒:一种经典的搭配。比利时白啤酒鲜活、辛辣的新鲜味道与洋葱、大蒜和青菜搭配起来效果非常好。它与炸薯条和蛋黄酱搭配也很棒。

* 炖牛肉配杜邦啤酒或四料啤酒:通常与酸啤酒或深色、浓烈的深色艾尔一起烹调,我喜欢杜邦啤酒或四料啤酒中的麦芽味,它们能增加一些甜味,以平衡炖菜的味道。

* 香肠和烤羊肚配塞松啤酒或者三料啤酒:香肠是土豆泥加葱和其他蔬菜,通常上面撒上香肠和啤酒酱。喝一杯辛辣、干的塞松或三料啤酒,以提高蔬菜的味道和破坏肉类的脂肪。

* 比利时巧克力慕斯配樱桃啤酒:一种主食甜点,樱桃啤酒里的果酸味可以增强巧克力的自然果味,然后用酸度来降低巧克力的丰盈度。

阿姆斯特丹的棕色咖啡馆

很棒的、传统的老啤酒吧

很多人去阿姆斯特丹是为了去红色或者绿色咖啡馆，但是聪明的啤酒旅行者应该去棕色咖啡馆。

阿姆斯特丹的棕色咖啡馆是传统的老酒吧，通常很小，用木头建成，很暗，而且没有阳光。它们就像一个装满木制家具的房间一样舒适，四周都是古怪的小摆设，墙壁上有几十年来积累的尼古丁污染，感觉非常居家和轻松，很有趣。他们提供酒吧小吃（如苦杏仁和奶酪方块）、金酒和一些当地的拉格，如高胜或喜力。如果你愿意，你也可以嘲笑这些啤酒不好喝，但是当它们超级新鲜的时候，就像在许多棕色咖啡馆里一样，是非常棒的：干涩的、干净的、清爽的，尤其是当它们被盛在小玻璃杯里供人饮用的时候。这将是一次独特的荷兰啤酒体验。

斯莫尔咖啡馆（Café't Smalle，RL 野蔷薇运河 12 号，邮编：1015）就在运河边，这是一个很有吸引力的地方，里面很漂亮，有大吊灯、酒吧凳子、明亮的背景、烛光和许多魅力。

医生咖啡馆（Café De Doktor，PR 蔷薇 4 号，邮编：1012）很小（阿姆斯特丹最小的酒吧之一），很黑，里面摆满了古董、钟表、瓶子和鸟笼，这些都非常棒。你可以躲在那里喝几天清凉的拉格。它于 1798 年开业，至今仍由同一个家族经营。

In't Aepjen 咖啡馆（AN 泽迪克 1 号，邮编：1012）蕴含着一个荒谬的故事和历史，它是阿姆斯特丹仅有的两座木制建筑之一，建于 15 世纪 40 年代。但这并不是可笑的部分，它的名字被翻译成"在猴子里"才可笑。历史上，停靠在阿姆斯特丹的从异国他乡而来的水手喝得酩酊大醉，付不起账单，便会用猴子作为货币，使得这个地方到处都是动物。今天，在红灯区边缘的这家漂亮的小酒吧周围，仍然有许多与猴子有关的纪念品。

斯莫尔咖啡馆位于运河边，阳光正明媚。

安特卫普棕色咖啡馆

想要在比利时体验一下类似的棕色咖啡馆？这些酒吧遍布北部城市，但安特卫普有许多小的、黑暗的、舒适的酒吧，风格和阿姆斯特丹的咖啡馆一样。他们会有简单的食物和几瓶好酒，包括这个城市标志性的和广受欢迎的特可宁啤酒，你只需说出杯子的名字就可以点菜了——一杯特可宁啤酒（发音为bolloker）。请留意波尔·范蒂宁（Boer van Tienen，安特卫普梅塞普利6号，邮编：2000）、乌德·阿瑟纳尔（Oud Arsenaal，安特卫普玛丽亚·皮杰佩林·斯特拉特4号，邮编：2000）和恩格尔咖啡馆（Café Den Engel，安特卫普大市场3号，邮编：2000）。

第三章 欧洲其他国家和地区

特罗姆索的北极圈啤酒

啤酒和生活清单结合在一起

在北极圈以北 320 公里（200 英里）的特罗姆索市，啤酒桶清单和生活清单整齐划一。它曾经是"通往北极的门户"，是探险家、探险队和动物狩猎活动开始和结束的地方。我曾经独自去那里看虎鲸在野外游泳。在漫长的冬天里，大多数夜晚都能看到天空中跳跃的北极光。

很明显，当到一个新的地方旅行时，我总会去看看当地的啤酒厂和啤酒，特罗姆索提供的啤酒比我想象的要多得多，其中麦克·布莱格里（Mack Bryggeri）是世界上最北的啤酒厂之一，也是挪威历史最悠久的啤酒厂之一。还有一些小型手工啤酒厂。

看到虎鲸和北极光超出了我的预料。这里的啤酒也一样。最令人兴奋的啤酒厂是格拉夫·布莱格斯（Graff Brygghus）啤酒厂，擅长酿制德国和美国风格的啤酒，酿酒师马吕斯·格拉夫（Marius Graff）在俄勒冈州波特兰市的啤酒厂待过一段时间，然后回到家乡与商业伙伴马丁·阿蒙森（Martin Amundsen）一起酿造格拉夫啤酒，这种啤酒非常好喝。此外，在镇上还有波尔登（Polden）和布莱格里（Bryggeri）13，其中有一系列的淡啤酒、啤酒花啤酒、深色啤酒和麦芽啤酒，你可以在镇上的啤酒商店找到这些啤酒。

麦克酿造厂因其在挪威北部的美妙故事和主导产业而值得关注。麦克一家（发音更接近 Muck）是来自德国汉诺威附近的商人和面包师。19 世纪 30 年代，烘焙把乔治·麦克带到了挪威，他在卑尔根工作，然后北上，定居在特罗姆索，有了孩子，包括卢格维格·麦克。卢格维格跟着父亲学习烘焙，在德国工作了几年，然后回到父亲的面包店。

当时特罗姆索是一片荒芜的地区，生活着一群喝着烈酒的颓废的渔夫。卢格维格尝过德国啤酒，了解德国啤酒的文化，所以他决定用一种新的方式将水、谷物和酵母结合起来。1877 年，当时 35 岁的麦克开了一家同名的啤酒厂，第二年开始销售他的第一瓶啤酒——拜耳啤酒，一种深色的、巴伐利亚风格的拉格。这不是一个简单的开始，作为一个偏远的小渔村，特罗姆索的繁荣取决于渔夫们的成败。但它确实存活下来，并成功地成长起来，成为挪威北部的代名词，并且至今仍是一家由家族经营的啤酒厂。除了啤酒，他们还生产软饮料和瓶装水。另外在 2000 年，他们还增加了一个智能精酿啤酒厂。2012 年，这家大型生产啤酒厂在一个小城市紧张的基础设施下，已经超出了原来的规模，因此在 71 公里（44 英里）外新建了一家生产啤酒的新厂，而微型啤酒厂则位于特罗姆索。这还是由同一个家族经营的。

喝啤酒最好的地方是大厅酒吧（Ølhallen），这是一间啤酒厅，一个拥有 67 个啤酒龙头的酒吧，也是特罗姆索最古老的酒吧。和啤酒厂一样，酒吧的开放是为了阻止不守规矩的公众饮酒，并创造一个愉快和舒适的地方来享受啤酒（尽管它严格来说是男人的酒吧，女洗手间是 1973 年才建成的）。今天，一只巨大的北极熊站在吧台的另一边，提醒人们这个地方本来有很多渔民和猎人。大厅酒吧有所有种类的麦克啤酒，包括在离酒吧几码远的地方酿造的啤酒花精酿啤酒，还有许多来自挪威微型啤酒厂的啤酒。这是一个很棒的酒吧，供应很多很棒的深色拉格。你应该从一杯麦克拜耳开始，这是当地人喜欢点一个"平淡"的黑啤酒，是一种拜耳啤酒里加满了麦克的皮尔森啤酒，平衡了麦芽的甜味和皮尔森啤酒花的苦味。

特罗姆索是一个很好的旅游城市。自然环境美丽，附近有很多山和一个不错的古城，还有顶级的食物和啤酒。我喜欢生命清单遇到啤酒清单。想去特罗姆索附近的啤酒旅行吗？详情请查阅 www.budgettours.no/beersafari。

详情

名称： 麦克酿造厂和大厅酒吧

方式： 酿造厂每天都可以参观，参观到大厅酒吧结束，详情请登录 www.olhallen.no

地址： 挪威特罗姆索斯托尔加塔4号，邮编：9008

暮色中闪烁的特罗姆索。

🎈 当地小贴士：挪威很贵

在酒吧里喝半升本地拉格的价格可能为6～10美元，而一杯纯啤酒的价格为11～20美元。此外，政府对酒精度超过4.7%的酒的销售进行监管。所有商店出售的啤酒的酒精度最高是4.7%，这意味着大多数挪威啤酒的酒精度为4.7%及以下。如果你想要烈性酒，包括葡萄酒和烈酒，那么你只能从葡萄酒专卖店购买。请注意，这些商店限定营业时间，但也有很好的啤酒选择，是普通商店不出售的。

第三章 欧洲其他国家和地区

世界最北端的啤酒厂

小心北极熊……

特罗姆索的麦克·布莱格里是世界上最北端的啤酒厂，直到2015年挪威议会第一次修改法律，允许在这个北极岛上酿造啤酒，斯瓦尔巴特啤酒厂才开业。

斯瓦尔巴特啤酒厂，这个新开业没多久的、最北部的啤酒厂，绝对在我的啤酒桶清单上，更适合精致的啤酒饮用者：需要几次飞行才能到达，那里是一个偏僻的北极岛屿，而且岛上有很多北极熊，事实上，熊比人还多（对爱猫人士的一个警告：猫是不允许进入岛上的，因为它们会威胁到北极的鸟类数量）。幸运的是，如果你真的成功到达了，他们会提供啤酒厂参观活动，而且啤酒非常好喝，以皮尔森啤酒、淡色艾尔、IPA、白啤酒和黑啤为核心系列——尤其是强烈的啤酒，味道丰富而光滑，和温暖对抗寒冷的四肢。啤酒在酿造过程中也使用冰川水，这（字面上）非常凉爽。

详情

名称： 斯瓦尔巴特啤酒厂

方式： 详情请登录www.svalbardbryggeri.com

地址： 挪威龙耶尔布安索姆拉代（Sjøområdet），邮编：9170

北欧农家艾尔

为了严肃的啤酒爱好者

"农家"在城市精啤酒厂的标签上印出来时意义不大，但如果你离一个城镇几百公里，周围都是田地，身处一个大棚里，在明火上把杜松枝扔进锅里，那么"农家"就更有意义了。

我还没有去过农家，但是我真希望有这样的体验。这是我仍然需要完成的条目之一：体验真正的北欧农家酿造。当然，也有一些商业上的例子，如芬兰的沙哈提酒是由少数酿酒商生产的，但这不是我想要的。问题是，尝试真正的农家啤酒真的很难。首先，你需要去挪威或芬兰的偏远地区。其次，你需要找到一个能让你在他们家里酿酒的人，而且他们能给你提供一些喝的东西，不能像立陶宛农家啤酒（见第164页），你可以在镇上的酒吧里找到。北欧人仍然保留着在家里喝酒的传统，这很吸引我，就像这些农家啤酒的酿造方法一样。芬兰的沙哈提酒从杜松子和水一起在木柴火上加热开始，通常是在桑拿房里。用杜松子浸泡过的热水逐渐倒在麦芽上，然后用更多的杜松子过滤，加入面包酵母。当它准备好的时候，你通常会品尝到一种轻微的、清爽的酸味，一些甜味，再加上杜松子的草药香味。

诺维根麦芽醇是各种啤酒类型的总括术语，通常根据地区而定。这些啤酒的关键是使用克维克酵母，或祖先酵母菌株。这些啤酒中，有些是深色的，烟熏的，用商业啤酒酵母酿造的；另一些是淡的，果味的，混浊的，生的（没有煮过的），用杜松子和克维克酵母酿造的；还有红棕色的啤酒，果味甜，有杜松子的味道，加入了克维克酵母。它们在加工方式、外观、味道和很多方面差异很大。

萨赫提和麦芽糖都依赖于古老的方法，它们是用传下来的知识和技术酿造的，是用感觉而不是科学制造的。要了解更多信息，请访问拉尔斯·马里乌斯·加尔肖尔（Lars Marius Garshol）的网站：www.garshol.priv.no（上面大部分信息都来自于此）。对于最敬业的饮酒者来说，有几个啤酒节必须要去，其中一个是在12月25日至26日举行的，但最好的选择是10月在霍宁达尔举行的科诺尔节，只是不要期待它会像现代精酿啤酒节那样。

参观斯德哥尔摩品尝超级瑞典啤酒

去斯德哥尔摩啤酒和威士忌节

与大多数啤酒国家相比，瑞典正在更快地向前发展，从美国和其他斯堪的纳维亚啤酒厂那里汲取灵感，然后创造性地推动啤酒酿造朝不同方向发展。这意味着你会发现一些与众不同、有趣、优秀的系列啤酒风格，它也绝对是最古老的啤酒目的地之一。斯德哥尔摩是品尝瑞典啤酒的必去之地。下面列出了三个酒吧，但如果你有时间（和钱，因为这些城市消费不低），还有十几个其他城市可以去。

阿克库拉特（Akkurat，斯德哥尔摩康斯加坦 18 号，邮编：11820）是公认的瑞典、斯堪的纳维亚半岛和世界上最好的啤酒酒吧和餐厅之一，拥有欧洲最好的啤酒名单之一。瑞典啤酒总是有大量的综合因素，只有最好的啤酒才会被选中。这里有顶级比利时啤酒，包括坎蒂龙啤酒和杜邦啤酒，还有许多其他优秀的进口啤酒和威士忌。食物也很好吃，所以你应该在那里吃点东西。

奥利弗·特维斯（Oliver Twist，斯德哥尔摩雷普斯拉加加坦 61 号，邮编：11846）距离阿克库拉特只有 3 分钟的步行距离，感觉就像一家美国啤酒厂，周围到处都是国旗和锡制啤酒厂的标志，加上你在美国本土所期待的长长的啤酒单。这份名单里不仅包括一些美国啤酒、一些英国啤酒，还有很多最好的瑞典啤酒。食物也不错。

欧米尼珀罗（Omnipollo）是一家引领潮流的酿酒商，生产沿用经典的工艺风格，加上一些最不寻常的啤酒包括一系列以甜点为灵感的啤酒。他们有一个繁忙的酒吧——欧米尼珀罗哈特（Omnipollos Hatt，斯德哥尔摩霍肯斯街 1A，邮编：11646），出售自酿的啤酒和合作者的啤酒，美味的比萨有助于缓解高度酒精的影响。

如果可以的话，把参观时间安排在斯德哥尔摩啤酒和威士忌节同时举行期间，这个节日在 9 月或 10 月中连续两个周末举行。在一个鼓励人们小口啜饮而不是大口大口喝一品脱的活动中，你会发现许多顶级酿酒商以及烈酒生产商（更多详情请查看 www.stockholmbeer.se）。这是一个呆板的啤酒活动，但它也有很多乐趣，也是一个很好的发现啤酒世界正在发生什么的机会。

参观斯德哥尔摩，享用超级瑞典啤酒。

美奇乐哥本哈根

像丹麦的神一样吃喝

你想要一系列酸啤酒还是喜欢IPA？你要烤肉、玉米卷、拉面、丹麦的开口三明治，还是三明治（smørrebrød）？你想在一个被木制啤酒桶包围的仓库里，在一个凉爽的酒馆里，还是在一个独特别致的酒吧里喝酒？无论想要什么，你都可以在美奇乐哥本哈根找到，因为这家世界级的啤酒商在圣地亚哥和法罗群岛都开设了酒吧，并在其家乡拥有一系列令人难以置信的啤酒酒吧、餐厅和啤酒厂。

最初的吉普赛酿酒师美奇乐提升了啤酒饮用体验，在哥本哈根创造了一个令人兴奋和多样化的空间。他们的第一家旗舰酒吧——美奇乐酒吧（Mikkeller Bar）有一套教科书式的、现代化的北欧设计：整洁的裸木，简单而朴素，配有易于阅读的啤酒板和小玻璃杯，如此设计更倾向于品尝而不是大量饮酒。美奇乐和友邦（Mikkeller & Friends，斯特凡斯加德大街35号，邮编：2200）扩展了原来酒吧的概念，并增加了更多令人惊叹的啤酒。他们也有工业空间，如米克勒酒桶房（Mikkeller Barrel Room, Refshalevej 169A，邮编：1432），用于陈酿啤酒和饮用一些稀有啤酒，还有沃皮格酿酒吧（Warpigs brewpub，瓶子街25号，邮编：1711）和与美国摇滚明星级别酿酒公司三子公司合作的烧烤节。米克勒和友邦附近的冷藏船酒吧（Koelsohip）专营比利时和比利时风格的啤酒，主要是拉比克啤酒、自然发酵的啤酒和酸味酒。

可以到拉面到比鲁（Ramen To Bíiru，格里芬费尔兹加德大街28号，邮编：2200）吃面条和喝啤酒（推荐自酿柚子啤酒，味道非常好），到啤酒和面包店（ø1&Brød，维多利亚时代大街6号，邮编：1620）喝啤酒吃面包，到Neta公司（北大街29，邮编：2200）吃塔可。如果你想带些啤酒回家，甚至还有酒瓶店（Bottle Shop，塔维霍尔21号，哈尔1号，E4，邮编：1360）。还有米克罗波利斯（Mikropolis，反转大街22号，邮编：1363），这是一个鸡尾酒和精酿啤酒酒吧，如果你想喝点不同的东西，它是理想的选择。

总之，这些酒吧使哥本哈根成为喝啤酒的好城市之一。米克勒还改变了人们对啤酒是什么，啤酒酒吧是什么样子的固定看法，以及啤酒和食物可以一起呈现出来的方式，他们在本国以外的城市也在这样做，引发了啤酒界的变化，特别是在东南亚地区。对于那些没有自己的技术的啤酒厂和酿酒商来说，这是一个壮举。

哥本哈根啤酒节在啤酒界的地位就和全明星赛一样。

一定要尝尝拉苏利特IPA。

美奇乐啤酒节

  美奇乐啤酒厂可能是世界上最有社会关系的啤酒厂,每年5月,他们都会利用这些社会关系,在哥本哈根举办世界上最好、最节能(这是一个很好的方式)的啤酒节之———美奇乐啤酒节。

  这是一个令啤酒迷们会在几个月前就大张旗鼓地聊到的大事件。不知为什么,啤酒厂的阵容每年都会变得更加令人印象深刻,那些参展的啤酒厂和他们带来的啤酒越来越多。

  周末有4种4小时的工休啤酒。凭门票可以进入,可以拿一杯啤酒或是从啤酒龙头中取用无数杯啤酒。但是要记住,门票很快便会售罄。

哥本哈根嘉士伯啤酒厂

酿酒酵母科学之家

  1847 年，J.C. 雅各布森在当时的哥本哈根市郊建立了他的新啤酒厂。他曾在巴伐利亚待过一段时间，他的目标是在家乡酿造巴伐利亚风格的啤酒，使用的是他从慕尼黑加布里埃尔·塞德迈尔的斯帕滕啤酒厂获得的底部发酵的拉格酵母。啤酒很成功，啤酒厂从此发展壮大。然而，有什么东西阻碍了他的发展，因为，虽然有极好的、干净的水，但没有干净的酵母。1875 年，啤酒厂建造了一个实验室，以便能够更好地开展研究。1883 年，埃米尔·克里斯蒂安·汉森博士（他知道大多数坏啤酒都是由坏酵母引起的）在研究中取得了重大突破：开发出了一种分离和繁殖纯酵母的方法，取名为卡尔氏酵母菌（Saccharomyces carlsbergensis，尽管现在它被称为巴斯德酵母，以路易斯·巴斯德之名命名）。在这之前，酿造酵母应该是由不同的酵母菌株和细菌混合而成的，但是，有了这个发现，酵母有可能变得"干净"和纯净。这是世界酿酒业的一次革命，啤酒厂没有保守秘密，广而告之，从而使每个人都能更好地酿造啤酒。

  2013 年，啤酒厂发现了三瓶非常旧的嘉士伯啤酒，并打开其中一瓶进行了检查。他们从瓶子里取出酵母，并在 2016 年让嘉士伯实验室用这种原汁原味的嘉士伯酵母酿造啤酒，尽可能地遵循最初的酿造工艺和配方。"再酿项目"生产的是一种铜琥珀啤酒，中间有一些残留的甜味和干苦味，符合当时慕尼黑邓克尔啤酒的风格。

  今天，你可以参观哥本哈根的嘉士伯啤酒厂，自助游绝对是值得的，在一个大型的、独特的酒吧结束。在那里，你可以喝一些啤酒，包括多样有趣的雅各布森系列啤酒。

  埃米尔·克里斯蒂安·汉森博士的发现使啤酒在质量和稳定性上有了飞跃。这是酿酒史上一个非常重要的时间点，实际上嘉士伯实验室一直是酿酒研究行业的领先者。

  不要忽视大的啤酒厂，他们往往是值得去了解和参观的，也会很有趣。如果你在哥本哈根，去嘉士伯看看吧。

详情

名称： 嘉士伯啤酒厂

方式： 啤酒厂位于距哥本哈根中心站大约2.5公里的地方（详情请登录www.visitcarlsberg.com）

地址： 丹麦哥本哈根瓦尔比老嘉士伯路11号，邮编：1799

分享酿造的秘密

在19世纪30年代末,有一些啤酒商愿意与他人分享知识,希望能提高啤酒的整体质量。传授这些知识的先辈是来自慕尼黑斯帕滕啤酒厂的加布里埃尔·塞德迈尔和来自维也纳同名啤酒厂的安东·德雷尔。他们利用学习假,游历了北欧和英国,参观了尽可能多的啤酒厂,看到了运往印度的巨大波特大桶和淡色艾尔桶,了解了不同的酵母(著名的事件是用底部有阀门的手杖偷取样本)。

他们了解到的最有意义的事情之一是英国的麦芽酿造技术,这种技术能够使麦芽变得更淡。塞德迈尔和德雷尔把这些知识带回了家乡,分别生产了慕尼黑深色艾尔和维也纳麦芽,并在1841年用它们酿造了新的淡啤酒。我们知道,德国酿酒技术会在优质酵母和发酵方面很领先,他们把这方面的知识传授给其他人,包括嘉士伯的雅各布森,而嘉士伯又把自己的新发现传给了其他酿酒商。皮尔森·厄尔奎尔的第一位酿酒师约瑟夫·格罗尔(见第126页)也正是从这些人那里学到了一些麦芽的知识,或许也学到了关于底部发酵的拉格酵母的知识。

嘉士伯啤酒厂的入口,这是世界上最华丽的酒厂入口之一。

第三章 欧洲其他国家和地区

俄罗斯的格瓦斯啤酒

把面包变成啤酒

俄罗斯以面包为原料的低度格瓦斯啤酒的复兴似乎不太可能，这种饮品已经迅速从传统转向新的时尚。

格瓦斯啤酒是用不新鲜的面包，加上水果和香料制成的，酒精度 0.5% ～ 2.0%，更像是一种轻度发酵的软饮料。在俄罗斯酿造的格瓦斯啤酒主要由商业品牌酿造，味道由于地理位置的不同而有所变化，主要取决于该地区的人们是喜欢酸味还是甜味。餐厅也开始自酿格瓦斯啤酒，酿造出适合不同食物的格瓦斯啤酒，而这种小规模的生产正在改变俄罗斯著名的家庭自酿酒的能力，而这正是我最感兴趣的部分，因为它能使一种古老的饮料焕发青春，并使在原有基础上变得新颖。

夏天，看起来像是带着大轮子的小发酵罐的卡车停在街角，人们可以直接购买。夏天是消耗格瓦斯啤酒最多的时候，因为在炎热的天气里，格瓦斯啤酒既清爽又便宜。写这本书的时候，我没法去俄罗斯品尝格瓦斯啤酒，所以格瓦斯啤酒仍然是我想实现的个人愿望清单。

格瓦斯啤酒是用罐子运来的。

品尝立陶宛农家艾尔

品尝你从未喝过的啤酒

当你总是在寻找最新风格的啤酒时，你会意识到你完全错过了一些非常古老的啤酒风格。立陶宛波罗的海之美揭示了当地深厚的啤酒文化和一系列独特的啤酒风格，世界上其他地方的啤酒都没有这种味道。

农家酿造在欧洲有着悠久的传统，但在大多数地方，这种方式已经消亡或变成了一种商业行为。但立陶宛的情况并非如此，部分原因是因为作为苏联的一个联邦，商业啤酒厂被要求酒厂只能使用六种固定配方，并且限制了每一家啤酒厂的总产量。家庭酿酒者或农场酿酒者，则没有这样的限制，遍地都是的谷物粮食和大量的本地啤酒花可供他们使用，于是他们开始继续酿造自家的啤酒，不同于世界上的任何啤酒。

苏联解体后，大啤酒厂得到了些许的自由，但更重要的是，当地的小啤酒商能够变得更加商业化。许多酿酒师从父母那里学习祖辈的知识，许多食谱是不成文的，过程是不科学的，但是啤酒过去是这样做的，现在仍然是这样做的。有些酿酒商仍然自己制造麦芽；有些仍然自己种植啤酒花或采摘野生啤酒花（有时在加入啤酒花之前将啤酒花制成茶，尤其是酿制生啤酒或未煮熟的啤酒）；许多啤酒厂使用木制的酿造容器和开放式发酵罐。但酵母才是真正独特的东西，像一个家族的宝藏一样世代相传。正是这种酵母将立陶宛农家啤酒与其他啤酒区分开来，其他任何啤酒中都没有一样或相似的菌株。

立陶宛啤酒值得一寻

Kaimiškas，意思是"来自农村"，是一组以传统方式生产的农家啤酒，采用自制麦芽、野生啤酒花和酿酒者祖传的酵母菌株。

啤酒可以是淡的或者是暗的，可以在酿造过程中煮沸或不煮沸，这一点很重要，并且增加了啤酒的不稳定性和独特的风味。发酵也可以发生在非常高的温度下（约30℃），这反过来又会产生不寻常的品质。约瓦鲁阿卢（Jovaru Alus）是由"立陶宛农家酿酒女王"未经过煮沸酿造的一种啤酒，农家是啤酒的一个典型代表：既甜又苦，中间有一些嚼劲十足的坚果麦芽香，还有一些淡淡的水果和香料混合发酵口味。

这些啤酒可能看起来像窖藏啤酒或塞松啤酒，甚至有点像苦啤，但尝起来不像那些啤酒。它们通常在中间是丰满和甜的，但最后会变干；苦味往往很低，令人尝不到酒花的香味。有一种泥土味，有点像农场或酒窖的味道，这种味道可能来自麦芽、酵母和酿造工艺的结合。在这里，酿造缺陷，如双乙酰、酚类和酯类（就像香蕉、草莓、苹果、烟的混合味道）并不被认为是有害的，事实上，它们是这些啤酒风味特征的一部分。这些啤酒总是未经过滤和未经高温消毒，每一批的口味都不相同。

开普汀（Keptinis）是农家啤酒中一种不寻常的类型，原料是烤大麦面包。当面包浸泡在酿造水中变成啤酒的时候，这种烘焙会给面包带来焦糖的品质和额外的甜度。这种酒很少见，是一种古老的啤酒类型，但并没有被现代啤酒文化所遗忘。值得注意的一点是，这种啤酒由乔阿卢斯（Čižo Alus），一个立陶宛酿酒届的邪教人物创造的。这种啤酒是甜的、辛辣的、糊状的、充满了香蕉味和其他酯类的味道，但最后仍然是干的，显示出这些酵母的健身功能。你也可以看到立陶宛格瓦斯啤酒，是用黑麦面包和其他发酵物如淀粉蔬菜、水果和蜂蜜制成的（类似于俄罗斯格瓦斯啤酒，见上一页）。它的酒精含量很低（所以有时不被认为是啤酒），可能加香料，也可能不加香料。我尝过的那一种有一种奇怪的像可乐一样的味道。

到哪里能喝到

维尔纽斯是最方便找到这些啤酒的城市，各种各样的酒吧在非常独特的地点和独特的氛围中为人们提供服务。这种饮酒体验与不寻常的啤酒十分相配。

有一些斯奈库蒂斯（Šnekutis）酒吧，是维尔纽斯的必去之地。他们都供应各种农家啤酒，水管中或瓶装都有，加上乡村风味的家常菜。如果可以的话，值得一游，因为有不同的啤酒可供选择（木星酒吧的位置基本上是一个木屋，非常棒）。试试维尔纽斯圣斯特普诺g.8，邮编：01138；木星酒吧，维尔纽斯马球衫g.7A，邮编：01204。

班巴林（Bambalynė，维尔纽斯g.7，邮编：01131）是一家地下酒吧，有很多不同的本地啤酒可供选择，既有自来水，也有瓶装的。名称空间酒吧（维尔纽斯戈斯陶特g.8，邮编：01108）距离市中心不远，步行可达。这基本上是一个俄式的地堡，播放摇滚音乐，非常独特。在这里，你应该可以喝到乔阿卢斯啤酒。还有勺子酒吧（维尔纽斯曲线g.9-1，邮编：01203），里面有一些立陶宛的手工啤酒，从河蛇出发步行距离很短，值得停下来（如果你想要用熟悉的东西重新调整你的味蕾）。立陶宛有一些很好的精酿啤酒，如三文鱼啤酒和邓都利斯船啤酒。

这些描述似乎很模糊，那是因为对啤酒不了解，而且每次喝的时候感觉都会有所不同。这种啤酒酿造手艺是如何流传下来的，而且由于啤酒饮用者的新的鉴赏力，现在甚至继续蓬勃发展的故事，促使立陶宛独特的啤酒文化成为世界上最有趣的啤酒文化之一。去维尔纽斯品尝不同的立陶宛农家啤酒，是认真喝啤酒的人必须做的事。

如果你想了解更多关于这些啤酒的信息，那么你可以从拉尔斯·马昌斯·加索尔（Lars Marius Garshol）那里得到更多的信息，他是目前立陶宛酿酒业的主要负责人。拉尔斯写了一本关于该国啤酒的"简单指南"，可以从他的网站上免费下载（www.garshol.priv.no）。

第四章

澳大利亚和新西兰

澳大利亚玛格丽特河葡萄酒之乡的啤酒

世界高端品酒室

在西澳大利亚州的玛格丽特河，你似乎需要一个湖和几千平方米或上万的土地（加上一本厚厚的支票簿）来开一家啤酒厂，因为这里有许多壮观的地方可以喝酒，每个地方都是我见过的最大、最高端、露天场地最多的啤酒厂。这是MTV啤酒的摇篮，并且这个地方十分令人惊讶。

如果你从珀斯开车到玛格丽特河，那么鹰湾酿酒公司（Eagle Bay Brewing Co.，西澳大利亚州博物学特市鹰湾路236号，邮编：6281）是首先到达的地方。从啤酒厂可以俯瞰厂区的湖，从森林延伸到大海，周围目力所及之处都是蓝天。在巨大的倾斜草坪上有椅子和桌子，里面有一个明亮、精巧的餐厅空间，所有的座位都能看见风景，这与我以前去过的任何一家啤酒厂都不一样（一天中对自己重复了好几次这句话）。周末里面会有很多孩子，这些场地的设置是为了让孩子们在大人吃喝的时候有地方玩耍。啤酒很好喝，尤其是科尔希啤酒，尽管我大部分时间都忙于在花园里跑来跑去以致于没时间喝酒（我保证，随着时间的推移，我变得更加专注于啤酒）。

从鹰湾出发，你可以向南行驶，向东和向西行驶的路上都会经过大量的啤酒厂，唯一的问题是确实需要开车去这些地方，尽管该地区的一些酿酒旅游公司会载你四处转转。下一站是非法啤酒厂（Bootleg Brewing，西澳大利亚州威尔亚布鲁普普泽路，邮编：6280），这是世界上最早的啤酒厂。里面也有一个湖，四周都是树。有一个儿童游乐区，非常安静（除了尖叫的孩子们）。我的建议是：如果孩子和啤酒不适合你，那就在周中去吧。这里有很大的地方，虽然没有其他的地方那么高端，感觉更像一个巨大的、永久性的户外露台。我其实一点也不喜欢这里的啤酒，但这是一个很棒的地方。

布莱克酿酒公司（Black Brewing Co.，西澳大利亚州威尔雅布鲁普洞穴路3517号，邮编：6280）是我去过的最令人震惊的啤酒厂。从外面看，它就像一座奢华的别墅，有大理石墙、水景和喷泉，甚至还有一座雄伟的马的雕像。真令人难以置信，只要在谷歌上搜索图片，你就会看到它的样子。后面的风景是一个湖，闪烁着金钱买不到的绿松石色般的光芒。你身后有葡萄藤。厨房里面会煮泰国菜，令人兴奋的香料在温暖的空气中飘荡。它是巨大的。在这样的地方喝酒真是太棒了。你得好好想想，这是一家啤酒厂，而你并不是偶然来到了《X音素》的评委席。布莱克酿制的啤酒与周围环境相得益彰，特别是XPA，采用热带地区的番石榴、菠萝、甜瓜和柔软的核果，这也是泰国菜的最佳搭配。

厚颜无耻的猴子啤酒厂和苹果酒厂（Cheeky Monkey Brewery & Cidery，澳大利亚西部威尔亚布鲁普市洞穴路4259号，邮编：6280）里面也有一个湖。当然，这是一个非常好的湖，这是一个凉爽、放松的空间，延伸到花园里。像其他地方一样，厚脸皮的猴子里面有各种各样的区域的，有一个花园空间和游戏区，有更精致的餐厅和酒吧，还有一个很棒的厨房。还有更多好喝的啤酒，尤其是西海岸的IPA，是橘子味的，如葡萄柚果仁般的新鲜，带有一种蜜橘的新鲜干燥感。

现在，我明白了为什么玛格丽特河在这么小的地方有这么多这样的啤酒厂。这很简单，真的，因为日照时间长以及有很大的空间。在美国中西部或英格兰的西米德兰兹，你不可能有一个如此开放和户外的工业区。但这是澳大利亚，面积很大，再加上西部没有多少人居住，所以这里有很多空间。另外，那里有一种户外的、啤酒花园式的生活方式。将这一切与该地区酒庄的富丽堂皇相结合，创造了一个"标准"的饮酒空间。所有这些结合起来提升了酒厂的品格，同时又以某种方式保留了"后院啤酒厂"的氛围。

我的最后一站是殖民啤酒厂公司（Colonial Brewing Co.，西澳大利亚州玛格丽特河奥斯明顿路56号，邮编：6285）。那边的湖非常大，里面的品酒室和占地面积也很大，当大人们品尝美味的时候，孩子们可以一起在那里玩耍。这是一个很棒的啤酒花园，也是孩子们的超级游乐场。殖民啤酒厂有一种酒精度为3.5%的啤酒，叫作小艾尔酒，还有一种柠檬水般的小麦啤酒，十分清爽。

在厚颜无耻的猴子啤酒厂和苹果酒厂里的酒吧间点一杯很棒的IPA，然后去外面的啤酒花园享受澳大利亚温暖的阳光。

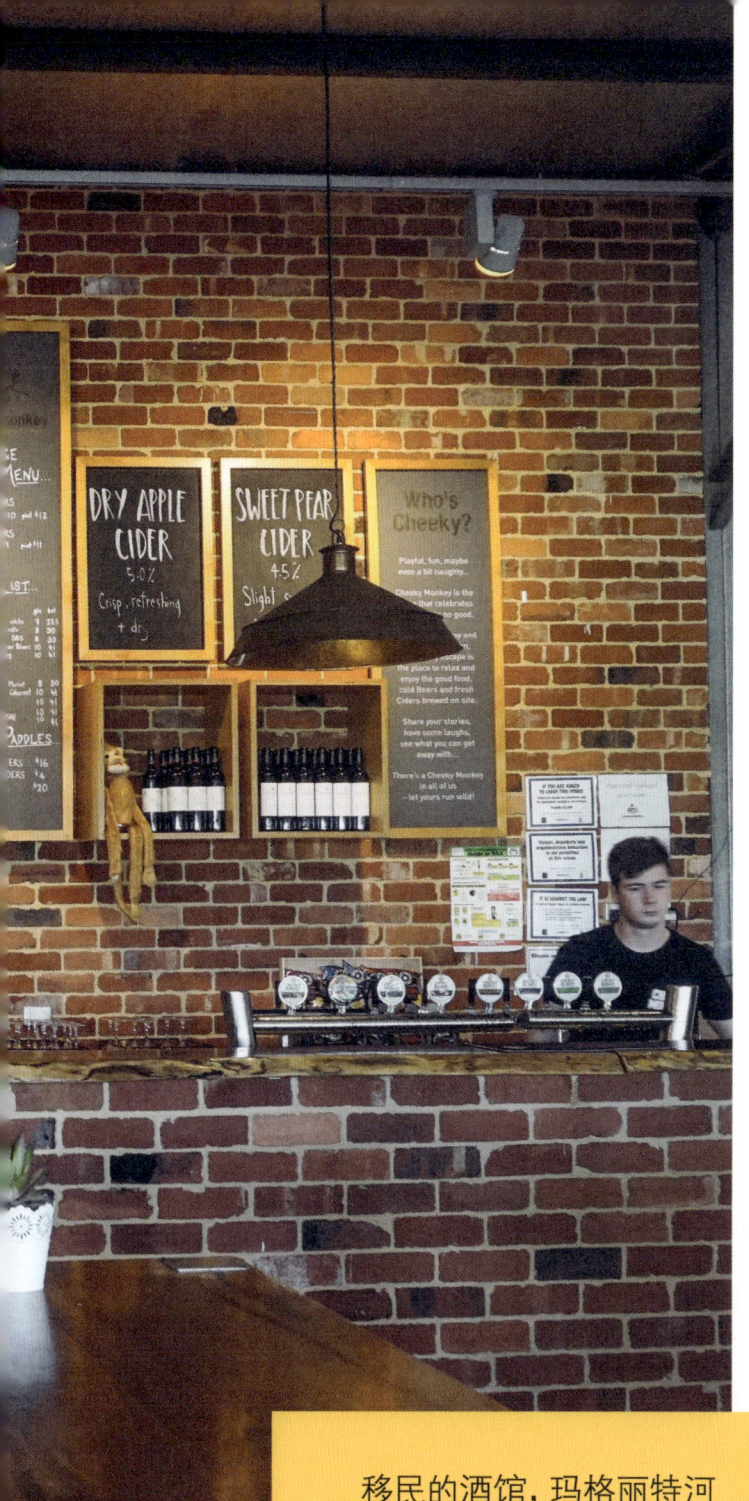

还有一些我没有去的地方，如啤酒农场、考拉马普酿酒公司，还有布什小屋的啤酒厂，它们看起来也都很大。很明显，我敢打赌每家至少都有一个湖。

玛格丽特河是西澳大利亚州葡萄园所在地，如果你要写一篇像介绍葡萄酒一样介绍啤酒的文章，你有可能会描述成是一个肮脏的小车库里泵抽啤酒的啤酒厂，而事实上它是巨大和华丽的，因此显得非常棒。

这些啤酒厂和酒吧间是如此不同，以至于我觉得自己正在发现这些不同，在啤酒中发现了一些新的东西，一些我不知道存在的东西。那是一种激动人心的感觉。从一个到另一个，我总是惊讶和惊叹于我所看到的。玛格丽特河啤酒厂和我以前到过的任何地方都不一样，而且远离我经常四处游荡的寒冷、灰色的工业区。虽然在寒冷、灰暗、潮湿的日子里，这些工业区啤酒厂有自己的魅力，但在温暖的澳大利亚，置身于世界上最高端的啤酒厂，在世界上最伟大、最巨大、最炫目的啤酒园里，周围是绿树、蓝天、碧绿的湖泊和金色的太阳，还有五彩缤纷的彩虹啤酒，总会令人赞叹不已。

移民的酒馆，玛格丽特河

如果你在玛格斯，那就待在主城，然后前往定居者酒馆（Settle's Tavern，西澳大利亚州玛格丽特河布塞尔高速公路114号，邮编：6285）享用晚餐。这里有12个啤酒龙头，瓶装的本地苹果酒，杯装的25+葡萄酒和400多瓶在获奖清单上的葡萄酒，但啤酒排行榜也很强大。食物分量大，供应迅速，而且非常美味。他们也在玛格丽特河啤酒公司（Margaret River Ale Co.）酿造自己的啤酒。在一天的啤酒厂或葡萄园参观后，这是理想的终点站。

第四章　澳大利亚和新西兰

酒花精灵啤酒厂

喝原始的澳大利亚精酿啤酒

酒花精灵啤酒厂由三个并排的棚子组成，可以俯瞰弗雷曼特港。它们建于 20 世纪 80 年代，当时是为美国杯而设的船棚，后来有两个被用作鳄鱼养殖场，澳大利亚人很乐于这样做。喜欢啤酒的几个伙伴在 1999 年将一家啤酒厂开在了鳄鱼棚里，并于 2000 年出售了他们的第一瓶啤酒。几年后，他们接管了隔壁的棚屋，在更大的空间里增建了一个新的更大的啤酒酿造屋。

在到达酒吧之前，你会惊讶地发现自己身处一个啤酒剧院里，但你清楚地知道自己其实在啤酒厂里，因为头顶有管子，两边都是罐子，周围都是品脱杯。你可能参观过数百家有酒桶的啤酒厂，但很少将酒吧设在中间，这是一种全方位的展示台，你坐在中间，而表演在你周围展开。

大会堂里有一个中央酒吧，周围是人行道，这里就是人们曾经站着看鳄鱼的走道。里面有一个开放式厨房，能够看到比萨烤箱的热和光以及永不停歇地滚出来的面团（每周生产成千上万个面团，由 75 名厨师组成的团队进行制作），这就是南半球最大的餐厅之一。有一个很有趣的关于薯条的事实：每年有 80 吨土豆被手工切下，变成优质薯条。

在一侧，你能看见发酵、调理和供应罐（酒厂每年大约卖 50 万升啤酒）。另一侧，穿过酿造屋，你可以在那里四处走动并且看到所有东西，最后到酿造屋酒吧。在夹层走道上，到处都有座位，包括俯瞰渔船港的位置（这和酿酒者每天在酿造屋上享受的景色相同）。在夹层走道上，或在阳光下可以看到一切。我买了一品脱酒，四处走了走，然后使对这个地方深感惊讶，对能在啤酒厂的环绕下品尝一杯啤酒感到敬畏。我喝了酒厂生产的第一款啤酒，是他们的王牌啤酒，也是建造了这个空间的啤酒，那就是精灵淡色艾尔。它是用整个啤酒花的叶子酿造的，是卡斯卡特（Cascade）啤酒花聚集物和一些奇努克（Chinook）啤酒花，加上其他来自美国、澳大利亚和新西兰啤酒花的混合。整个啤酒花叶子有一种柔和的葡萄柚和花朵的感觉，这就是卡斯卡特啤酒花的特点，而奇努克啤酒花是松树和皮条的感觉，澳大利亚和新西兰啤酒花的新鲜水果风味是很好的搭档。酿造出来的基础款艾尔，圆滑，有点松软，口感柔和。2000 年，这种啤酒首次被酿造出来的时候，人们对它的评价呈现两极化，因为它的高酒味和苦味完全不同于欧洲大陆的其他啤酒。虽然啤酒花的味道可能不再令人惊讶，但它肯定是最重要的澳大利亚啤酒，至今仍然被尊为原始精酿啤酒，被视为属于整个澳大利亚的啤酒。

酒花精灵淡色艾尔是一款"人人都能喝"的啤酒，是一种适合所有场合的啤酒。这是一款入门级啤酒，一款适合冷藏的啤酒，一款最受欢迎的啤酒，口感平衡，果味浓郁、温和，但又富有影响力。这是澳大利亚内华达山脉的淡色艾尔，是很早就开始手工酿造的啤酒，一直是质量的标杆，而饮酒者之所以不断回购，就是因为它非常好喝。不用炫耀，也不一定要让你说"哇哦"，它只是想让你说"我要再来一杯"。

几年前，啤酒厂意识到从遥远的西海岸的弗雷曼特尔（Fremantle）跨越大约 4000 公里（2500 英里）将啤酒运到澳大利亚东海岸是没有意义的。所以，他们在墨尔本郊外的吉隆又建了一家啤酒厂，规模是原来的两倍。这里也是值得参观的。这家漂亮的啤酒厂非常整洁，里面有一个很大的饮水空间，直通庭院，外面很冷很明亮。你不会被啤酒罐包围，所以如果你在墨尔本，这是一个很好的参观的地方。

我原以为弗里曼特尔啤酒厂会给人留下深刻印象，但它远远超出了我的预期。你必须先喝一杯淡啤酒，因为正是这种啤酒把美国啤酒花介绍给了澳大利亚人，然后再尝尝其他的啤酒。而且，一定要点食物，因为你会想待一会儿的。它是世界上十大最好的啤酒厂之一，也是一个重要的参观场所。

详情

名称： 酒花精灵啤酒厂

方式： 参观每天都有（12:00～15:00，按小时分批进入），从酿酒吧开始。酒吧每天从10:00（周末从9:00）开始一直营业到深夜（详情请登录www.littlecreatures.com.au）

地址： 西澳大利亚州弗雷曼特尔市梅斯路40号，邮编：6160

酒花精灵啤酒厂提供了一个舒适、凉爽的酒吧间，让人们似乎融入了一个工作中的啤酒厂。

参观野生天鹅谷酿酒吧

在灌木丛边上的澳大利亚后院

在珀斯郊外约30公里（20英里）外，野性啤酒公司的酒吧可能是从《如何建立一个好的啤酒酿酒吧指南》翻旧了的书页上撕下来的：有很多啤酒龙头，包括核心啤酒和特价啤酒，啤酒储存罐在吧台后面，有一个写着啤酒清单的黑板，上面挂着短路线圈测试仪和酒瓶，有T恤出售。这里还有上等的酒吧食品，有些是你在任何地方都找不到的。4.5公顷（11英亩）的厂区内有郁郁葱葱的花园，有很多地方可以让孩子和成年人到处乱跑，有一个户外酒吧，有一辆周末在芭比娃娃上做汉堡的食品车，花园里种植着水果、蔬菜和草药。酒吧被铺在红尘密布的灌木丛中，让人感到被爱和生活的仪式感，尽管有点残破，但承载着美好的时光和回忆。这是一个伟大的澳大利亚后院，里面有一个澳大利亚大啤酒厂。

野性啤酒始于野猪酒花（Hop Hog），一种浓烈的美式淡色艾尔。这种酒在2008年即啤酒厂成立9年后首次酿造，灵感来自酒厂的所有者兼酿酒师布伦丹·瓦里斯（Brendan Varis）到圣地亚哥的旅行时品尝到的岬角大头鱼印度淡色艾尔。这不仅仅是啤酒，更重要的是，如果你喝了一杯完美平衡的啤酒，那么它就可以成为日常饮料，即使按照澳大利亚人的标准，它也是令人兴奋和强烈的。一经面世，野猪酒花就成了澳大利亚最受欢迎的啤酒。多年来，它一直是奥兹州最受欢迎的啤酒，有着斯卡宾啤酒那样浓烈的啤酒花，但酒精度控制在5.8%。如果说酒花精灵啤酒向澳大利亚展示了美国啤酒花的味道，那么野性啤酒教会了他们爱上啤酒花。野猪酒花是一种杰出的淡色艾尔，干净，明亮，新鲜，有油亮的橘子增添色彩，并且带有丰富的啤酒花风味。这是一种在澳大利亚西海岸附近的美国酿造的完美啤酒。

继野猪酒花和其他啤酒的成功之后，2012年，野性啤酒公司在天鹅谷和珀斯的中间地带增加了一个生产基地。在那里，他们酿造和包装核心系列啤酒，留下了出售自制啤酒的酒馆和一些有趣的饮品。在酿造厂，你可以找到所有你能想到的，从巴伐利亚风格的拉格到IPA，从水果酸味酒到大的帝国黑啤。酒厂酿造的其他啤酒包括战争猪啤酒，一种大胆、苦涩、明亮、美丽干净、带有强烈柑橘啤酒花味的IPA，还有B.FH，有橡木的奶油味，还有丝滑柔顺的柑橘酒花。酸味的一面，他们使用葡萄园周围的酒桶，最著名的酿造就是西瓜弹头啤酒，一种酒精度低于3.0%的酸味啤酒，在葡萄酒桶中陈酿，使用的果汁来自号称完美主义者的当地农民种植的外观不完美的西瓜。从桶来看，它是酸的，浓烈的，复杂的。从西瓜来看，它非常清爽。

野性啤酒公司是澳大利亚最早的精酿啤酒厂之一，现在仍然是最好的啤酒厂之一。其位于天鹅谷的啤酒厂完美地呈现了澳大利亚的经典酿造工艺，那里的一切都带有澳大利亚后院的氛围。这是一个终极目的地，有酒花精灵啤酒厂（见第170页）和高端的玛格丽特河啤酒厂（见第167页）。去啤酒馆喝一杯澳大利亚人特别喜欢的野猪酒花吧！

详情

名称： 野性啤酒公司

方式： 周日至周四11:00～17:00，周五到周六11:00至午夜营业（详情请访问www.feralbrewing.com.au）

地址： 西澳大利亚州珀斯巴斯克维尔哈德里尔路152号，邮编：6065

澳大利亚和新西兰酒吧里不错的食物和啤酒搭配

* 在澳大利亚和新西兰，炸鱼、薯条和汉堡是主食。通常来说，鱼和某种淡色的酒花啤酒能够碰撞出火花，于是就产生了一种最好的搭配：炸鱼和热情浓烈的淡色艾尔。

* 鸡肉帕尔马（Chicken Parma）是澳大利亚酒吧的经典美食。在扁平的、涂有面包屑的鸡胸肉上撒上一些切片火腿、番茄酱和奶酪，这便是鸡肉帕尔马。它总是与薯条和沙拉搭配在一起。在任何一家澳大利亚酒吧能都吃到，最好配一个当地的澳大利亚酒花淡色艾尔。

* 炸鱿鱼圈是大多数菜单上的必备小吃，通常会撒上亚洲的五香粉、盐和胡椒，辛辣的香味很适合搭配新西兰酒花皮尔森。在新西兰酒吧的菜单上，你经常能看到巨大的绿唇贻贝，皮尔森和小麦啤是搭配这些多肉贻贝的首选。

* 库马拉（Kumara）是新西兰的一种红薯，比普通的红薯口感更好，还带有奶油味，可以做成令人惊叹的薯条。顺滑的黑啤是库马拉薯条最好的搭档。不过，和所有薯条一样，它们适用于所有的啤酒。在新西兰，一定要选择"升级到库马拉薯条"。

* 新西兰的羊很肥美，很多菜单上都有羊肉或羊排。我总是喜欢用羊肉搭配塞松，酒中干燥、辛辣的香料与肥美的羊肉是绝配。

野性啤酒公司的野猪酒花是澳大利亚最有影响的精酿啤酒，而且绝对是最美味的啤酒之一。

目标清单上最佳的啤酒和美食之地

- 美国芝加哥的克鲁兹布兰卡（见第30页）
- 美国埃斯孔迪多的巨石酒厂的酒吧间（见第49页）
- 澳大利亚天鹅谷野性啤酒公司的酒吧间
- 比利时布鲁塞尔的啤酒厨房（见第152页）
- 意大利皮奥佐的巴拉丁之家餐厅（见第132页）
- 英国利兹和曼彻斯特的邦多布斯（见第90页）

品尝石与木太平洋艾尔

终极全澳的啤酒

1989 年 1 月 26 日，澳大利亚国家广播电台的 Triple J 节目让听众投票选出前一年最热门的 100 首歌曲。之后，澳大利亚每年都举办这个活动（1992 年除外），这已经变成了一代澳大利亚人的文化传统。

新兴的澳大利亚精酿啤酒群体显然是这个著名广播节目的粉丝，因为他们举办了最受欢迎的 100 种啤酒投票活动，投票结果也在 1 月 26 日的澳大利亚日揭晓。自 2010 年以来，石与木太平洋艾尔一直位列榜单前三，并且三次在比赛中获胜，与野猪酒花一起上台领奖。

石与木于 2008 年由布拉德·罗杰斯、杰米·库克和罗斯·法里希三位合伙人创立。他们在离拜伦湾海滩几英里的地方建起了自己的啤酒厂，酿造的第一瓶啤酒就是太平洋艾尔。从那以后，它便一直是酒厂最畅销的啤酒。

太平洋艾尔如今已成为一种标志性的啤酒，因为它创造了一种新的澳大利亚艾尔风格，很多啤酒商称自家的版本为"夏季艾尔"，但我们都知道他们其实是在模仿太平洋艾尔。这款啤酒使用的所有原料都来自澳大利亚，包括大麦和小麦，以及塔斯马尼亚的银河啤酒花。银河啤酒花的水果芳香是数一数二的，具有西番莲、木瓜、芒果和热带水果的味道，造就了这款啤酒的特色和风格。酒中有一种微妙的甜味，使果味啤酒花丰满起来，酵母的重量以及不加过滤的酿造方式也成就这款啤酒的特色。它的鲜亮、轻盈和美丽都如此独一无二。

当你在拜伦湾散步时，立刻就能发现太平洋艾尔。一瓶朦胧的黄色啤酒上飘着一团蓬松的白色泡沫云，就像杯中的霓虹，仿佛反射出了阳光。当你来到海边，会发现太平洋艾尔与拜伦湾的搭配是多么的完美，多么的令人难忘。这款艾尔也很适合澳大利亚的夏天。

在拜伦湾，饮用太平洋艾尔的最佳地点是海滩酒店（The Beach Hotel，新南威尔士拜伦湾海湾大街 1 号，邮编：2481），这是一家与大海相对而立的大型露天酒吧。酒吧的设计就是为了喝啤酒，即使是最喜欢湿滑的陆地和繁华城市的人也会明白这一点：你在夏日的冲浪中汗流浃背，急需感受凉意。于是，你走下沙滩，径直走向酒吧，一杯朦胧的太平洋艾尔正等着你。新鲜的水果味，又干又爽，再没有比这更解暑的啤酒了。

在海边待了一天，正适合来一品脱太平洋艾尔提神醒脑。

你可以参观拜伦湾啤酒厂（Byron Bay Brewery，新南威尔士州拜伦湾斯金纳斯枪击路 1 号，邮编：2481），每天营业时间从中午 12 点到下午 5 点左右。2016 年，他们在城外又新开了一家更大的拉格生产厂，但是那里不开放参观。不过没关系，拜伦湾酒厂更酷。这家酒厂的风格与酒窖之门（cellar-door）很像，所以你要沿路走进去，品尝托盘上的主打产品，里面还有小批量的特供啤酒。其他啤酒有"白云捕手"，基本上是一款更高版本的太平洋艾尔，使用银河和艾拉啤酒花；"绿色海岸"，一款酒体柔软的高品质拉格，带有新鲜的啤酒花味；嘉士伯艾尔，一款铜锅酿制的德式艾尔。喝完托盘上的啤酒，你可以回去镇上另一个重要的地方喝酒——友好火车站酒吧（官方称为 The Railway Friendly Bar，但人们通常叫它 The Rails），那里已经连续 30 多年每晚免费播放现场音乐。

拜伦湾就在太平洋上，是石和木的故乡，太平洋艾尔总是和这个史诗般的海滨联系在一起。

　　石与木太平洋艾尔是一款非常重要的啤酒，因为它是第一款完全使用澳大利亚原料的啤酒，也是第一款只有果味的澳大利亚啤酒，和明亮又充满活力的淡色艾尔相比，它显得比较朦胧，它也因此创造了澳大利亚夏季啤酒的新风格。这是我最喜欢的啤酒之一，是我在伦敦经常喝的啤酒（互联网告诉我，伦敦离它的啤酒厂有16600公里，即10300英里），但它是我的啤酒清单上的必去之地，且排名非常靠前。虽然伦敦很好，但拜伦湾就更好了，它与太平洋艾尔之间存在着无形的联系，总能唤起我们的情感。现在，那段记忆在我的脑海中闪耀着温暖的光芒，让我可以在家乡的雨中，回忆拜伦湾的阳光、夏天和冲浪的时光。

　　石与木太平洋艾尔在我心中绝对排在澳大利亚最受欢迎的100种啤酒的前三名。另外两种是布莱克曼的默文和野猪酒花。

详情

名称： 石与木酿酒公司

方式： 每天都可以参观，还有品尝会（尽管周二没有旅游团）。访问前请先查看网站（www.wstoneandwood.com.au），因为在本书出版时，地址可能会有所不同

地址： 澳大利亚新南威尔士州拜伦湾波罗尼亚广场4号，邮编：2481

第四章　澳大利亚和新西兰　　175

澳洲啤酒嘉年华&墨尔本好啤酒周

南半球最好的啤酒节

要想知道澳大利亚和新西兰的啤酒和酿造工艺有多好,可以去澳大利亚的啤酒嘉年华(简称GABS)。它以前只在墨尔本举行,但后来范围扩大到悉尼和奥克兰,澳大利亚的啤酒嘉年华在5月底的周末举行,而新西兰的啤酒嘉年华则在几周后的6月中旬举行。

在澳大利亚的啤酒嘉年华上,你会发现超过600瓶啤酒(奥克兰的啤酒嘉年华有300瓶)。这个节日最有趣的一点是,在澳大利亚有超过180种新鲜独特的啤酒(新西兰有80种),这些啤酒以前从未出现过,而且常常会加入稀奇古怪的想法。此外,啤酒节上还有苹果酒、街头美食和现场娱乐,你还可以认识许多酿酒师。各地啤酒节上的啤酒质量很都高,因为最好的酿酒师都会来参加。

墨尔本的啤酒嘉年华是墨尔本好啤酒周的最高潮。墨尔本好啤酒周是世界最好的啤酒周之一,通常5月初到中旬举行,但每年的日期都不一样。之所以如此称赞它,是因为墨尔本啤酒嘉年华上有超过300多个活动,无论是从数量、种类还是质量来看都很不错,也吸引了来自大洋洲、亚洲和更远的地方(包括美洲和欧洲)的啤酒厂参加。这不仅仅是一个啤酒爱好者的节日,这里的活动精彩纷呈,你可以与世界上最好的主厨共进晚餐,观看时装秀和酿酒大师的课程,也可以感受啤酒与威士忌和葡萄酒的较量,既可以现场饮酒,也可以打包带走。看着节日的流程,我发现自己几乎想参加所有的活动。再没有比这更好的啤酒周了。

> **当地小贴士:伙计,学点行话**
>
> 品脱(pint),大酒杯(schooner),壶(pot),密迪(middy)……澳大利亚各地啤酒杯的大小和名称各不相同。首先,如果你点了一大杯啤酒,那么通常是14英制液体盎司(425毫升)。在南澳大利亚、西澳大利亚和塔斯马尼亚,这被称为品脱,但你也可以得到20英制液体盎司(570毫升)品脱。在维多利亚、北领地、昆士兰州和新南威尔士州,一大杯啤酒被称为schooner,但是如果你在南澳大利亚,只想要一小杯啤酒(10盎司/285毫升),那也叫schooner。在新南威尔士州和西澳大利亚州,一小杯啤酒被称为middy(密迪),但在维多利亚州和昆士兰,它被称为pot(壶)。在塔斯马尼亚,一小玻璃杯可能是一个10(你想要更少的话,6、7、8也有可能),而在北领地,它可能是一个手柄或者只是一杯啤酒。是不是很困惑?那你可以点一个jug(有嘴带柄的壶),这个尺寸是通用的(40盎司/1140毫升)。现在懂了吗?

详情

名称: 澳洲啤酒嘉年华

方式: 详情请访问wwgabsfestival.com或www.goodbeerweek.com.au

地址: 澳大利亚的墨尔本和悉尼,新西兰的奥克兰

墨尔本好啤酒周300场相关啤酒活动吸引了大约95000人参加,活动遍及墨尔本以及维多利亚州的200多个地点。

第四章　澳大利亚和新西兰

澳大利亚酒店串酒吧

听说过"6点钟的痛饮"吗？当时，根据澳大利亚旧的许可证法，酒馆只能在10:00～18:00供应啤酒，这对大多数朝九晚五的人来说喝酒变得很不方便。于是，17:00一到，他们就会离开办公桌，跑到最近的酒馆，在1个小时的饮酒时间内尽可能地痛饮啤酒。"6点钟的痛饮"产生了明显的负面影响，最终法律改变了，允许酒馆营业到晚些时候，这使得酒吧街的出现成为可能。如果你正在读这篇文章，那我想你应该也喜欢在酒馆间串来串去。

诚然，世界上没有很多（或者可以说没有任何）独特的酒吧街，但肯定有些值得一试的酒吧街，如参观伦敦历史悠久的酒馆，在马德里的餐厅（tapas）酒馆之间穿梭，在慕尼黑酒馆里畅饮啤酒，或者尝试布达佩斯的废墟酒馆。澳大利亚的大城市里有许多老酒店，如今都变成了酒馆，成为澳大利亚独特的饮酒场所。

这些酒店曾经是多功能的场所：喝酒的酒吧、吃饭的餐厅、睡觉的酒店，里面可以开会、做生意、收发邮件，有些还可以作为一个综合商店，但如今它们只是酒馆。通常坐落在有着精美的阳台和大量空间的宏伟古老建筑中，焕发新生，而且供应大量的优质啤酒。

悉尼和墨尔本遍地都是酒馆，而且都是真正的酒馆。酒馆里供应薯条和食物，电视上播放着体育节目，啤酒是冰镇的。在悉尼，岩石区的澳大利亚传统酒店（The Australian Heritage Hotel，坎伯兰街100号，网站：australianheritagehotel.com）是一个占据黄金地段的老酒馆，而附近的尼尔森勋爵酒厂酒店（Lord Nelson Brewery Hotel，肯特街19号，网站：www.lordnelsonbrewerycom）专门经营英式啤酒，是该市最古老的、连续获得经营许可的酒店。

墨尔本的北方大酒店（The Great Northern Hotel，卡尔顿北拉斯敦街644号，邮编：3054；网址：wwgnh.net.au）有一个大花园，有许多优质的啤酒龙头。山羊山啤酒厂（Mountain Goat Brewery）对面的罗伊斯顿酒店（The Royston，12河流街12号，网址：wwwroystonhotel.com.au）是一个昏暗的马蹄形酒馆。坐下来吃个帕尔马，喝上一品脱吧。

澳大利亚传统酒店。对于游客来说，它位于悉尼歌剧院和悉尼海港大桥等主要旅游景点附近，交通非常便利。

在曼利渡口品尝啤酒

如果你在悉尼，那么乘坐渡船去曼利将会度过美好的一天，光是悉尼港的景色就能值回票价。当你欣赏完曼利海滩的美景后，可以去四松啤酒厂（4 Pines Brewery，新南威尔士州曼利东滨海大道29/43-45，邮编：2095）喝一杯，那里的印度夏日艾尔特别不错，然后再乘渡船回家。令人难以置信的是，这艘渡轮上也供应啤酒（大部分是常见的啤酒，但是也有詹姆士·斯奎尔的热带淡色艾尔）。当然，轮渡上允许自带啤酒。所以，你可以在四松酒厂买些啤酒带走，或是自己提前准备好啤酒，这样你就可以一边享受旅程，一边品尝冰镇的啤酒。

贻贝旅馆

不愧为全国偶像级的酒馆

向新西兰南岛西北方向、尼尔森以西行驶大约两个小时，危险地倒车上下塔卡卡山，一路上除了树木几乎什么都看不到。最终，你终于满怀希望地看到了一个桶形的标志，上面写着贻贝旅馆，那么你就到了一个世界上最美妙、最迷人、最独特的酿酒酒馆。

20世纪80年代，安德鲁和简·狄克逊靠给人用木头建房子为生。在为他人建完房子后，他们决定在自己拥有的奥涅卡卡的土地上建造家园。安德鲁也在家里酿造啤酒，但是在精酿啤酒诞生之前，咖啡馆或酒吧并不能供应任何让顾客感觉有趣的饮料。因此，1992年，他们在家门口建造了贻贝旅馆，以供应非主流啤酒。三年后，由于酒馆的成功以及人们对家庭自酿的热烈反响，他们增建了一家小啤酒厂。如今，这个当地的酒馆意外地吸引了许多游客；当地人正帮助酒馆恢复原样，有些人帮助他们搭建酒馆，还有一些人则帮助营造一种开放的酒馆氛围。

酒馆从本质上看来就是一个单间木屋，但这是我去过的最好的单间木屋。它是用当地的巨果木搭建的。壁炉在房间的一侧，这里的音响效果很好。在周末，会有一个舞台演奏现场音乐。酒馆小而简单，里面有六个啤酒龙头和一种苹果酒。外面有带棚顶的阳台和座位，而啤酒花园的其余部分是开放的，事实上周边的花园与酒馆相连。

狄克逊一家种植啤酒花，他们有一个种着番石榴和柠檬的果园，还有一块菜地，供应厨房日常所需。贻贝旅馆非常注重环保。他们回收玻璃瓶，任何不能再利用的瓶子都会被粉碎成末，撒在土地上；酿造过程中产生的任何潜在废水都会被用来灌溉果园；将纸板箱切碎，然后把碎片放在堆肥的厕所里；还买了一台吹制塑料瓶的机器，这样就不需要从奥克兰购买吹制塑料瓶。

他们自酿啤酒、苹果酒和软饮料，所有的食物都是自制的，这点非常好（这样可以最大化地利用花园里种植的蔬菜）。啤酒厂最有名的一款酒是库克船长麦卢卡啤酒。当詹姆斯·库克船长到达这些遥远的岛屿时，他用麦卢卡蜂蜜酿造了一种啤酒，以帮助船员对抗坏血病，还把野猪归了这个国家，后来这种啤酒就被称为库克船长啤酒——啤酒的名字和标志上的猪都是源于此。在安德鲁开始酿造啤酒的时候，几种受欢迎的棕色啤酒都是新西兰的拉格酒厂生产的，人们也习惯于喝这几种啤酒。安德鲁决定给他们一些视觉上相似但口味迥异的东西。因此，他酿造出的库克船长，表面上是根据同名的配方，实际使用的是新鲜的麦卢卡尖（据博菲公司分析，这种啤酒的抗氧化剂含量远远高于普通啤酒）。

库克船长是一款独特的啤酒。它有着辛辣的味道和浓重的草药味，干燥而美味，深色麦芽的焦香和可可味使它散发出更多的甜味。它的苦涩中带有植物和独特的味道，当一杯杯下肚时，这款酒一层层地展现出了它的特质，即使你永远无法准确地理解它，你也永远不会忘记它。

贻贝旅馆酿造的其他啤酒还包括英国口味的白鲸淡色IPA和黑马啤酒，后者是一种干燥、苦味浓重的黑啤。金鹅拉格简单得令人愉快，而其他品种的啤酒在不断发生改变。酒馆里还有一个冰箱，里面放满了各种啤酒，包括一些酸啤酒。苹果罗非苹果酒（用自种的苹果酿制）有着清新、浓烈和松脆的味道，就像一个澳大利亚青苹果。番石榴酒也是用自己种植的番石榴果酿制的，有着酸橙、热带水果和葡萄的味道，喝起来非常不错。对于司机，还有自制的柠檬水和姜汁啤酒可以饮用。

偏远的地理位置，人，啤酒，食物，现场音乐，花园，木制建筑，以及生态意识，都以一种非凡的方式结合在一起。贻贝旅馆的奇妙之处在于，你会有一种从远方回到现实的感觉，你会有一种温暖的感觉，你来到了某个由少数人用双手和心灵建造的特别的地方，你还能感受到更多更多。它是新西兰民族和文化的象征，是传说中才有的地方。如果有哪家啤酒厂值得被联合国教科文组织收入名录，那么贻贝旅馆当之无愧。我认为这是世界啤酒十大必游之地之一。

由于地理位置偏僻，没有多少啤酒爱好者能来到贻贝旅馆，但只要是到达的人就将享受到一次毕生难忘的啤酒体验。

世界上最好的非美国餐厅和酒吧间

- 英国曼彻斯特的大理石拱门旅馆（见第94页）
- 德国班伯格的玛尔布鲁（见第119页）
- 德国慕尼黑的奥古斯丁酒吧（见第112页）
- 德国柏林巨石啤酒厂（见第121页）
- 苏格兰埃隆的酿酒狗HQ和狗龙头（见第104页）
- 丹麦哥本哈根的美奇乐（见第160页）
- 加拿大蒙特利尔的天神酒吧（见第64页）
- 澳大利亚弗雷曼特的酒花精灵啤酒厂（见第170页）
- 新西兰奥涅卡卡的贻贝旅馆
- 胡志明市巴斯德街酿酒公司（见第196页）

详情

名称： 贻贝旅馆

方式： 每天11:00至晚上开放，但7月中旬至9月中旬关闭（详情登录www.musselin.co.nz）

地址： 新西兰黄金湾奥涅卡卡60国道1259号，邮编：7182

第四章 澳大利亚和新西兰

穆特里旅馆

新西兰最古老的酒馆

这可能不是一个必须要特意前往的目的地，但是，如果你在纳尔逊地区，只需短暂而愉悦地绕个道，就可以在新西兰最古老的酒馆穆特里旅馆品尝美味的啤酒。

19世纪40年代，一场运动将欧洲移民带到了新西兰的这个地区，大量的德国人来到了这里，建造了一座完整的城镇，包括教堂、学校、商店、邮局和一家旅馆。科尔特·本斯曼是负责这家旅馆的德国移民。与家人在该地区生活了几年后，他搬到了如今的上穆特里（Upper Moutere）。他首先在那里建造了一座房子，旅馆主厅于1853年完工。1857年，他又新建了一个侧厅，并和家人搬到了旅馆里居住。这一住就是36年。很显然，这家旅馆建得很好，因为它至今仍保留着，只是结构上做了有限的变化。正是这座经久不衰的建筑才让穆特里旅馆被称为新西兰最古老的酒馆，其他"最古老的酒馆"都被烧毁或毁坏重建，但这里除外。

今天，这家酒馆由啤酒爱好者经营，这一点显而易见，因为你一走进酒馆，就能看到一系列可供取用的新西兰精酿啤酒。一些酒厂和酒馆签订合同，为其酿造了专属的啤酒，如1516，一款优质的新西兰皮尔森，有着新鲜而轻快的柠檬味。酒馆里还有自酿的姜汁啤酒和美食（分量很大）。

这家酒吧坐落在山顶上，朝下望去，山脚下像是铺了一层绿色的毯子，上面装饰着啤酒花、果园和葡萄藤。自从本斯曼第一次在那里建房，这样的景色就没有发生过太大的改变。再看向这座建筑，它的结构也和150年前一样，尽管内部更加明亮和现代，但总有一些永恒的东西。关于一个国家最古老的酒馆总是有争论的，新西兰还有几家与之竞争的酒馆，但是大多数人都认为穆特里旅馆是最原始和最持久的。路过时一定要停下来，吃个午饭，喝杯啤酒。

详情

名称： 穆特里旅馆

方式： 详情请登录www.wmouterenn.co.nz

地址： 上新西兰穆特里穆特里公路1406号，邮编：7175

穆特里旅馆是新西兰最古老的的酒馆，只比自己现存的最古老的建筑年轻30岁。

奥克兰的神话啤酒

把自己变成一个啤酒花僵尸

去一家专门生产双倍 IPA 的啤酒厂,到了夜晚的某些时刻,你就会发现人们开始发呆,目光呆滞,视线渐渐模糊。首先,那些重型的啤酒花赋予了啤酒 α 酸的活力和凶猛,它们的苦味对感官产生了刺激(这种苦味是一种毒药吗?它会杀了我吗?)。然后是甜味和酒精饮料的麦芽味。酒精带来的原始冲动,喝到美酒时的兴奋感,让房间里的气氛不断上升。但到了第三杯或第四杯时,啤酒花中的油显示出了一种更古老的用途,那就是助眠,它与酒精的催眠和镇定作用相结合,让这个空间里到处是啤酒花僵尸,他们跌跌撞撞,语速也渐渐慢了下来,开始靠手来移动,头脑也慢了下来。

人们很难将啤酒带来的困倦与神话啤酒联系起来(网站 www.epicbeer.com),即使是他们的酒花僵尸(Hop Zombie)——一款超级优质的双倍 IPA——带给人们的应该是电流、活力和兴奋,但喝到最后一瓶或一杯时你的眼神便已经开始迷离。这是新西兰最好的啤酒之一,也是我在收集本书资料期间喝到的最好的啤酒之一。橘子和啤酒花的味道非常明显,它的酒体几乎同 8.5% 酒精度的啤酒一样轻快,但足以突出啤酒花的油性。这是一种烈性啤酒,绚烂夺目,口味平衡。它展示了啤酒花的味道和油性,这些特征往往隐藏在一股扑鼻的香气之下,各种成分达到完美的平衡。

所有的神话啤酒都有此特质。神话世界末日 IPA 是一场美国啤酒花的末日狂欢。酒中富含柑橘类水果,深金色的酒体中有一种罕见的麦芽汁味而非甜味。神话雷鸣中也含有大量的美国啤酒花。即使是其生产的最好的拉格,也充满了啤酒花的苦味和涩味。

自酒厂的酿酒师兼所有者卢克·尼古拉斯于 2005 年创办神话以来,它就一直引领着新西兰啤酒厂的发展。他们的啤酒酿造非常大胆,是新西兰最大的美国啤酒花用户;酒厂也使用新西兰啤酒花,但是其种植量还不能满足酒厂对啤酒花的需求。这些啤酒都是按订单酿造(一直以来都是这样),在奥克兰可以喝到最新鲜的神话啤酒(到本书出版时,他们可能会在镇上的仓库里开一家酒吧间。顺便说一下,他们在隐藏世界的标签下还有一个蒸馏金酒的附带项目)。

我特意去了一次奥克兰,就是因为自从偷喝了几口别人度假带回来的神话后,我便一直对它念念不忘,想去尝一尝最新鲜的。如果你在城里,那么去秃鹫巷(Vultures' Lane,奥克兰沃肯巷 10 号)和酿酒码头(Brew on Quay,奥克兰码头街 102 号)便能喝到最新鲜的神话啤酒,先喝上一杯闪电般的拉格,然后听一听雷鸣,接着感受末日的狂欢,最后变成一个啤酒花僵尸。

新西兰的第一家酿酒吧

如果你在奥克兰,那么一定要去莎士比亚酒店和啤酒厂(The Shakespare Hotel and Brewery,奥克兰阿尔伯特街61号)。这是一家有着100年历史的酒吧,1986年增加了一家小型啤酒厂(尽管在21世纪初酒厂停业了几年),使其成为新西兰第一家酿酒吧。酒厂就在吧台的后面,电视上会播放体育节目,你可以打台球或坐在壁炉旁。他们的小丑王啤酒是一款清淡的水果味拉格。如果有需要,也可以订房留宿。这里绝对值得一探究竟。

欣赏啤酒花的收获

这是酒花爱好者的梦想

你可以去德国哈勒托地区看看连绵起伏的山丘，巨大的棚架结构就像一个大的花园都市。从啤酒花的树冠上望去，可以看到英格兰肯特的田野以及古老的啤酒花烘干室，背景是太平洋西北部的山脉，呼吸中弥漫着浓郁的啤酒花味。在尼尔森以西、新西兰南岛的北部，也有成片的田野。在这些地方，一年中大概有六个星期，你可以体验一年一度的啤酒花收获，了解啤酒花是如何从藤蔓变成啤酒的。

我的新西兰之行正好赶上了啤酒花收获期，所以我开车去了莫图埃卡，新西兰啤酒花基本上都种在那里，周围是葡萄、苹果和其他的水果园，后面都是陡峭的青山。

你永远都不会忘了啤酒花收获的味道。它闻起来不像一杯酒，相反，它是绿色的，像大热天刚割下的青草的味道；它是木质的，像刚折下的新鲜木枝的味道，又像新鲜的香草味、薄荷味，还有辛辣的味道。总之，所有的色调和气味都是绿色的。人们用收割机割断藤蔓底部，将成熟的啤酒花藤条收集到卡车或拖拉机上，运去做预处理，将藤条放进巨大的机械采摘机中，由机械采摘机抓取并拖拽藤条，经过筛选和摇晃，最终将啤酒花从茎叶中分离出来，在传送带、平台和风机结合产生的重力作用下，啤酒花向前移动，穿过已经磨破生锈、不断嘎吱做响的旧机器。

然后，啤酒花将被运到又大又深的窑洞里，在那里加热和干燥，逐渐散发出令人熟悉的酒花香气——绿叶、水果和花的香气。半天之后，这些藤条就会被捆在麻袋里，在进入酒厂酿造之前，它们可能会被进一步加工成颗粒。

有趣的机械化过程，美丽的乡村环境和新鲜的绿色作物相结合，展现出了你通常只能在照片中看到的啤酒的另一面，却很难把它与你杯中的啤酒联系起来。啤酒花收获期是一年中难得的一个时期，你可以观赏酒花从根茎到啤酒的变身过程。作为啤酒的主要成分，几百年来，酒花的加工从未间断。抽出时间去看看酒花的收获吧，你会对啤酒中那些美妙的芳香和味道有新的认识。

喝新鲜酒花啤酒

并非所有的酒花都需要经过干燥。有时，酿酒师会把从田间采摘的酒花直接投入酿酒壶，酿造出"绿啤酒花"或"新鲜酒花"啤酒。啤酒花一旦被采摘就开始降解和氧化，所以这种啤酒只能在啤酒花收获期间酿造，从藤条到啤酒厂，要在极短的时间内最大限度地发挥出新鲜啤酒花的味道。这种味道与我们熟悉的干啤酒花大不相同，更柔软，更像瓜类水果的味道；像黄瓜、绿叶草本植物、未成熟的水果味道；像植物的味道。有人说这就是新鲜药草和干药草的区别，但我认为这更像新鲜西红柿和烤西红柿的区别，新鲜的西红柿或啤酒花中的水分使它们具有独特的味道，而烘烤或干燥过的则突出了一些新的味道。在啤酒花种植区，除了有新鲜的啤酒花外，还有新鲜啤酒花节。如果你在恰当的时机出现，那就多留意留意吧。

新西兰啤酒花可以让酿酒师在啤酒中加入热带水果、葡萄、醋栗和芒果的香味。

葡萄酒之乡的啤酒

你需要好的精酿啤酒来酿出好的葡萄酒

我要休息一下再喝杯啤酒。当我到新西兰时，在过去的 8 周里，在 28 个不同城市的 80 多家酒吧和 80 家酿酒厂品尝过啤酒（为撰写啤酒书籍做研究是很困难的）。我去了两个地方寻找葡萄酒：激流岛和马尔堡。

激流岛

我准备在激流岛待上几天，喝点葡萄酒。激流岛上大约有 25 个葡萄酒厂，从奥克兰出发乘轮渡过去是个不错的选择。虽然激流岛似乎只是一个被海滩环绕的葡萄园，但岛上也有三家啤酒厂。你猜怎么着？我还是没逃得开啤酒……

岛上最令人印象深刻的啤酒厂可与玛格丽特河的酒吧间相媲美（见第 167 页）。口碑酿酒厂（Alibi Brewing）位于坦塔罗斯葡萄酒庄园（Tantalus Wine Estate，激流岛欧尼坦基路 70—72 号），这是一个阳光明媚、微风拂面的地方，四周都是葡萄园，还有一家可以俯瞰葡萄园的高级餐厅。我最喜欢的是正中间闪亮的酿酒屋，上面一层是酒吧，四周围着一圈玻璃，看起来像一个金鱼缸。楼下酿酒师的休息室有深色的木质和皮革扶手椅，正上方是光线充足的餐厅。除了喝点葡萄酒，你也可以试试几种口碑啤酒，是一种桃子味的淡色艾尔，使用新西兰的原料、优质的皮尔森，再混合葡萄或其他水果酿造而成。这种啤酒就和你身处的餐厅一样干净明亮。

狂野激流岛（Wild on Waiheke，激流岛欧尼坦基路 82 号）与坦塔罗斯相邻，但他们的葡萄园却是相对的。坦塔罗斯的美食很不错，狂野的美食和户外活动都很有趣。他们从 1998 年开始酿造啤酒，里面有五个啤酒龙头，外加一种苹果酒和一种姜汁啤酒。巴尔纳淡色艾尔是用莫图伊卡酒花酿造的一款科什艾尔，味道较淡，带有热带水果酒花的味道，还有一丝葡萄酒般的果香。这里也供应酒吧食物和后院烧烤。

布吉凡酿酒厂（Boogie Van Brewing，激流岛奥斯坦德塔希路 29B 号）是一个时尚的小空间，在酒吧间能喝到上好的啤酒，营业时间从周五到周日的 12:00～17:00。酒厂的各种果味酒花啤酒都很不错。激流岛几乎所有的地方都在 17:00 关门，包括葡萄酒厂。所以，在布吉凡买上一瓶咆哮者带回去晚上喝，也是个不错的选择。

马尔堡

南岛的马尔堡是新西兰最著名的葡萄种植区，以果味浓郁的白苏维翁而闻名，这种葡萄酒相当于一种高度数 IPA。你可以先去伦威克，租一辆自行车转几天，可以轻松到达十几个葡萄园。这些葡萄园里都有专门销售和品尝葡萄酒的酒窖之门（cellar-door）。其中一家是摩亚啤酒公司（Moa Brewing Co.，马尔堡布伦海姆杰克逊路 258 号）。该公司由乔希·斯科特于 2003 年创立，他的父亲艾伦·斯科特经营的著名的葡萄酒厂就在酒厂对面。

我喜欢摩亚，因为它与那些高端的葡萄酒厂大为不同，酒厂里有豆子袋、酒吧凳子和小吃，你可以悠闲自在地喝上几品脱，而不是站着小口啜饮上等的葡萄酒。如果你要求的话，可以得到一托盘或者满满一大瓶或玻璃杯的啤酒。在漫山葡萄的环绕下喝啤酒，多么美妙啊！摩亚用葡萄酒酿造了一些啤酒，皮尔森法用香槟酵母和热情的莫图伊卡酒花酿造，二者的结合赋予了这款啤酒迷人又让人充满期待的辛辣果味。酸葡萄酒是摩亚的一款用自培的微生物丛和白苏维翁葡萄发酵而成的啤酒，发酵时将它们添加进去，在进行木桶陈酿时也要让它们保持接触。酸葡萄酒香扑鼻，果香浓郁，带有桃子和葡萄的味道，单宁复杂。啤酒与周围的葡萄酒，是一个完美而迷人的组合。

马尔堡的所有地方都在 17:00 关门（摩亚可能会稍微晚一些，所以很适合作为最后一站），所以停下你的自行车，前往软木和小桶（Cork & Keg，伦威克因克曼街 33 号，邮编：7204），它们会以每天 30 新西兰元的价格租自行车给你，你可以去买一些美味的酒吧美食，以及一系列的葡萄酒和啤酒，包括附近文艺复兴酒厂龙头中的啤酒。

如果你去了激流岛或马尔堡，不要只喝啤酒，还可以尝尝那里的葡萄酒。我想你也不愿意只喝啤酒。如果你喜欢为了喝啤酒而旅行，那么我想你也会想尝尝当地的葡萄酒，激流岛和马尔堡是个好去处，因为你可以轻易地到达许多葡萄酒厂。在这两个同时拥有葡萄酒和啤酒的好地方，喝了一天的葡萄酒后，以一杯啤酒收尾再好不过了。

激流岛起伏的山峦上有令人惊叹的葡萄园和橄榄树。

惠灵顿精酿啤酒街

新西兰精酿啤酒的汇集地

惠灵顿是新西兰必去的啤酒城，举办新西兰的最大的啤酒节 Beervana，是新西兰啤酒之旅的好去处。在这里，你可以了解啤酒的前世今生，可以参观一些优秀的酿酒厂和酒吧，也可以好好游览这个优秀的城市。

车库计划（Garage Project，惠灵顿阿罗山谷阿罗大街 68 号，邮编：6021）是惠灵顿著名的啤酒景点。酒厂于 2011 年开业，他们打算把啤酒厂建在市中心，好方便人们参观，要知道在车库计划建厂之前，没有一家拥有绝佳啤酒景观的酒厂建在了市中心。于是，他们从一套很小的设备起步，开始酿造一些新鲜的、实验性的、多样化的啤酒。他们一直保持着这种特色，尽管后来也酿造了一些精致的一直有销售的啤酒。如今，他们成功建厂，供人们参观、品尝和购买啤酒。他们还在街对面开了一家酒吧（阿罗大街 91 号），里面有 20 个啤酒龙头。

车库计划的啤酒种类繁多，其中许多的灵感都来自美食，如用玉米片酿造的谷物牛奶黑啤（Cereal Milk Stout），或是"从天而降的死亡"（Death from Above），一款使用美国酒花、芒果、越南薄荷、酸橙和辣椒酿造的 IPA。另外，你也可以试试"毒草"（Pernicious Weed），一款高品质的双倍 IPA 或苏维新酒。这款酒以皮尔森为基酒，加入白苏维翁葡萄后，再投入大量的尼尔森苏维啤酒花。车库计划的酒吧非常酷，里面所有的啤酒听起来都很不错，我几乎无法抗拒。这些啤酒看起来很不错，尝起来也不错，但是在我看来，还没有一种能达到它宣传的那样，还是稍微缺少了一点干净、精确的味道。但是在惠灵顿，车库计划还是非去不可的。

去福克 & 酿酒师（Fork & Brewer，邦德街惠灵顿 20A，邮编：6011）喝凯利·瑞恩啤酒，也是你在惠灵顿不容错过的一站。走进去，楼梯顶上的就是酿酒厂。你可以在大型的中央酒吧周围走一圈，这是一家现代化的啤酒餐厅，大约有 25 种自酿的啤酒可供选择，所有的啤酒都是用入口处的工具酿造的。这里的啤酒风格非常齐全，从清爽的拉格、热情的酒花啤酒、光滑的辣味小麦啤酒到一堆酸啤，你总能找到自己想要的。这是附近最好的酿酒商，他们的啤酒总是格外的清爽和平衡。

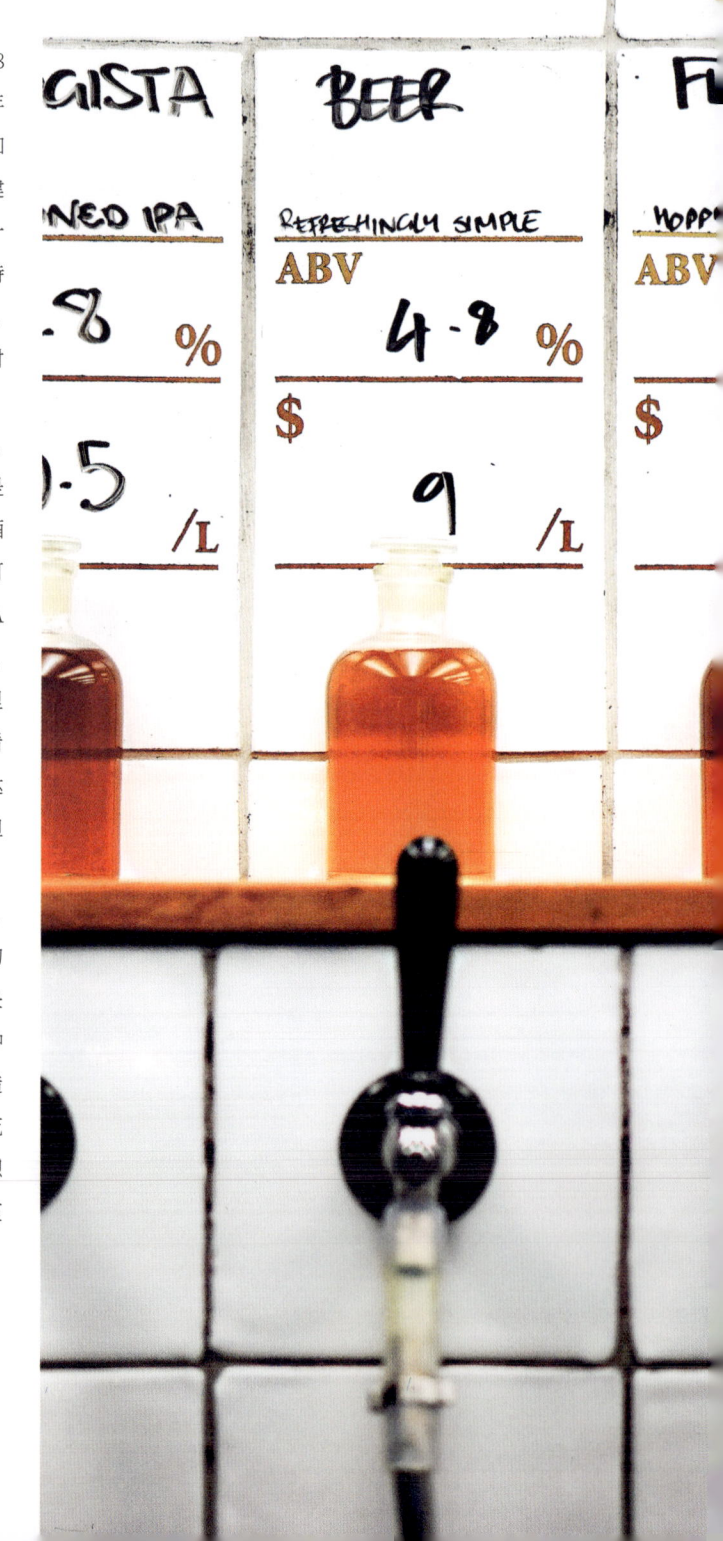

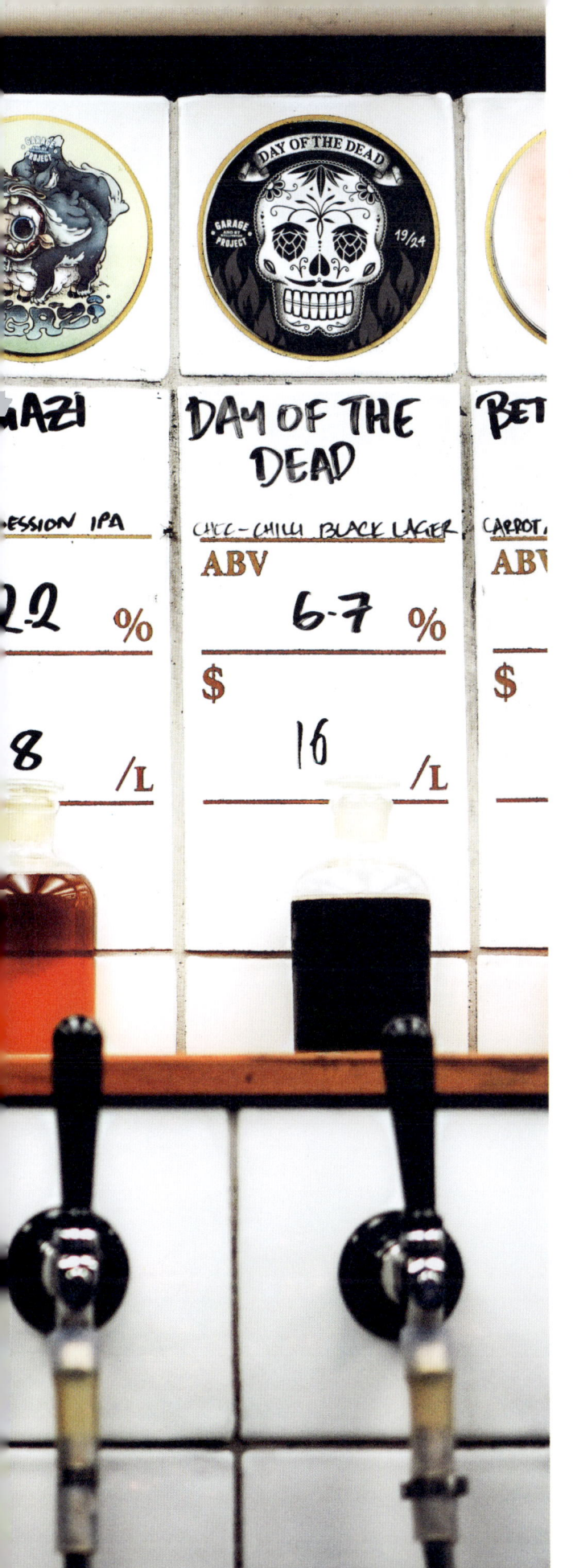

大蜥蜴酿酒厂（Tuatara Brewing）在城里有一家名为"第三只眼"的酒吧（惠灵顿泰阿罗亚瑟街 30 号，邮编：6011），如果你从北向开车进入惠灵顿，那么你会经过大蜥蜴酿酒厂和其品酒室（帕拉帕拉乌姆谢菲尔大街 7 号，邮编：5032），这里离惠灵顿大约 50 公里（30 英里）。你可以在其中的一家酒吧停下来，尝尝优质的淡色艾尔和皮尔森。附近还有一家黑狗啤酒厂（Black Dog Brewery，惠灵顿泰阿罗布莱尔街 17—19 号，邮编：6011），这是一只邋里邋遢的小狗，但是酿造的啤酒还不错。哈斯克（Husk，惠灵顿泰阿罗古兹尼街 62 号，邮编：6011）集咖啡馆、酒吧、咖啡烘焙馆和酿酒厂于一身。这是一个时尚的空间，以后面的啤酒厂为主导，生产一些有趣的啤酒。

酒吧是让惠灵顿成为新西兰最好的啤酒城的先决条件，如今它们仍是喝酒的好去处。我很喜欢无赖 & 流浪汉（Rogue & Vagabond，惠灵顿泰阿罗加勒特街 18 号，邮编：6011），它充满活力，陈设也很有趣，里面有舒适的座位和塑料杯，你可以把啤酒打包带走，酒吧内有一系列当地的啤酒可供取用。戈尔丁的自由跳水（Golding's Free Dive，惠灵顿泰阿罗利兹街 14 号，邮编：6011）是一条美食十字街，是一个离时尚的古巴街不远的发达工业区，每个角落都有美食，包括一家名为牧羊人的大餐厅、一家比萨店、一台苏打水机、一家面包店、一家咖啡店，还有戈尔丁餐厅，里面有七个精心挑选的啤酒龙头，室内色彩丰富，非常有趣，你可以在对面点比萨带进来。

小啤酒区（Little Beer Quarter，惠灵顿泰阿罗爱德华街街 6 号，邮编：6011）是一家舒适的老酒吧，里面的气氛活跃轻松。酒吧的啤酒龙头供应来自新西兰各地的 20 多种啤酒，其中一些是在惠灵顿的其他地方找不到的。麦芽屋（Malthouse，惠灵顿泰阿罗考特内广场 48 号，邮编：6011）拥有惠灵顿最齐全的啤酒清单，是从全国各地挑选来的，同样地，也有许多你在其他酒吧找不到的啤酒。哈希戈·扎克（Hashigo Zake，惠灵顿泰阿罗塔拉纳基街 25 号，邮编：6011）是一家网红啤酒吧，但是和其他地方相比，还是有些没劲，感觉从它被列入必游酒吧之后就一直没有什么变化。但它还是值得一游的，特别是如果你想喝非新西兰的啤酒（由啤酒进口商经营）。

惠灵顿是一个伟大的啤酒城。这是个很棒的城市，是美食的天堂，是一个有创意又让人兴奋的地方，这里的美食和啤酒都很不错。惠灵顿是新西兰非去不可的啤酒目的地。

车库计划的啤酒不仅在惠灵顿受欢迎，而且热销全国各地。车库计划的酒吧间是啤酒清单上的必去之地。

第四章　澳大利亚和新西兰

品尝新西兰皮尔森

最奇异的啤酒风格

新西兰皮尔森已经成为一种入门级啤酒,同时也成为人们的最爱。

许多新西兰啤酒厂都将一种啤酒作为标准,这是该国啤酒风格指南中独一无二的一个条目,皮尔森使用了大量淡麦芽,并使用了大量当地水果味的新西兰啤酒花品种,赋予其著名的热带香味。

在口味上,这些啤酒并不是完全的皮尔森的克隆品。撇开啤酒花,基础酿造的啤酒也不同于欧洲同类啤酒。在新西兰,你可以品尝到更丰富的麦芽汁、曲奇和一些味道浓烈的耐嚼谷类食物,它们更圆润,但仍然坚硬,没有丰满的甜味,通常比德国皮尔森啤酒或捷克皮尔森的焦糖感更接近科尔施啤酒或金色艾尔。正是啤酒花使这些啤酒与众不同,葡萄、醋栗、热带水果、青柠、西番莲和成熟的核果增添了鲜明的地方特色。干净、丰富的淡麦芽,温和的拉格发酵,拥有超级果味的啤酒花,使它成为最受欢迎的新西兰啤酒风格。

这些啤酒之所以如此好喝,原因之一是啤酒花的血统,许多最茂盛、最富水果味的啤酒花都是从欧洲贵族啤酒花中培育出来的:莫图卡和里瓦卡是萨兹的女儿,而瓦卡图、瓦伊提、科哈图和帕西菲卡则是从哈勒托培育出来的。杂交品种,加上生长条件,使这些啤酒花具有非常浓烈的果味、热带芳香,同时保留了贵族啤酒花那种干净、集中的苦味。

当我在新西兰各地旅行时,我试着尽可能多地品尝新西兰的皮尔森,我喜欢用拉格和很多啤酒花酿造的混合啤酒。我喜欢爱默生的皮尔森(见第191页),有其原创性的风格。其他伟大的例子包括图塔拉的莫特尤里卡(Mot Eureka),用一些种植在莫特尤里卡的啤酒花品种酿造;煎饼头啤酒吧的港口道路桩啤酒就像一杯西番莲果汁,外加一点长相思白葡萄酒;啤酒花联盟,在里瓦卡用里瓦卡、莫图卡和尼尔森·索文的啤酒花酿造,具有芒果、热带水果和多汁的橘子口味,当它变成淡色艾尔时,紧凑的酒体把它拉成了皮尔森的感觉。

就像当地人说的:"新西兰的皮尔森就是新西兰本身。"

三种伟大的新西兰皮尔森。它们值得出现在新西兰以外的国家。如果你看到这些瓶子,请买下它们。

参观爱默生的啤酒厂

喝原始的新西兰皮尔森

爱默生的皮尔森最初起源于一个尝试酿造有机啤酒的实验,酿酒师理查德·爱默生决定用新西兰所有的原料酿造一种拉格,生产出的啤酒被称为"长相思啤酒"。最初的酿造过程造就了现在新西兰最好和最重要的啤酒之一,因为它创建了新的样式和类别。

我喜欢爱默生的皮尔森。它的酒花香气和风味令人陶醉,蕴含丰盛的酒花,散发出浓郁的香气,有滑溜的多汁感,有热带水果和新鲜葡萄的香味,有桃子般的奶油味和白胡椒的苦味,所有这些都意味着你在喝下一罐后,会想再来一罐。它是原作,也有许多模仿者,或其他许多人创造了他们理解的皮尔森,但它仍然脱颖而出,作为最好的或者说很有可能是最好的。

你可以参观位于达尼丁的爱默生啤酒厂。酒厂有一个很大的、特别的品酒屋,你可以品尝到酒厂生产的所有啤酒。这里有一些全国最棒的酿酒师,他们无疑是行业的领导者。1812啤酒被视为一种现代的经典酿造,是一种拥有橙汁味、果酱味和果汁味的、浓烈的、跳跃的琥珀啤酒,有一种果酱般的质地,但是不甜,而且焦糖的口味有助于凸显啤酒花的味道。装订商啤酒是一款低度英国艾尔,是和新西兰啤酒花果味的完美混合。那里的特色菜也值得一试。但还是要从皮尔森开始。

详情

名称: 爱默生啤酒厂

方式: 每天10:00开始营业(详情请登录www.emersons.co.nz)

地址: 新西兰达尼丁澳新大道70号,邮编:9016

当麒麟旗下的狮子啤酒厂接管爱默生啤酒厂时,新西兰啤酒迷们都很焦虑,但这次收购让爱默生变得更好了。

第五章
其他地区

泰国（非法）精酿啤酒厂

这是个好主意

你知道吗，家庭酿造在泰国是非法的，最高可被判入狱 6 个月。酿造法也严令禁止小规模酿造啤酒，另外出售啤酒也是违法的。尽管如此，你是否也知道泰国可能有 200 多家精酿啤酒厂，并且越来越多的酒吧可以喝精酿啤酒？

威奇特"奇特（Chit）"赛克劳是泰国挑战和改变精酿啤酒最多的人。他的奇特酒吧（发音为"Sheet"）位于距离曼谷市中心 20 公里（12 英里）的小岛上，至少需要三种交通方式才能到达那里（219/266 巴恩苏安棕榈岛暖武里府帕巴克里德 11120 号）。酒吧本身就是值得一去的地方，因为它位于河上，更重要的是因为威奇特所面临的限制，他如何反抗规则，从小啤酒商那里争取更好的啤酒，以及他如何开办自己的啤酒厂来教授未来的家庭酿酒师和职业酿酒师酿酒知识和技术。他的目标是酿造啤酒，直到法律改变，他正在招募许多人加入精酿啤酒运动。

令人期待的好消息是，奇特啤酒厂和一群酿酒商申请开设了一家公共啤酒厂。这项申请获批准，给了泰国啤酒商一个在泰国生产啤酒的地方（规定允许啤酒在国外酿造，进口回泰国，然后作为泰国啤酒出售）。这是一项非常重要的进展，正在改变着法律，使泰国生产精酿啤酒成为可能。

因为这一切，一个真正的新的啤酒场地正在出现，随着新的啤酒厂和酒吧的出现（甚至有几个家伙在泰国种植啤酒花）。中心位于曼谷，那里有几十个地方可以喝到像样的啤酒，许愿家酒吧（Wishbeer Home Bar，曼谷苏呼姆维特路 1491 号，苏呼姆维特索伊 67 号）是一个有 22 个啤酒龙头的、凉爽的啤酒大厅，隔壁还有一个啤酒商店，里面有很多泰国精酿啤酒，还有很多进口的啤酒。狗毛（Hair of the Dog，有两个酒吧）有 13 个泰国啤酒龙头与一排塞满进口啤酒和其他东西的冰箱。在清迈，一定要去南通之家酒吧（Namtom's House Bar，清迈市清迈林丰路 196/2 号）。这绝对是一个有趣的地方，可以看到啤酒的发展历程。

清迈南通之家酒吧的精酿啤酒单。

当地小贴士：米奇乐的米其林之星

米奇乐并不满足于主宰哥本哈根啤酒市场（见第160页），他在曼谷开了一家酒吧，距离威斯比尔只有5分钟的突突车车程。更好的是附在吧台上的餐厅，想象中它的名字就在米奇乐楼上（曼谷新帕卡农区亿甲迈车站路，亿甲迈车站26索伊10雅克2号）。在这里，有一个包含10道顶级菜品的菜单可以搭配啤酒。楼上的食物很好，在2017年赢得了米其林星级美食的荣誉。

第五章　其他地区　193

在河内品尝碧海啤酒

越南独特的廉价生拉格

我认为碧海是越南本地,特别是河内拥有最棒的啤酒体验的地方之一。你可以在热闹的街边喝这些清淡的、便宜的啤酒。河内无与伦比的日常生活实景剧场就在你的身边。

碧海是啤酒的名字,也是你可以喝啤酒的地方,所以你去碧海喝碧海啤酒,这个名字的意思相当于"新鲜生啤酒"。你可以在河内的各个地方找到它,从大啤酒馆到某个人家门口,几乎完全是为极度口渴的越南人而生产的。

19世纪末,法国人将啤酒(bière变成bia)引入越南。几十年后,经过法国人训练的越南酿酒师开始自己生产啤酒,使用曾作为战争配给的当地配料,并加入大米。由于原料短缺,啤酒无法装瓶或罐装,只能装进金属桶,每天送到街角,给参与战争后勤工作的工人饮用。这种啤酒酒精含量低,价格便宜,当酒桶被清空时,工人们就回家了。一种新的饮酒文化出现了,像这样的生啤酒变成了普通人的饮料。

很多啤酒厂都生产碧海啤酒,但有可能你不知道喝的到底是谁家酿造的(黄色和红色标牌的河内碧海啤酒最常见)。不管是谁生产的,酒精度都在3.0%~4.0%。它们都是用高比例的大米、一些淡大麦、可能有一些糖和很少的啤酒花酿造的拉格,目的是尽可能快地(并且便宜地)酿造和饮用,这意味着你喝的啤酒可能只有一个星期的酿造时间。

这里的快速也等于新鲜,因为碧海的另一个显著特点是每天早上都有新的小桶。点一瓶本地的冷拉格,你可能不知道它在进入冰箱之前在阳光下暴晒了多久,但是在碧海,你会发现啤酒桶是那天早上送来的,到了晚上就不见了。酒吧不会超量订购,也没有冷藏库来保存未经消毒的一天以上的清淡生啤酒(这是为什么每天都要送生啤酒的原因之一,也是为什么要这么做的原因之一)。

啤酒通常是直接从没有压力的小桶里倒出来的,有基本的冷藏设备(也许是湿毛巾),很少有啤酒龙头,通常只有一根类似花园里使用的管子,而且一定要倒进一个由蓝色再生玻璃制成的大玻璃杯里,有裂缝、气泡和凹凸不平的边缘。喝碧海啤酒的地方通常是非常简陋的空间,你可能会蹲在只有小腿高的塑料凳子上,脚放在街上,这并不是西方的大屁股最舒服的座位类型。(有一件轶事:在越南,座位越高,会被认为地位就越高。街边的碧海啤酒凳子是最低的。"我们相爱了"餐厅提供瓶装拉格和价廉物美的食物,有塑料椅子。更好的餐馆有木制椅子,精酿啤酒和鸡尾酒会把显示你高地位的屁股抬到吧台凳子上)。

虽然所有碧海啤酒的酿造工艺基本相同,但口味会有所不同。最好的碧海啤酒是新鲜、干净的,有时有点奶油味,有时有点干苦,带有柔和的气泡,就像任何好喝的亚洲淡色拉格一样,它们在河内的湿热环境中是完美的(仅供参考:在特别炎热的日子,啤酒会将一些冰放在玻璃杯里一起被呈上来)。另一些则展示了未成熟啤酒的特点:果味酯、黄油双乙酰、无碳酸化。没有坏的碧海啤酒,只是有些比其他更好。但如果你只想花1万越南盾(约合0.45美元)买一杯,那就没什么关系了。虽然"世界上最便宜的啤酒"的标签引起了人们对碧海啤酒的注意,但我们应该把它看作"性价比最高"的啤酒,因为价格便宜,而且新鲜,味道也不错。

如果你在网上读到旅游指南或任何关于碧海的东西,那么它会说去碧海角;如果你读了我的书《世界最好的啤酒》,我会告诉你去碧海角。但现在不用麻烦了。无论如何,不必特地为了碧海啤酒而去一趟碧海角,因为过去几年里发生了不可逆转的变化,而且看起来老虎啤酒公司和塔博格啤酒公司已经蜂拥而至,买下了这个地方,用他们的新产品和促销女郎给它打上了烙印,当更好的酒吧利润来自购买品牌酒瓶时,碧海啤酒的便宜基本上一文不值。你也许还能在碧海街角喝到碧海啤酒,但你最终会在远离活动的小巷里结束。这个角落仍然是一个啤酒角,在繁忙的周末晚上仍然很有趣(虽然周中比较安静),但是不要专门去碧海。

喝碧海啤酒绝对是河内当地人最喜欢的消遣方式，但你必须是一个认真的啤酒爱好者，才会使用这些巨大的杯子啜饮。

在老城区附近喝碧海啤酒的最好的地方是巴特丹和德旺桑的交叉口，在那里你可以找到六到七个人。那个角落里的恩戈尔碧海啤酒是我的最爱，因为它充满活力的氛围，啤酒的质量很好，在一条充满活力、繁忙的街道上。斜对面是50蝙蝠丹，里面有很多内脏和麻雀、青蛙之类的东西（加上一些更"正常"的东西）。在程帮上面是南风火，继续往上走，右转到带材行，在那个拐角处有一个，还有几个是宝宝街上的两个拐角处，中间还有一个（基本上是某家人的前厅）。另一个值得一游的地方是广安的碧海68号，这是一个巨大的露天啤酒厅，可以俯瞰城北的西湖，但河内到处都是碧海。有时你会发现大的啤酒馆，有时你会看到三个人紧挨在一起，有时他们会自己一个人呆着，有时你只会看到一个小银桶和一些玻璃杯在街边或别人的房子里。

我喜欢碧海啤酒的凉爽、新鲜、可口、简单。我喜欢它这么便宜，因为我可以喝一打，比在家时喝一品脱的价钱还便宜。我喜欢热闹的酒吧，那里充满了交谈、欢笑和争吵的声音，喜欢人们在公共大盘子里吃东西，用他们的大啤酒杯敬酒，喜欢在街边看到生活中发生的一切，这是一个比任何体育游戏或肥皂剧都好的场景。这是真实的河内生活，这是一种疯狂、快速、喧闹的生活，任何事情都可能发生。世界上没有比这更好的啤酒饮用体验了。

当地小贴士：啤酒和地位

越南很多人都爱喝酒，啤酒是当地社会文化的重要组成部分。他们是世界饮酒者和世界酿酒者中排名前十。啤酒是每个人都爱喝的，他们总是喝啤酒，尤其是在河内和碧海。但是碧海啤酒是一种低身份的饮料，地位很重要，它与你喝的东西有关。大多数啤酒都是在全恩豪餐厅里，这相当于西方饮酒者的标准当地酒吧。大家总是成群喝啤酒，这是由付款人选择的，根据你和谁一起喝酒，你会点不同的品牌：最便宜的品牌给你的家人，因为你不需要打动任何人；更好的啤酒，是你的朋友；最贵的是你的老板。精酿啤酒是在这种排序体系下的一个进步。

第五章 其他地区

胡志明市精酿啤酒

西贡啤酒城

作为一个精酿啤酒的目的地，胡志明市（或现在仍常被称为西贡）在不到三年的时间里，已经从一个默默无闻的城市变成了世界上最令人兴奋的新兴啤酒城市之一。2014年时这里还什么也没有，而在2017年初突然出现了大量的酒吧。

这场酒吧繁荣的导火索，是2014年由蒂姆·斯科特和马克·古斯塔夫森创办的一家美国烧烤和啤酒连锁店呜呜酒吧（胡志明1郡冷桥功夫大师168号）开业。酒吧为马克的自制啤酒生产铺设了几条生产线，这些啤酒龙头额外生产的啤酒供应给其他啤酒商，而在这之前，这个城市是没有地方卖纯生啤酒的。

呜呜酒吧（顺便说一句，呜呜是越南版的"猪叫声"）还在第二区开设了一家名为精酿酒吧的啤酒酒吧，为当地啤酒商提供了更多的啤酒选择。第二次更大规模的啤酒生产浪潮是在2016年底第三区第二家精酿酒吧开业几个月后（胡志明第三区第七区李五沙1号）。这个地方很特别，是一家世界级的啤酒吧，有50种越南手工啤酒和苹果酒，包括精酿酒吧屋酿造的啤酒，都很好喝，而且大多是用公鸡啤酒酿造的。这是一个开放的、微风习习的街角酒吧，一旦你看到引人注目的啤酒板，会发现在那里喝酒的大部分都是年轻的越南人。精酿啤酒不仅仅是为这里富裕的西方人准备的，而且已经对当地人产生了深刻的影响。

在城市周围，你可以参观许多新啤酒厂的酒吧间（大多数在郊区酿造啤酒）。巴斯德街酿造公司（Pasteur Street Brewing Co.，胡志明第一区滨海巴斯德街144号）有两个并排的酒吧间。公司所生产的啤酒的灵感来自美国，但几乎所有东西都使用越南原料。他们的旗舰啤酒是茉莉花IPA，酒精度6.5%，有明亮、清新的柑橘味的香甜，还有茉莉花的优雅。在百香果小麦啤酒中，多汁的水果使啤酒具有类似诱人的酸味，这是整个越南最解渴的饮料。这里也有一些特别的东西，如赛科龙啤酒，如富含块菌的帝国黑啤，使用越南可可豆、肉桂和香草——这是难以置信的（尽管它的价格约为18.2万越南盾即8美元一杯）。一般来说，9.5万越南盾（约合4美元）的价格是大多数酒吧一杯13盎司（400毫升）IPA的价格上限，10万越南盾是一道不可打破的心理障碍，要知道1美元约合23万越南盾。

黑暗之心酒吧（Heart of Darkness，胡志明第一区滨海31号李庄）有我在整个东南亚品尝过的最好的IPA，强烈推荐库尔茨的疯狂IPA，他们的整个啤酒系列足够在歌剧院附近的品酒室有20个啤酒龙头。厨房里有非常好吃的比萨（如果你想要比萨，那么这是越南最好的，而且还有一些餐厅，访问www.pizza4ps.com）。

东西酿酒公司（East West Brewing Company，胡志明第一区滨城李氏自重181—185号）是最令人印象深刻的新啤酒厂。酒厂的啤酒馆非常大，拥有巨大的啤酒厅，后面有水箱（这是市中心唯一一个真正的手工啤酒厂，靠近本城市场）和一个屋顶啤酒花园。有10个啤酒龙头，所有的啤酒都很好喝，圣地亚哥风格的淡色艾尔是一个很好的开始。

在参观玛柔之前或之后，可以去眨眼海豹酒吧（Winking Seal，胡志明第一区太平郡阮氏和平市场路50号）参观，这是一家使用来自全国各地的咖啡豆的巧克力制造商（神奇的地方）。闪烁的海豹啤酒和品酒室一样明亮和充满活力。南南南（"555"）奶油艾尔很好喝，是一种像拉格一样清新的啤酒，是主流巴巴巴（"333"）拉格的一个有趣的重复。

我喜欢背包客区的鸡舍酒吧，由法特公鸡艾尔（胡志明广道28/2号），开设在城的自家农场酿造的品酒室，供应最好的越南食物，还有一些我尝过的最好和最大的鸡翅，可以试试西贡金发女郎或美国淡色艾尔。拐角处是翁考（Ông Cau，胡志明第一区麻药街240号），这是一家智能啤酒酒吧，有20多个龙头，提供当地所有的啤酒，在第七区也有一个品酒室。铂金酒吧是该市最早的精酿酒吧之一，还有模糊逻辑酒吧和首尔酒吧。城市周围还有十几家酒吧供应优质啤酒。

越南是世界上最有活力、最迷人、最美味的国家，这里有世界上最好的食物，然而直到最近，啤酒的唯一选择还是淡色拉格。

精酿酒吧的啤酒龙头清单。这里有50个啤酒龙头,提供最好的越南精酿啤酒,是西贡最好的酒吧之一。

今天,你可以在胡志明市停留一个星期,但仍然不能让你有足够的时间参观所有的啤酒厂或主要的啤酒酒吧。总体来说,啤酒的质量也很高,啤酒的种类也很多,这可能是一个新的啤酒市场,发展非常迅速,虽然并不总是像美国手工啤酒那样。越南已经成为一个精酿啤酒的必去之地,胡志明是你可以找到这些啤酒、酒吧和啤酒厂的地方。

你应该去的其他五个鲜为人知的啤酒目的地

- 立陶宛维尔纽斯(见第165页)
- 波兰华沙(见第125页)
- 墨西哥提华纳(见第62页)
- 西澳大利亚州珀斯、弗里曼特尔和玛格丽特河(见第167~173页)
- 越南胡志明市
- 捷克共和国皮尔森(见第126页)

第五章 其他地区

河内的精酿啤酒……

河内有越来越多的啤酒厂和酒吧。狂怒啤酒厂（Fur Brew，河内玉文区8b/52号）是最好的啤酒厂。他们的"100个花园"是一个很大的室外空间，后面是啤酒酿造屋（附近还有一个品酒室）。啤酒龙头中有20种啤酒，厨房里烹调出色的碧海越南菜。可以尝尝他们的奶酪球啤酒，它的灵感来自越南著名的面条汤，或者品尝一下用莱姆叶小麦做的清香爽口的柠檬味麦酒。位于特拉克巴赫岛上的站立酒吧（Standing Bar，河内巴亭镇雨竹柏170号）是一个氛围很棒的酒吧，这里有16种越南啤酒和苹果酒（可以尝尝河内苹果酒的干酒花苹果酒，非常棒），可以俯瞰湖面。这是一个平静的小绿洲，远离了老城区的忙乱。如果你正处于这种疯狂之中，那么从碧海角回来去精酿啤酒酒吧（Craft Beer Pub，河内还剑区河畔26号）吧，那里有一些当地的手工啤酒。还有山中车站酒吧（The Hill Station，河内还剑区河畔哑铃2T号），这是一家更特别的酒吧，有美味的食物和几个啤酒龙头。还可以去河内一味酒吧（A Taste of Hanoi），还经营精酿啤酒旅游（河内还剑区嘉愚34号，邮编：10000）。

河内狂怒酒吧的啤酒和美味佳肴，可以让你暂时远离碧海。

河内维也纳酒吧里的一杯完美的捷克皮尔森。

捷克以外最好的捷克拉格?

  越南有瓶装的巴巴啤酒,有廉价的碧海啤酒,也有很棒的精酿啤酒,但你知道吗,越南还有几十家捷克和德国风格的啤酒酿造厂和微型啤酒厂。捷克风格酒厂很明显是捷克的,德国风格的酒厂非常像德国本地的酒吧,捷克淡色拉格是合法的莱扎克啤酒的复制品,有焦糖味和苦味,而德国的拉格更干燥、更干净。如果你去越南,去附近的小酒厂看看,就会发现它们。还有维也纳酒吧(Hoa Vien,河西省河内二征夫人路胡伯伯公园广场1A号),是河内最好的酒吧之一,走进去就好像走进一家皮尔森曲面酒吧(离开时左边有几个大的食物仓库)。

第五章 其他地区

新加坡33层楼酒吧

世界上最高的城市酒吧

从这里，你可以看到钢铁般的摩天大楼、霓虹灯招牌、郁郁葱葱的绿树、殖民地时期的板球场，旁边是低矮的老市政厅和最高法院，海湾旁边有超级现代的花园，货船穿过海峡，滨海湾沙滩上的三座塔楼，还有清澈的天空。在33层楼酒吧，世界上最高的城市酒吧的第33层，你会发现新加坡是一个非常独特的地方。这也是城市酒吧里的一种独特的景观。

从字面意思上来说，它在最高的楼层上酿造啤酒，是一个特别的鸡尾酒酒吧，后面有一个更特别的设备，一个闪闪发光的、覆铜的、千升（8.5桶）的酿酒机器（这种铜需要每周抛光三次才能去除脏脏的、油腻的指纹）。这个酿酒机器是双容器的煮汁锅和过滤器，能够进行煎煮糖化，这是用于拉格酿造的一个过程。这里有六种典型的啤酒可供选择：金色拉格、德国式小麦、英式爱尔兰啤酒、爱尔兰风格的黑啤、豪斯波特啤酒（爱尔兰啤酒和黑啤混合而成）和季节性特色啤酒。它们都是从酒吧后面的容器里端上来的。当从电梯里走进去的时候，你还会看到一些大罐，那些是发酵罐和调节罐，还有下周你将喝到的啤酒。

这里的菜在酒吧餐厅里算是高端的，有一份啤酒小吃菜单，上面有各种各样的手指食物，还有很多菜是用各种啤酒作为原料的。这里有一个专门的啤酒鸡尾酒列表，用巧妙的方式明智地使用啤酒，这是我认为的鸡尾酒的更好应用之一，其实这也是一个简单的附带步骤——将一个新兴的精酿本地啤酒加入我们的清单。这是33层楼酒吧的一个重要方面：这主要是一个很酷的屋顶酒吧，大多数第一次来这里的游客都是为了欣赏风景。正因为如此，啤酒必须适合每个人，从那些喜欢撒娇的人群到啤酒爱好者。他们也的确做到了让每个人都能找到适合的啤酒，因为这里的啤酒很好，很干净，而且很好喝。

IPA是我的最爱，它是给肯特·霍普斯的一封情书。当我坐在塔内海岸边时，喝了一大口3号加得酒，这是我能给啤酒的最好赞美之一。加得酒在东肯特郡酿造，这里对混合东肯特的金色啤酒花和33层楼酒吧的IPA有着狂热的热爱，它们在东南亚赤道边上酿造，实际上离拉姆斯盖特有半个世界的距离，但就口味而言，他们就像隔壁邻居。橘子味、浓烈的果酱味和有花香的啤酒花味深深地嵌在啤酒里，前面有坚果味的麦芽味，简直太棒了。

这些啤酒都是用干净的欧式风格酿造的。他们给你的感觉像是躺在豪华酒店的干净床单上一样；它们优雅和经典，象征着聪明、面向西方的新加坡，他们以最好的方式满足需求。但即使是最敬业的啤酒迷也不会去那里仔细研究啤酒渣，相反，他们更享受在世界上独一无二的城市酒吧欣赏最好的风景。

无论是来喝啤酒还是来欣赏风景，你都会在33层楼酒吧享受到这两种乐趣。

详情

名称： 33层楼酒吧和餐厅

方式： 详情请登录www.level33.com.sg

地址： 滨海湾滨海大道8号新加坡金融中心1号楼

新加坡史密斯街啤酒龙头

当小贩食品遇上精酿啤酒

从 33 层的尽头和更高的地方，到低矮、肮脏、炎热、让人汗流浃背的小贩中心。这是一个完美的柜台，它展示了新加坡这个二元城市，同时拥有现代化的摩天大楼和古老的地下市场、五星牛排和五美元点心。这一层是小贩中心。铺天盖地、繁忙、喧闹的食品大厅里，摆满了适合马来西亚人、中国人、印度人、泰国人、印度尼西亚人的各种菜肴。走进去，在一张小塑料桌旁找个位子，然后从几十个摊位上挑选食物——通常是用一次性筷子夹起迅速放在塑料盘子里。这是一次很棒的新加坡美食体验，精酿啤酒在这个国家的影响力越来越大，通过智能设备，一直延伸到这些小贩中心。

在唐人街，有三家啤酒酒吧和许多小吃摊。史密斯街自来水厂（Smith Street Tap，新加坡唐人街综合体史密斯街 335 号，邮编：050335）有十几种纯生啤酒，大部分来自美国、澳大利亚和英国，不过偶尔也会有本地酿造的啤酒（注意一下布雷兰德，它是新加坡人魏约翰在柬埔寨生产的，然后带回当地销售，它们是当地最好的啤酒）。这是一个当地的啤酒机构：新加坡当地的精酿啤酒吧，桌子和椅子摆在外面，就像食品摊位一样，在这里你可以喝或者带上任何你喜欢的食物和啤酒。好的啤酒公司就在几米之外，出售美国和欧洲的啤酒，你可以打开一瓶，配着你的食物喝。附近也有啤酒龙头，啤酒都是在本地"自酿"的。当我在那里的时候，啤酒龙头中大约有 8 瓶啤酒，尽管质量都不好。

啤酒很贵，有些啤酒的价格相当于四盘食物的价格，这是一个对啤酒征税特别高的国家，即使是一罐冷的老虎啤酒的价格也会让你大吃一惊。忽略成本，因为小贩和啤酒体验的辉煌之处在于将优质的精酿啤酒与日常食物搭配在一起，以一种二分法的方式，将精酿啤酒的新复杂性提升到普通人可以理解的高度，一个提供汉堡的智能啤酒酒吧的转盘，可以将食物转到每个人面前。这是新加坡独有的体验，与 33 层的美食相比，这是一种有趣的体验。

很好的啤酒，纯生的，到处都是美味的街头美食。

第五章　其他地区

在朝鲜喝杯啤酒

喝到金正恩艾尔!

我从一个朝鲜小伙子那里听到一句话,他说:"世界上没有比大同江啤酒更好喝的啤酒了。"我想不出有什么理由不相信这个家伙。我也不能否认,因为我从来没有喝过平壤太东港啤酒厂的啤酒。但我很想品尝一下。

"平壤大同江啤酒厂"是一个酒吧问答题的答案,这个问题是:"2002年,特罗布里奇的招待员关闭了他们的啤酒厂,卖掉了他们的啤酒。那么谁买了?"这是一家国有啤酒厂,我们可以假设它很受无产阶级的欢迎,在一个劳动人民的国家里,最高级的工人饮料应该被广泛饮用,这才是有意义的,尽管烧酒似乎是一种能够打败啤酒并且喝起来比较快的更好选择,但啤酒正在一个更属于中产阶级的市场中出现。当你进一步了解这个国家有限的啤酒和酿造信息时,似乎有一个新的现象:啤酒馆和许多地方都在酿造自己的啤酒,如保龄球馆、餐馆和一些酒店。

2016年,朝鲜举办了有史以来的第一次啤酒节。在平壤举行的为期20天的啤酒节上,当地人举起了最好的金正恩拉格。会场俯瞰着泰东瑞维啤酒厂,这家啤酒厂的名字是为了宣传节日而设立的,啤酒厂的7种啤酒都可以买到。如果你感兴趣的话,它们的社会名称是:大同江1号、大同江2号、大同江3号……一直到7号。这些啤酒使用了超过50%的大米,而6号和7号是深色的。

大多数西方评论家对大同江啤酒的热情不如这位朝鲜小伙子,不过大多数人也有点惊讶,他们会发表诸如"没有我预想的那么糟糕……"和"很好"之类的评论,坦白地说,这比我预想的要好。我当然对那里的啤酒会是什么样的、节日会是什么样的,以及在哪里可以找到自酿啤酒的地方感兴趣。从平壤来的那个人说:"世界上没有哪个国家有更好的啤酒。"也许,不管怎样,总有一天我想亲自去看看。

平壤当地人正在享用大同江啤酒。

韩国日益繁荣的啤酒市场

如果朝鲜不吸引你或者你觉得交通不便，那就向南跳到首尔，寻找一个新兴的啤酒城。它不一定像其他旅游目的地一样值得一提，但足以吸引游客。喜鹊酿酒吧（Magpie Brewing，首尔市龙山区梨泰院洞绿沙坪大道244-1）是我的最爱，它是一个小酒吧间，里面有一些上等的啤酒，尤其是波特啤酒。在城市周围也有一些其他酒吧。从喜鹊酒吧向左转，就到了京格利丹展台（The Booth Gyeonglidan，首尔市龙山区绿沙坪大道54-7），由布思啤酒厂开办，是一家装饰有明亮涂鸦的、提供比萨的酒吧间，这家啤酒厂在镇上有几个酒吧间。伊泰汶车站附近的一家酒厂的啤酒清单比京畿道的还要多。手工艺品酒吧（Craftworks，首尔市龙山区梨泰院洞绿沙坪大道238号）距离喜鹊酿酒吧和韩国原始的精酿酒吧只有几分钟的路程。在北部是神奇啤酒厂（Amazing Brewing，首尔市城东区磐浦大道4-4），它是这座城市的新星，在凉爽的、有着木制屋顶的工业空间里有50多瓶自酿啤酒和进口啤酒，啤酒厂就在一边。

在首尔寻找玛可利酒

如果你在首尔，对当地的饮料感兴趣，那就去找玛可利（Makgeolii）吧。这是一种古老的米酒，是韩国最古老的酒，现在正重新受到关注。这是一种奶白色的、温和的碳酸饮料，自然发酵。有一种淡淡的甜味、一种淡淡的浓烈感和光滑感，就像一种轻度酒精饮料酸奶。很多种类和额外的成分有时会被添加在里面。人们对于这种饮料的新关注点是把它和食物放在一起。

第五章 其他地区

东南亚其他地区

到处都有好啤酒

除非他们在这本书中有自己的条目,否则我不认为东南亚有很多地方真正值得一提。东南亚有很多地方可以喝到优质的国产和进口啤酒,这些地方因为当地很重要或很有趣而出名。但是,与世界上最好的啤酒相比,它们还不具有竞争力。但这对这些新兴的、令人兴奋的精酿啤酒吧来说有点不公平,所以这里介绍一些关于这些地区的有用信息。

柬埔寨

在暹粒参观吴哥窟时,在你所居住的小镇上,最著名的喝酒的地方是喧嚣的酒吧街,50美分的生拉格和2美元的鸡尾酒就能让你拥有一段不想结束的快乐旅程。在柬埔寨最具文化意义的地方,这样的地方也许是微不足道的。更有意思的是当地的酿酒吧和宾馆(The Local Brew Puband Guesthouse,暹粒20号街115号)。你可以住在世界上唯一的酿酒宾馆,那里的房间每晚大约15美元。这些啤酒都是现场酿造的,每瓶都要花上几美元。你可以跳过暹粒酿酒吧,因为啤酒和地点不是特别有趣(如果你想去,它就在5号街和新田马尼街的拐角处)。在金边,越来越多的外籍酿酒商生产了很好的啤酒。最好去博塔尼科葡萄酒和啤酒花园(Botanico Wine & Beer Garden,金边29号街)品尝一下他们的自酿啤酒,同时镇上还有几家其他啤酒厂,生产的啤酒大多是德国风格的。

菲律宾

除了越南,另一个精酿啤酒显著增长的国家是菲律宾。啤酒厂遍布各地,超过40家。去Facebook上的菲律宾精酿啤酒社区页面能找到更多的信息(www.facebook.com/craftbeer.ph)。

金边的博塔尼科葡萄酒和啤酒花园供应一批自酿啤酒。

虽然柬埔寨啤酒的质量往往与其价格一样低，但在暹粒的酒吧街上过夜绝对是一次生动的体验。

在中国品尝雪花啤酒

你喝过世界上最畅销的啤酒吗？

我不得不验证一个简单的假设：世界上最畅销的啤酒是最美味的吗？这似乎是一个简单的逻辑，因为世界上大约有5%的啤酒就是因美味而生。我在前一本书《世界最好的啤酒》中做了许多研究，详细介绍了本书中的一些啤酒，你可能会猜到我的答案：世界上最畅销的啤酒未必是最美味的啤酒。不管怎样，作为最畅销的啤酒，我认为它还是值得一提的。如果只是为了重新调整味觉，并且了解世界上大多数人每天都在喝什么的话，那么在我们寻找最好的啤酒花时，品尝十大畅销啤酒中的九种是值得的。2017年的前十名分别是雪花、青岛、百威昕蓝、百威、斯科尔（巴西）、燕京、喜力、哈尔滨、布拉马和库尔斯光明。

中国精酿啤酒

中国有着世界上最大的啤酒市场，在全球十大畅销啤酒中，中国本土酿造的占四种。有趣的是，该行业的大型酿造厂的规模正在缩小，高档和进口啤酒的市场份额正在增长，中产阶级对质量的认知和追求影响了整个社会的饮酒习惯，外国或外国风格的啤酒具有很高的地位和吸引力。在大城市，你会发现一些优秀的啤酒和啤酒厂。

大跃啤酒（Great Leap Brewing）是北京首家精酿啤酒厂，2010年开业。他们在城里有三家酒馆，但是最好去位于胡同的那家（北京豆角胡同6号），它隐藏在一条旧胡同里的。酒厂很好地融合了东西方和中国传统与现代的酿造工艺。大跃还以使用当地食材而闻名，包括中国啤酒花（尝尝淡色艾尔6号，它是100%由中国原料制成的）。在北京，也有非常好的京A啤酒厂（Jing-A，北京市朝阳区工体北路4号1949会所内），在啤酒酿造中使用了很多当地原料。在上海，百威英博（AB-InBev）于2017年初收购了久负盛名的拳击猫啤酒厂，这说明世界级大公司对中国市场增长的重视。他们在上海有三家酒吧。你可以访问www.boxingcatbrewery.com了解详情。如果有机会前去一游，我肯定会品尝一下这些啤酒。

印度是世界上不知名的啤酒目的地吗？

有超过100个酿酒吧……

古尔冈位于新德里西南 32 公里（20 英里）处。在短短的几十年里，它已经从尘土飞扬的小镇变成了一座高楼林立、购物中心林立的城市，世界 500 强企业中的半数都在这里设址。你以前没听说过这个地方是情有可原的，如果你不知道古尔冈有 20 多个酿酒吧也是可以原谅的。这里几乎所有的啤酒都是标准的印度啤酒系列，包括小麦啤酒、淡色拉格和深色拉格，还有其他种类的啤酒，不过不要指望会找到太多的 IPA，因为很多印度人并不喜欢苦味。这些场馆的照片是我以前从来没有见过的，它们看起来像是智能酒店的酒吧，展现了这个城市的发展方式。

古尔冈令我着迷，因为世界上没有多少城市能拥有 20 个酿酒吧。当然美国除外。有谁听说过古尔冈的啤酒厂吗？直到开始研究印度的啤酒业，我才知道。然而，这并不是印度唯一一个拥有 20 多个酿酒吧的城市，另一个是班加罗尔。这里是印度高科技产业的中心，南部卡纳塔克邦的首府，也是印度最早的啤酒城。孟买和相对邻近的浦那（Pune）在不断涌现更多的啤酒品牌，那里可能是下一轮啤酒大潮的发源地。

十年前，印度只有两个酿酒吧，而现在数量已经超过 100 家。随着中产阶级的不断壮大，尤其是在更西方化的大城市，更多的人开始喜欢去酒吧喝酒，而且企业家们开设啤酒俱乐部更推动了这一潮流的发展。我认为印度是一个值得关注的地方。

一个酒吧招待在薄荷酒廊里倒酒，这是古尔冈20家酿酒吧中的一家。

第五章 其他地区

从大力水手酒吧的70种啤酒龙头中挑选

东京传奇啤酒吧

如果你想要品尝日本吉比鲁啤酒（jibirru，一种当地酿制的啤酒），那就去东京琉球市的大力水手酒吧（那里是相扑镇），这就是传说中的东京啤酒吧。酒吧于1985年开业，啤酒龙头越来越多，已达到70条相扑规模的管道。这地方不大，人们得并肩坐在一起；喧闹拥挤，墙上有那么多东西，可能会让你从喝酒上分心，但这是它永恒魅力的一部分。啤酒菜单上包含几乎所有的日本精酿啤酒，有许多是你在日本以外找不到的啤酒和许多你在大力水手酒吧之外买不到的啤酒。另外，2014年，酒吧开办了自己的啤酒厂：奇怪啤酒厂。你可以多尝试一些日本啤酒，因为这里有一些特殊的啤酒，一般都酿造得很好，发酵干净并且干燥。所有的旅游指南和必饮清单上都有这家酒吧，因为它值得推荐，尽管如此，仍然是当地客人居多。在去之前或之后吃东西吧，因为酒吧里的食物不是很好吃，毕竟当有70杯啤酒要喝时，其他事情就不太重要了。

大力水手酒吧是了解日本新兴啤酒酿造工艺的最佳场所。

详情

名称： 巴克舒俱乐部大力水手酒吧

方式： 详情请登录 www.facebook.com/70beersontap

地址： 日本东京住友区两国路2—18—7，邮编：1300026

去找喝到饱服务

当谈到大量喝酒时,东京有一个小秘密。很多酒吧都提供畅饮服务,这是一个你可以喝任何饮料的活动(或挑战,取决于你如何看待它),大约每人3500日元(32美元),你就可以得到几个小时的饮料和食物,整个晚上这些东西都会被送到你桌上。这些优惠大多只有日本当地人才能知悉,所以,除非你在那里待了足够长的时间,或者幸运地有朋友把你带去,否则你可能永远不会知道。东京的精酿啤酒酒吧也提供畅饮服务(问题是你一次只能点一杯啤酒,或者只能点半品脱)。有几个地方提供这种服务(可以通过搜索引擎获得完整的细节):市中心的所有的精酿啤酒市场(Craft Beer Market)、两只狗酒吧间(Two Dogs Taproom)和蚂蚁蜜蜂啤酒屋(Ant n Bee,都在罗本基)、所有的尤娜·尤娜(Yona Yona)酒吧、新宿矢量啤酒馆、吉育高卡精酿啤酒厨房(Craft Beer Kitchen)。一定要提前打电话预约,让他们知道你想要畅饮服务。记得在去之前保持渴的状态。

花蜜和精酿啤酒

这是一份终极野餐清单……你可能听说过日本流行的樱花或樱花盛景,但有一种传统习俗叫"赏花",就是一种欣赏和观赏樱花的习俗。这意味着你要抓起毯子,坐在你最喜欢的樱花树下(我们都有最喜欢的一棵,对吧?),带一大堆食物和饮料。随着精酿啤酒店和当地便利店提供了更多的精酿啤酒,如今你可以一边欣赏一年盛开一次的樱花,一边喝上好的啤酒。你肯定没想到会在一本精酿啤酒书上看到这个,是不是?

大力水手酒吧70个啤酒龙头中的一排。

第五章 其他地区

品尝乌姆库姆博提啤酒

非洲本土高粱（家庭）酿造

现在，真正的本土啤酒并不多，如果你想找到它们，你必须去秘鲁、中国西藏和非洲一些国家和地区，偏远的斯堪的纳维亚（见第 156 页）和立陶宛（见第 165 页）有农家啤酒。这些啤酒大多很难找到，因为距离遥远，需长途跋涉，如果不是为了一些当地的自制啤酒，你可能不会费心前往（即使这样，也只对最少的少数酒鬼有吸引力）。然而，事实上，这些啤酒仍然存在，我想品尝一下，并且了解更多。

非洲有一些啤酒厂，以当地的谷物为原料，如高粱、小米和玉米以及木薯的根部等，作为淀粉的来源。这些产品的存在使得大型商业啤酒厂也开始为这些市场制造适合当地的产品。摇一摇 Chibwku（因为喝酒前必须先摇一摇，所以得名）就是其中之一。它是装在牛奶的纸板箱里出售的，这容器看起来更适合倒牛奶。这是自制乌姆库姆博提啤酒的商业版本。非洲各地有很多本土啤酒，其中大部分仍然是自制的。

关于这些啤酒的报道很少。我的怀疑是，如此根深蒂固的传统只是当地人生活中的一部分。每天或每周制作，并在当地消费，人们不会特别报道这些啤酒，就像我不会写我如何沏茶一样。事实上，这些啤酒是他们生活的一部分，这让我更感兴趣。从技术上讲，它们是"啤酒"，是存在了几个世纪或更长时间的啤酒，但与我们所知道的、世界上其他地方的啤酒一点都不像。美国的淡色艾尔从 20 世纪 80 年代才开始出现，而这些古老的家庭酿造来自远古时代，可以追溯到文明起源之时。

南非布隆方蒂安妇女们正在酿造啤酒。

拉各斯酒吧外墙上的健力士广告。

在尼日利亚喝健力士，和都柏林是不一样的……

你知道吗？尼日利亚的健力士酒销量比爱尔兰还多。健力士于19世纪20年代首次出口到非洲，1962年，第一家非爱尔兰或英国的健力士啤酒厂在尼日利亚首都拉各斯开业（健力士在马来西亚、加纳和喀麦隆也有啤酒厂）。尽管广告宣传中告诉尼日利亚人"健力士给你力量"，但拉各斯健力士啤酒的酿造和都柏林是不一样的。尼日利亚健力士外国特级黑啤是由麦芽、烤玉米和高粱酿制的，其酒精度为7.5%。它是浓密的、黑色的、油腻的、苦涩的，具有你所期待的健力士烘焙品质，是一款非常好的啤酒。这是尼日利亚的啤酒，尼日利亚人很喜欢这种啤酒，他们喜欢更浓、更烈的酒，但不包括爱尔兰啤酒。

第五章 其他地区

南非精酿啤酒体验

一个快速发展的啤酒行业

精酿啤酒在南非正以令人震惊的方式迅速增长。开普敦有两家必去的啤酒厂：魔鬼峰酿酒公司（Devil's Peak Brewing Company，开普敦盐河达勒姆大道95号，邮编：7925）和杰克·布莱克啤酒厂（Jack Black's，开普敦迪普河布里吉德路10号，邮编：7945）。魔鬼峰酿酒公司基本上是在南非开始酿造精酿啤酒的，而杰克·布莱克是一个很酷的、很新潮的新酿酒公司，他们获得了所有的酿造大奖——是越来越多南非酿酒大师的领导者，这两家酒厂的酒吧间都是值得一去的。

也可以去约翰内斯堡的南非啤酒世界（The SAB World of Beer，约翰内斯堡纽敦海伦约瑟夫街15号）。其开办者南非米勒啤酒公司（SAB Miller）的历史很有趣，无论是在本地还是在全球。在旅行中，你可以从一个公共的陶罐中品尝到传统的乌姆库姆博提啤酒（见第210页），还可以了解非法酒馆。

你应该试着去参观一下非法酒馆。在19世纪，有进取心的女性在家中开设了非法经营的酒店风格的酒窖。当1927年的种族隔离许可法规定非白人非洲人不能进入有执照的场所或被出售酒精饮料时，这些地下酒吧越来越受欢迎，成为非洲黑人的聚集地。在那里，他们可以喝由地下酒吧女王酿造的乌姆库姆博提啤酒。随着规则和社会的变化，它们的意义也发生了变化，但今天，它们又回归时尚，以新的方式纪念那些著名的老酒吧。

有一个地方你可能会错过。在林波波，在一棵巨大的、古老的猴面包树的树干里曾经有一个酒吧，这是非洲最粗的（周长47米）和最古老（至少1700年）的树干。2017年初，猴面包树倒塌了，虽然大面包树里的酒吧的一部分已经重新开放，并且你仍然可以在树旁喝啤酒，但它已经与以前不一样了（详情请登录 www.facebook.com/SunlandBaobab）。

在林波波附近还有兹瓦卡拉酒吧（Zwakala，海纳茨堡格伦丹尼斯农场谢里欧路10号），这是一家精酿啤酒厂，也是一家酒吧间，风景如画，周围环绕着马戈贝斯克罗夫山脉。所以，去尝尝2016年南非国家啤酒杯金奖得主林波波拉格吧。

兹瓦卡拉啤酒厂的一名工人正在打包著名的裸麦艾尔。

第五章 其他地区

中东的精酿啤酒

把啤酒带回它的诞生地

人们普遍认为，酿造始于人类文明诞生之初，当人类停止迁徙活动，并且以种植代替采摘，土地肥沃的地方，也就是今天的埃及、约旦、以色列、叙利亚和伊拉克成为最早的定居点。人类将野草培育成谷物，用来生产食物、饮料和酒精，将不同数量的水与压碎的谷物混合，就为非常重要的三种日需品——面包、粥和啤酒提供了液态基础。将这种液体发酵，就可以生产一种饮料，它会给人带来愉悦的感觉，同时还可以从维生素、矿物质和发酵中获得额外的营养。

那是一万年前的事了，虽然啤酒诞生于这一地区，但事实上啤酒已经在那里绝迹了几千年。但是，和世界上其他地方一样，精酿啤酒在中东不断出现，把啤酒酿造带回了它的发源地。

卡拉卡勒酿酒公司（Carakale Brewing Company，约旦安曼福海斯11821号）是第一个精酿啤酒厂，你可以在比尔泽特啤酒吧（Birzeit Brewery，巴勒斯坦领土拉马拉老城市比尔泽巴塞坦街）喝到巴勒斯坦牧羊人啤酒。在黎巴嫩，上校酒吧（Colonel，酒吧黎巴嫩巴特鲁恩巴亚迪尔街）是中东地区的第一个酒吧，就在巴鲁的海边。还有961酒吧（961 Beer，黎巴嫩亚丘瓦群岛工业区马拉大厦）。

以色列是中东地区精酿啤酒的热门地区，有大约30家小型啤酒厂。跳舞的骆驼（The Domeing Camel，以色列特拉维夫亚福哈塔阿西娅街12号）于2006年开业，是这个地区第一家啤酒厂，他们的特拉维夫啤酒厂和酒吧间是必不可少的一站。总的来说，特拉维夫是能品尝到以色列啤酒种类最多的地方，啤酒集市是最热门的地方（他们在特拉维夫有四家酒吧，在耶路撒冷有一家；可以查看网址 www.beerbazaar.co.il）。在这里，你可以品尝到100多种以色列啤酒和一系列的生啤酒。其他以色列啤酒商包括杰姆、亚历山大、内盖夫、马尔卡和赫尔兹尔。

有一点需要注意：这些啤酒厂使用当地原料，获得了当地人的青睐。水果很常见，香草和香料也很常见。961酒吧的黎巴嫩淡色艾尔包括扎泰、洋槐、洋甘菊、鼠尾草、茴香和薄荷；跳舞的骆驼酒吧用石榴、枣蜜和当地草药酿制啤酒；内盖夫酒吧使用百香果；莱拉啤酒厂（Lela Brewery）采用贾法橙小麦。大多数啤酒厂都有一系列的啤酒，包括淡色拉格、红艾尔和黑啤，以及其他啤酒。

每当提到啤酒的必去之地时，我们会自然而然地想到巴伐利亚啤酒馆、古老的英国酒吧、古怪的比利时酒吧和美国大啤酒厂。但是，精酿啤酒在世界各地都在涌现，而且几乎总是由那些决心改变当地饮酒习惯的人推动着。现在，啤酒诞生的地方也有了精酿啤酒。

想在亚美尼亚喝杯啤酒吗？

达吉特（Dargett）是亚美尼亚第一家精啤酒厂，位于首都埃里温，世界上最古老的有人居住的城市之一。酒厂酿造中欧拉格、小麦啤酒、比利时啤酒和果味啤酒，还有更大量、更大胆的美国啤酒花风格。酒厂的品酒室有20个啤酒龙头，菜单上有来自世界各地的菜肴。你可能不会专门去那里喝啤酒，但如果你在亚美尼亚，那么你可以去喝一杯完美的饮料（亚美尼亚埃里温市阿拉姆街72号黑啤酒酒吧，邮编：0001）。

在耶路撒冷啤酒节上喝当地啤酒。

耶路撒冷啤酒节

把耶路撒冷啤酒节放在你的目的地清单上吧。自2004年以来,耶路撒冷啤酒节于每年8月下旬或9月上旬举行,你将在露天节上发现120多种不同的啤酒。想了解更多详情,可以访问www.jerusalembeer.com。

第五章　其他地区

布鲁梅诺啤酒节

世界第二大（也是第一性感）啤酒节

就在那一刻，成千上万的穿着莱德红和迪尔德尔的人开始用浓重的葡萄牙口音唱起了一首德语饮酒歌，我不得不退后一步，认真思考到底发生了什么。那时，我身处巴西南部一个闷热的地方，是我两个月内到五个大洲旅行的中间时刻，我当时一直在寻找世界上最好的啤酒（我为此写了一本书），我简直不敢相信我在这里看到的一切。

不仅仅是穿着德国服装的巴西人，不仅仅是桑巴舞节奏的奥姆帕音乐，也不仅仅是每个人都在喝德国风格的拉格，而是周围是茂密、黑暗的亚热带森林。真正让我印象深刻的是，这个小镇是如何被建造成一个巴伐利亚童话的明信片插图。

这个小镇被称为布鲁梅瑙，以赫曼·布鲁梅瑙博士的名字命名，他是一位人脉很广的德国化学家，于1850年创建了这个小镇，并带来了一小群来自家乡的移民。几十年来，越来越多的德国人来到这里，巴西人也加入进来，这个小镇逐渐发展壮大。

一个世纪后，为了吸引游客，这个小镇决定推销它的德国特色，重温它的过去，最终在1984年举办了一场表面上的啤酒节。从那以后，啤酒节成了一年一度的盛事。在聚会的同时，他们建造了一个德国风格的村庄，连同一座模仿德国米歇尔施塔特市政厅的小城堡，街道两旁全都是出售典型德国服装、食品和啤酒杯的商店，所有这些都是为了鼓励市民接受该镇的德国传统。

今天，布卢梅瑙的居民们把啤酒节称为"聚会"，全镇的人都为之欢呼雀跃，他们盛装打扮，喝着德国风格的啤酒。如果他们不是每年都这样做，或者没有做得那么认真的话，你几乎会认为这是你见过的最精心的模仿，或者是面对游客的一个把戏。但事实并非如此，而且这是镇上的一件大事：这个聚会确实让这个小镇在地图上有了一席之地，每年吸引了数十万游客，使之成为世界上第二或第三大啤酒节庆典（加拿大还有一个啤酒节，排在慕尼黑之后）。

节日在三个巨大的帐篷里举行，每个帐篷里都有不同的现场音乐和气氛（而此时世界其他地方都处于午夜）。啤酒很好，包括很多当地的精酿啤酒，通常都有自己的德国风格，加上一些淡色艾尔，尤其是艾森邦啤酒。但与巴伐利亚节日不同的是它更性感。到处都能看到人们在亲热。聚会就是这样的，它是一个放松身心、畅饮和娱乐的地方。

当我站在汗流浃背的酷暑中，喝着当地的啤酒，一遍又一遍醉醺醺地喊着："齐克·扎克，齐克·扎克，喂！喂！喂！"看着人们彼此远离，我忍不住笑了起来。这是一个最超现实、最精彩、最出人意料的世界啤酒节之一，这个小镇看起来就像是一个德国南部玩具城的放大版。布鲁梅诺的啤酒节并不是最容易到达或最便宜的啤酒节，也不是最好的啤酒节，你可能找不到你喝过的最好的啤酒，但你会体验到一些独特的东西。

详情

名称： 布鲁梅诺啤酒节

方式： 每年十月中旬左右举行，详情请登录 www.oktoberfestblumenau.com.br。

地址： 巴西圣凯瑟琳布鲁梅瑙旧城199号阿尔贝托·斯坦街德国乡村公园

在啤酒世界，参加布鲁梅诺啤酒节是最有多元文化碰撞感的体验之一。

不喜欢布鲁梅诺的啤酒节吗？

那么你还是应该把这里当作一个意料之外的啤酒目的地，因为它实际上是巴西的啤酒之都。小镇附近有许多好的啤酒厂，加上每年三月都会举办拉丁美洲最大的啤酒盛会（不仅仅是啤酒节，更像是一个聚会），每年都会吸引超过4万名游客参加，而且有一个重要的贸易展和一个大型啤酒比赛，而这一切都发生在德国乡村公园。查看更多信息，请访问www.festivaldaccerveja.com。

第五章　其他地区

在巴西串啤酒吧

与卡里奥卡和保利斯塔诺一起喝几品脱酒吧

今天，里约热内卢、圣保罗、米纳斯吉拉斯、巴拉那和南里约热内卢集中了巴西最大数量的啤酒厂、酒吧和酒瓶店，其中巴拉那州的库里蒂巴值得特别一提，因为巴西一些最高等级的手工啤酒厂就设在那里。

如果你在巴西，那么你很可能会在里约热内卢和圣保罗，所以这里有一些建议。

里约热内卢

从布拉格国旗的伊瓜特米男爵街开始，在那里你会找到加勒比乌头鱼酒吧（Aconchego Carioca）、博托酒吧（Botto Bar）和啤酒花实验室（Hop Lab）。加勒比乌头鱼酒吧是一家真正的"瓶子"，相当于巴西的一家酒吧，有大量的啤酒单和很棒的热带气氛。博托酒吧有 20 个啤酒龙头，在精酿啤酒迷中很受欢迎。里面有很多种巴西啤酒，还有美国和欧洲的啤酒。啤酒花实验室可能有里约最多的啤酒龙头，有 30 条管线。埃斯康迪多酒吧（Pub Escondido, 萨尔达尼亚艾利斯街 98 号）在科帕卡巴纳有 24 个啤酒龙头，这是一个很好的地方。同样在科帕卡巴纳的还有梅尔霍尔斯·瑟维哈斯·杜蒙多（Melhores Cervejas do Mundo，罗纳德橡树店，154 号），这里有各种各样的酒类，是寻找稀有啤酒的好地方。恶作剧酒吧（Hocus Pocus, 博塔夫戈二月十九 186 号）是一个很受欢迎的地方，有乡村风格的装饰、经典的木制黑板和精酿啤酒。

圣保罗

高松商场（Empório Alto de Pinheiros，鲁阿武巴布苏 305 号）拥有该市最大的瓶装精酿啤酒系列，大约有 500 种以及 33 个提供来自巴西啤酒厂和优质进口啤酒的啤酒龙头。在皮涅罗斯，圣保罗拥有最好的食物和饮料的地区之一，有国家啤酒厂（Cervejaria Nacional, Av. 佩德罗索·德莫拉伊斯 604 号），这是一家提供优质啤酒和共享食物的啤酒店。啤酒（Cervejoteca，马里亚纳村巴塞洛缪街古斯玛 40 号）是一家不错的酒吧，有小桌子可以坐着喝酒，货架上摆满了啤酒，还有许多巴西和比利时啤酒。卡皮托大麦（Capitâo Bariey，白水科托街 516 号）远离圣保罗市中心，但值得一游，因为它专注于巴西手工啤酒，15 个啤酒龙头定期更换。范德阿尔（Van Der Ale）和恩波利奥萨加拉纳（Empório Sagarana）在维拉马达莱纳的阿司匹克塞塔大街对面，维拉马达莱纳是圣保罗的时尚区。范德阿尔酿造自己的啤酒，并出售给客人。而萨加拉纳商场是一个乡村风格的、迷人的地方，除了相当不错的卡恰加酒之外，还有一种小众的瓶装精酿啤酒——如果你想把啤酒和可可豆搭配在一起，这是一个完美的选择，许多巴西人都会这样做。

当你寻找酒吧的时候，可以留意下面的啤酒厂和啤酒。博德布鲁（Bodebrown）是最早的手工酿酒商之一，至今仍享有良好的声誉。可以尝尝乌尔巴纳啤酒厂的戈德里西亚、菲奥特拉，还有一种鱼啤酒，它们都很好喝。朱庇特（Júpiter's），啤酒厂的美国淡色艾尔在圣保罗很有名。科罗拉多现在是百威英博旗下的品牌之一，但这丝毫不减损它们的巴西啤酒的名声，如注入咖啡的波特啤酒。图皮尼基姆制造了令人印象深刻的蒙佐罗帝国波特，科鲁贾啤酒厂制造了一些很棒的拉格。班伯格啤酒是德国最好的传统啤酒。教条啤酒厂（Dogma），有一些很好的啤酒，包括卡夫扎啤酒和托罗森塔多啤酒。协同酒吧（Synerjy Brewing）的评价很高，自由狗啤酒厂（Perro Libre）酿造的啤酒很好。

注意：特别感谢佩德罗战舰（关注网上的指南）提供的帮助。

著名贫民区里的一片色彩。

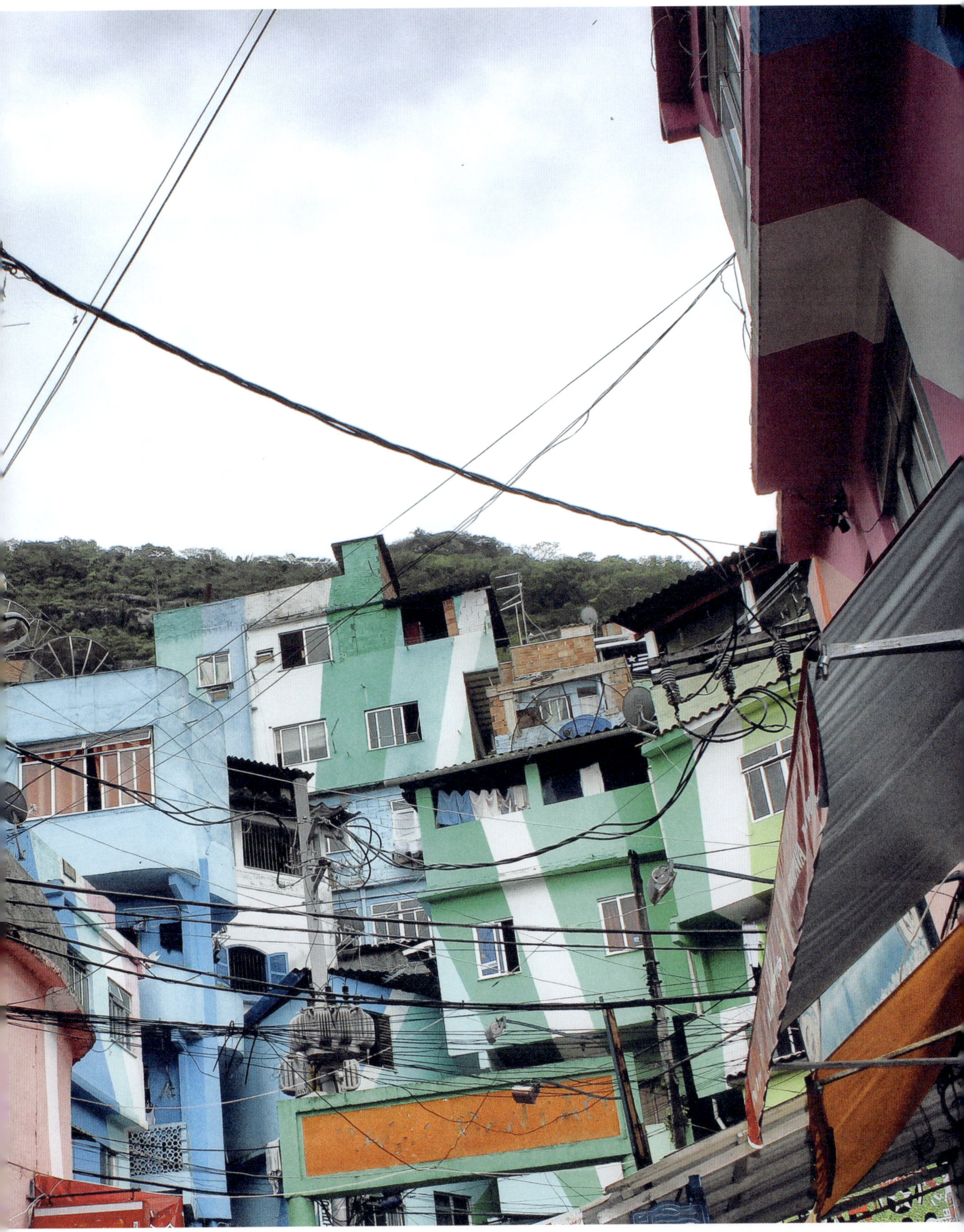

品尝秘鲁的奇卡啤酒

本地玉米自酿啤酒

这是我最难得的经历之一。我对本土啤酒很着迷,因为这是一个地方特有的啤酒,就是说几百年来这种啤酒都是用世代相传的配方和工艺酿造的。这些啤酒的其中之一就是奇卡啤酒。

奇卡啤酒或奇卡德乔拉啤酒(与不含酒精的奇哈摩拉达饮料相反)其实是一种由玉米制成的发酵饮料。在秘鲁,奇卡啤酒起源于宗教仪式。它在中美洲和南美洲其他国家产生的影响较小,因为这些国家有自己的玉米自酿啤酒。奇卡啤酒种类繁多,有些含有额外的淀粉和甜味添加剂,另外还可能使用了水果和香料。有些是用发芽的玉米做的,有些现在也使用麦芽大麦,而另一些不著名的和古老的版本是(或曾经)用碾碎的玉米制成的,这些玉米被人工磨碎咀嚼,然后以小球的样子呈现出来。咀嚼过程中,唾液中的一种酶可以帮助玉米中的淀粉分解和发酵(麦芽糖啤酒稍后会经煮沸,以消除咀嚼者留下的任何污渍)。

这是一种古老的饮料,基本上都是自制的,并不稀奇,在中美洲和南美洲有很多种自制饮料。在秘鲁,似乎最好的喝酒的地方是安第斯高地的圣谷,离马丘比丘不远(所以,当我最终到达那里时,它将是另一次双倍收获的啤酒之旅)。如果你最终到了那里,那就去找一找外面挂着红旗的房子,它们会告诉你,你找到了一间奇卡啤酒屋。今天可能仍在进行的酿造过程包括在水中使玉米发芽,然后在阳光下晒干,基本上复制了大麦的制麦过程。然后将其磨碎,与水(通常还有麦芽大麦)混合,煮沸,再自然发酵,有时还添加其他调味品。喝的时候它还在发酵过程中,可能会有一点酸涩并且度数低。听起来很美味,对吧?尤其是如果某个秘鲁人已经在嚼玉米粒了。

当然,这一切都是从纸质调查中得出的结论,可能完全是错误的,但在秘鲁的小酒馆里走来走去,在高地喝当地的自制啤酒,听起来很美妙,也像是我需要经历的事情。

在南美洲的其他地方……

秘鲁有30多家精酿啤酒厂,哥伦比亚有50多家啤酒厂,智利有100多家啤酒厂,阿根廷有200多家啤酒厂,巴西有超过300家啤酒厂。南美洲是我啤酒之旅的最大空白,我只去过巴西。现在南美洲有大量的啤酒和啤酒酿造厂,这是我正在进行的啤酒之旅的下一站。

因为地理位置而独特的啤酒

- 立陶宛农家艾尔(见第164页)
- 芬兰和挪威的萨赫提和马尔托(北欧农家乐,见第158页)
- 俄罗斯格瓦斯啤酒(见第164页)
- 非洲乌姆库姆博提啤酒(见第210页)
- 秘鲁奇卡啤酒
- 越南河内碧海(见第194页)

天涯海角的啤酒

最后几个偏远的啤酒目的地

我会把我的啤酒清单写完,并为你(和我)可能有一天会去的遥远目的地提供一些建议。

世界最南端的啤酒厂(以及阿根廷的啤酒花种植区)

如果说斯瓦尔巴特·布莱格里(见第158页)是世界上最北边的啤酒厂,那么你可能需要一路前往阿根廷的最南部,南美洲的最南部,几乎尽可能远的南部,才能到世界最南端的啤酒厂。巴塔哥尼亚精酿啤酒的数量惊人,生产最多啤酒的是阿根廷的福吉安饮料公司(Fuegian Beverage Company,阿根廷火地岛乌斯怀亚马尔维纳斯的英雄,邮编:4160),该公司生产比格啤酒厂(Cervecería Beagle)和角角角啤酒厂(Cervecería Cape Horn)品牌的啤酒。查一下位置,你可能没有意识到世界有这么远。他们用真正的冰川融水来酿造啤酒。在智利的一侧(但不太远的南部),有南方啤酒厂(Cervecería Austral,智利巴塔哥纳蓬塔阿里纳斯,邮编:2473),它成立于1916年。

如果你在巴塔哥尼亚,那么去巴里洛切看看吧,这是一个有大约15家啤酒厂的小镇,而在以南100公里(62英里)的地方是阿根廷啤酒花种植区埃尔巴金斯(El Bolsón)。是的,他们有一个啤酒花种植区,大多数啤酒厂每年都会采摘并使用当地的啤酒花。在收获季节,他们会在酒花田周围壮观的景色中举办大型啤酒节(网址 www.ellupuolapalo.com)。

世界上最远的啤酒厂

拉帕·缝啤酒厂(Cerveceria Rapa Nui)在太平洋中部的复活节岛上,它距离任何大陆都有几千公里远。他们的玛希纳啤酒(这是波利尼西亚人对月亮的称呼)包括一种中等度数的淡色艾尔和一种强力的巧克力味的波特啤酒。对于许多人来说,观赏从火山岩上切下的著名莫埃雕像是一个值得终身追求的目标。现在,它配备了一种当地酿造的可能是世界上最偏远的地方酿酒(www.facebook.com/mahinarapanui)。

还有其他地方也这么偏远吗?有,密克罗尼西亚亚普的曼塔雷湾酒店有一家石头钱啤酒厂(Stone Money Brewing Company),还有库克群岛中最大的拉罗通加岛上有马图图啤酒厂(Matutu Brewing Company 蒂基奥基、提提卡维卡、拉罗通加、库克群岛)。

世界上最高的啤酒厂

新加坡的33层楼酒吧是世界上最高的城市啤酒厂(见第200页),但那里的海拔只有150米(500英尺),可以说成千上万的酿造师都在比这更高的海拔高度上酿造啤酒。世界上海拔最高的啤酒厂似乎是西藏拉萨啤酒厂(Lhasa Brewery,西藏拉萨城关塞拉北路),海拔约3700米(12000英尺),它用喜马拉雅泉水和没有外壳的西藏大麦酿造啤酒。

当研究这个问题时,我发现欧洲最高的啤酒厂是位于蒙斯坦的比尔维森(Bier Vision,瑞士达沃斯蒙斯坦斯威特兰大街36号,邮编:7278),一个海拔1625米(5330英尺)的小镇。美国最高的酒厂是莱德维尔的周期性酿造厂(Periodic Brewing,科罗拉多州莱德维尔市第七大街东115号,邮编:80461),海拔3094米(10150英尺)。

一瓶瓶由欧洲最高的啤酒厂比尔维森啤酒厂酿造的蒙斯泰纳啤酒。

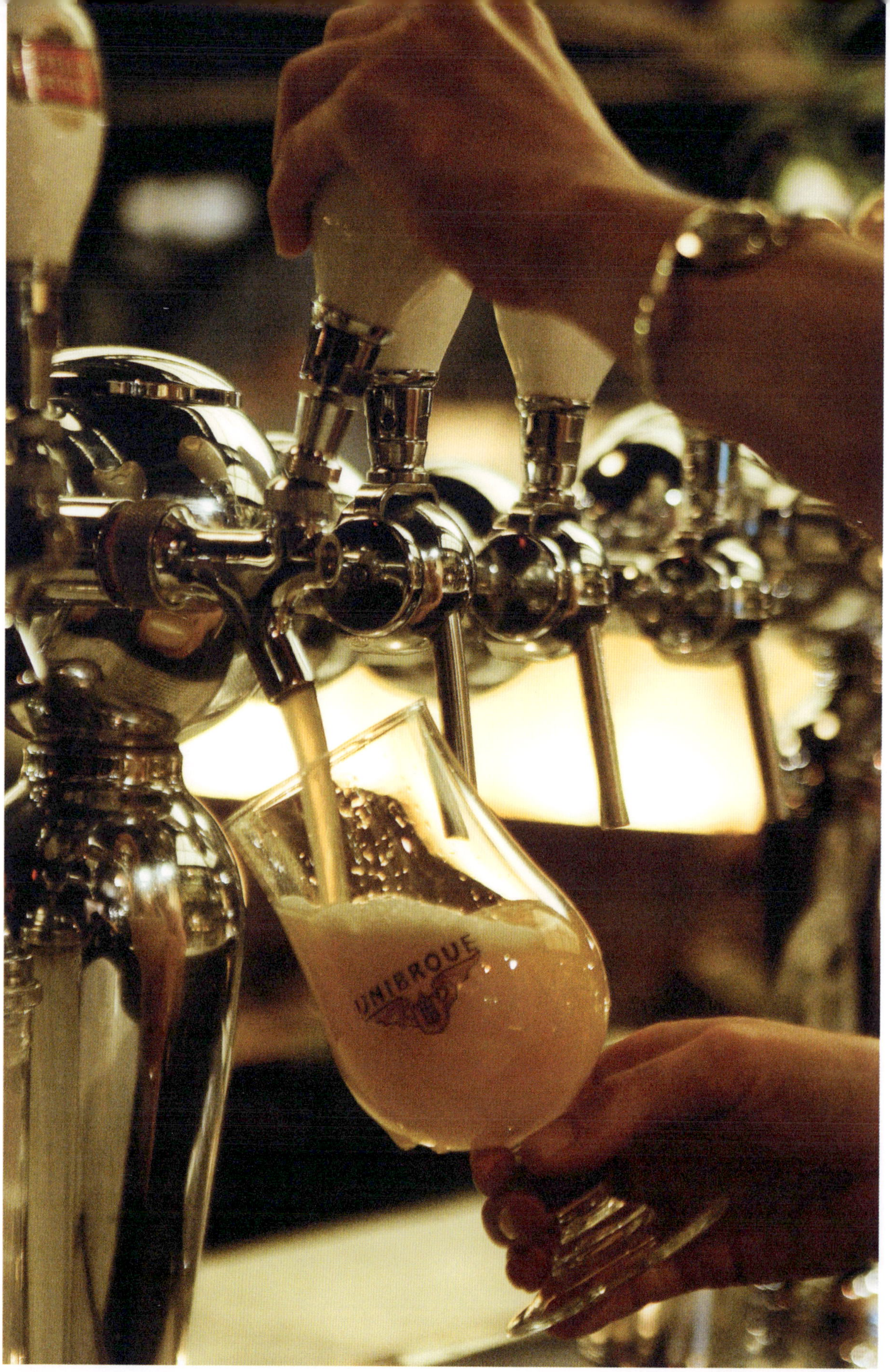
UNIBROUE

第五章 其他地区

致谢

感谢帮助我寻找啤酒清单上不寻常的、美妙的、不可错过的饮酒目的地的每个人。包括以下几位：克里斯·尼尔森、梅里迪思·坎汉姆·纳尔逊、约翰·霍尔、杰夫·阿尔沃思、斯坦·希罗尼穆斯、乔丹·圣约翰、阿莱西奥·利昂、约翰·达菲、阿德里安·蒂尔尼·琼斯、理查德·泰勒、克雷格·希普利·林利、乔希·伯恩斯坦、布兰登·卡尼、马辛·奇米拉尔兹、鲁迪·盖奎尔、海德维格、内文、娜塔莉亚·沃森、奥利维尔·德代克、亚历克斯·特隆科索、布拉德·罗杰斯、克里斯蒂娜·波雷卡、露西·科恩、肯·韦弗、凯利·瑞恩、卢克·尼古拉斯、拉斯·高斯林、布莱恩·麦当劳、佩德罗·巴塔哈、亚当·弗拉切克、马特·斯托克斯、马克·查尔伍德、克里斯·佩林、李·培根，所有酿酒师以及与我分享杯中美酒之人。

感谢马特·柯蒂斯为我提供的图片。感谢皮特·乔根森让这本书的出版成为可能（这是我们合作的第四本书！），和你一起工作总是那么愉快。感谢卡罗琳的剪辑，伊欧汉的设计，还有辛迪和狗骨头（Dog'n'Bone）的其他所有人。感谢所有的啤酒厂、酒吧和活动，善意地为我们提供书中所需的图片。

艾玛，你让一切都变得更加精彩。在搜寻目标啤酒的旅行过程中整理我自己人生的啤酒清单，是我做过的最有意义的事情。我的爸爸是啤酒和旅行的发烧友，这次在纽约、新英格兰、里尔、比利时和华沙，我的妈妈首次加入了我们的啤酒之旅。这些都是我在书中记录下的最爱的瞬间，有时候最好的体验其实是最简单的事情，比如和最爱的人共享美酒，共度时光。

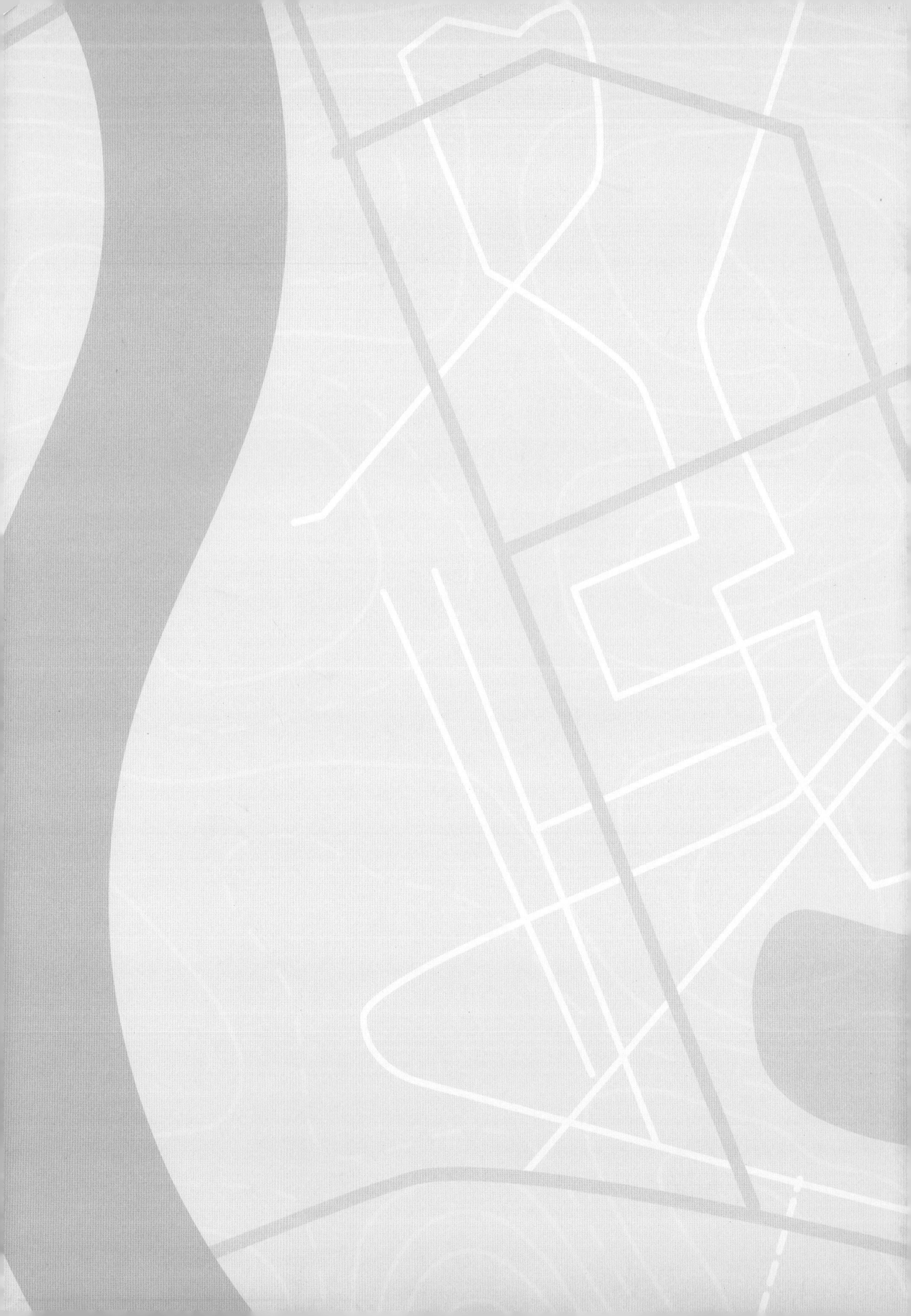